国家出版基金项目
NATIONAL PUBLICATION FOUNDATION

"十三五"国家重点出版物出版规划项目 · 重大出版工程

高超声速出版工程

史记 · 高超声速飞行

闵昌万　付秋军　焦子涵　等编著

科 学 出 版 社

北　京

内 容 简 介

本书以高超声速飞行器为主线，系统总结和梳理了高超声速技术的发展，向读者展现了高超声速技术跌宕起伏的发展历史，重点介绍与高超声速相关的 X 系列飞行器、返回式飞船、航天飞机、再入机动弹头、吸气式高超声速飞行器和助推-滑翔飞行器等内容，涵盖了高超声速飞行器典型项目和历史背景，以及材料、气动等关键技术与学科的发展历程，并辅以与之相关的杰出历史人物与影响深远的大事记。

本书既具有高超声速飞行器技术的科普性，又不失历史人物与事件的趣味性，可供从事高超声速技术研究的科研人员、工程技术人员和广大航空航天爱好者阅读。

图书在版编目(CIP)数据

史记·高超声速飞行/闵昌万等编著. —北京：科学出版社，2019.8
(高超声速出版工程)
"十三五"国家重点出版物出版规划项目·重大出版工程 国家出版基金项目
ISBN 978-7-03-061980-8

Ⅰ.①史… Ⅱ.①闵… Ⅲ.①高超音速飞行器—技术史—世界 Ⅳ.①V47-091

中国版本图书馆 CIP 数据核字(2019)第 158427 号

责任编辑：徐杨峰 / 责任校对：谭宏宇
责任印制：黄晓鸣 / 封面设计：殷 靓

科学出版社 出版
北京东黄城根北街 16 号
邮政编码：100717
http://www.sciencep.com
南京展望文化发展有限公司排版
广东虎彩云印刷有限公司印刷
科学出版社发行 各地新华书店经销

*

2019 年 8 月第 一 版 开本：B5(720×1000)
2025 年12月第十六次印刷 印张：20
字数：350 000

定价：150.00 元

(如有印装质量问题，我社负责调换)

高超声速出版工程 · 高超声速研究历程系列

编写委员会

主　编

闵昌万

副主编

陈　政　付秋军

编　委

（按姓名汉语拼音排序）

安复兴　陈　政　初洪宇　段　毅　付秋军
黄兴李　焦子涵　李贵根　闵昌万　宋　巍
汤龙生　汪　雷　王友利　吴小宁　夏　强
于明星　张　璐

丛书序

飞得更快一直是人类飞行发展的主旋律。

1903 年 12 月 17 日,莱特兄弟发明的飞机腾空而起,虽然飞得摇摇晃晃,犹如蹒跚学步的婴儿,但拉开了人类翱翔天空的华丽大幕;1949 年 2 月 24 日,Bumper-WAC 从美国新墨西哥州白沙发射场发射升空,上面级飞行速度超越马赫数 5,实现人类历史上第一次高超声速飞行。从学会飞行,到跨入高超声速,人类用了不到五十年,蹒跚学步的婴儿似乎长成了大人,但实际上,迄今人类还没有实现真正意义的商业高超声速飞行,我们还不得不忍受洲际旅行需要十多个小时甚至更长飞行时间的煎熬。试想一下,如果我们将来可以在两小时内抵达全球任意城市的时候,这个世界将会变成什么样?这并不是遥不可及的梦!

今天,人类进入高超声速领域已经快 70 年了,无数科研人员为之奋斗了终生。从空气动力学、控制、材料、防隔热到动力、测控、系统集成等众多与高超声速飞行相关的学术和工程领域内,一代又一代科研和工程技术人员传承创新,为人类的进步努力奋斗,共同致力于推动人类飞得更快这一目标。量变导致质变,仿佛是天亮前的那一瞬,又好像是蝶即将破茧而出,几代人的奋斗把高超声速推到了嬗变前的临界点上,相信高超声速飞行的商业应用已为期不远!

高超声速飞行的应用和普及必将颠覆人类现在的生活方式,极大地拓展人类文明,并有力地促进人类社会、经济、科技和文化的发展。这一伟大的事业,需要更多的同行者和参与者!

书是人类进步的阶梯。

实现可靠的长时间高超声速飞行堪称人类在求知探索的路上最为艰苦卓绝的一次前行,将披荆斩棘走过的路夯实、巩固成阶梯,以便于后来者跟进、攀登,意义深远。

以一套丛书,将高超声速基础研究和工程技术方面取得阶段性成果和宝贵经验固化下来,建立基础研究与高超声速技术应用的桥梁,为广大研究人员和工程技术人员提供一套科学、系统、全面的高超声速技术参考书,可以起到为人类文明探索、前进构建阶梯的作用。

2016 年,科学出版社就精心策划并着手启动了"高超声速出版工程"这一非常符合时宜的事业。我们围绕"高超声速"这一主题,邀请国内优势高校和主要科研院所,组织国内各领域知名专家,结合基础研究的学术成果和工程研究实践,系统梳理和总结,共同编写了"高超声速出版工程"丛书,丛书突出高超声速特色,体现学科交叉融合,确保了丛书的系统性、前瞻性、原创性、专业性、学术性、实用性和创新性。

丛书记载和传承了我国半个多世纪尤其是近十几年高超声速技术发展的科技成果,凝结了航天航空领域众多专家学者的智慧,既可为相关专业人员提供学习和参考,又可作为工具指导书。期望本套丛书能够为高超声速领域的人才培养、工程研制和基础研究提供有益的指导和帮助,更期望本套丛书能够吸引更多的新生力量关注高超声速技术的发展,并投身于这一领域,为我国高超声速事业的蓬勃发展做出力所能及的贡献。

是为序!

2017 年 10 月

前　言

更高、更快和更远一直是人类飞行历史发展的主旋律。从古至今，人类对速域和空域的探索从未停止过。距1903年12月17日莱特兄弟发明有动力、可操纵、重于空气的飞行器不到半个世纪，人类就相继突破了“声障”“热障”和“黑障”，实现了真正意义上的高超声速飞行，人类迅速由航空时代发展到航天时代。如果说飞机的发明将人类由航海时代发展到航空时代，那么高超声速飞行的来临无疑与飞机的发明一样具有划时代意义。人类的活动空域相继由陆地延伸到海洋，再延伸到天空直至冲出大气层，飞行速域也由亚声速拓展至超声速乃至高超声速。高超声速技术的发展进一步缩小了人类交流的时空障碍，促进了人类科技的进步，改变了人类的生活方式，也加速了人类文明的融合，影响深远，意义重大。

高超声速技术起源于军事应用，在第二次世界大战时萌芽，并在冷战时期得到迅速发展，到今天依然方兴未艾。其应用背景也逐渐由最初的军用发展为军民两用。一方面，高超声速技术的发展对人类现代战争产生了深远的影响，甚至彻底改变了战争的游戏规则；另一方面，高超声速技术向民用领域的转变，不仅有力地促进了高超声速技术自身的发展，也为人类社会和科技带来了翻天覆地的变化。

在古今中外的战争史上，速度一直是影响战争胜负的关键因素甚至是决定因素。从我国春秋末期《孙子兵法》的“兵贵神速”到现代战争理念的“先敌发现、先敌打击”，无不包含对“快”的追求。高超声速技术正是在战争对速度的迫切需求下应运而生的。从冷兵器时代的短兵相接到热兵器时代的近距射杀，再到高超声速时代的隔空打击、实时攻击，甚至发现即摧毁，人类的战争形式发生了深远的变化。高超声速武器加快了战争的节奏,扩大了战争的空间,同时改变了攻防对抗的模式。决定战争胜负的因素逐渐由战略战术转向了高超声速科技实力,战争的焦点也由制地权、制海权,逐步扩展到制空权甚至制天权。

1947 年 10 月 14 日,试飞员 Charles E. Yeager 驾驶 Bell XS-1 在 13.1 km 的高空飞出了马赫数 1.06 的速度,从而迈出了人类超声速飞行的第一步,这是人类第一次冲破"声障"的限制;1949 年 2 月 24 日,Bumper-WAC 从美国新墨西哥州白沙发射场发射升空,在试验飞行过程中,其上面级的飞行速度超过了马赫数 5,人类飞行历史上第一次实现了高超声速飞行;随着动力和材料等一系列技术的突破,"热障"的问题也得到了解决,1961 年 4 月 12 日,苏联设计的"东方一号"发射升空,成功地将人类首次送入地球轨道,尤里·加加林成为进入外太空的第一人,同时是进入地球轨道的第一人;美国不甘示弱,1969 年 7 月 16 日,随着"阿波罗 11 号"飞船的升空,阿姆斯特朗的一小步成为人类的一大步,人类第一次突破第一宇宙速度,冲出地球,以此为标志,美国再次牢固地建立起全球科技与军事优势,迄今也没有其他国家对其地位提出实质性的挑战;继登月计划成功之后,1981 年 4 月 12 日,"哥伦比亚号"航天飞机成功实现了首次试飞,首次实现了天地往返运输工具的部分可重复使用,这是迄今人类建造的规模最庞大、系统最复杂、科技含量最高的飞行器。航天飞机在 30 年间共成功完成 133 次飞行任务,完成了涵盖地球、天文、生物和材料科学等学科的 2 000 多项科学实验,其中包括国际空间站的建设和哈勃空间望远镜的发射及其在轨维护等一系列任务。航天飞机退役之后,美国并未放弃对可重复使用天地往返飞行器的研究,提出了以 X-37B 作为航天飞机的后续主要发展型号。此外,美国通过技术支持的方式,支持了部分民营航天企业,为可重复使用运载器的发展注入了新的活力。

探索宇宙是人类与生俱来的永恒梦想,高超声速技术是人类实现梦想的阶梯。从肯尼迪总统当年支持人类登月计划所说"我们选择登月,不是因为它轻而易举,而是因为它困难重重",到布什总统说"我们再次选择登月,是因为我们必须知道它对我们来说到底是容易还是充满挑战",再到奥巴马总统说"我们不选择登月,不是因为它困难,而是因为它对我们来说并不费力",今天的美国人说"我们选择和艺术家一起登月,与难易无关",人类的高超声速技术已今非昔比。然而,月球只是人类探索的热点,而不是终点。对地球轨道附近和月球的探索显然还不能满足人类的好奇心,火星作为人类宜居的地外行星之一,早已成为人类争相探索的对象。1965 年 7 月 14 日,美国"水手 4 号"探测器从距离火星不到 10 km 的轨道高度飞越火星,完成了人类第一次近距离火星探测。1976 年

7月20日，“海盗1号”探测器在火星表面成功着陆，使得人类对于火星探测领域的发展更进一步。此后，越来越多的国家开始了对地外行星的深空探测活动，这不仅是一项庞大的系统工程，更是一个国家综合国力的象征。

高超声速技术融合了人类航空航天领域的高新前沿技术，是空天融合时代的核心技术，同时是高新技术发展的引擎。在高超声速技术的牵引下，人类相继突破了制约高超声速飞行的动力、材料、通信、结构与控制等一系列科技前沿问题，获得了极大的军事、科技、经济和社会效益。这些探索研究也极大地拓展了人类科技和文明的边界，衍生出一系列科技发明，不仅颠覆了人类的生活方式，也有力地促进了人类社会、经济、科技和文化的发展。可以说，高超声速技术既是维护国家安全的战略基石，也是推动人类科技进步、服务经济社会发展的重要力量，具有重要的军事战略意义和极高的社会应用价值，世界各经济和军事强国均对高超声速技术进行了不遗余力的探索与研究。

“以史为鉴，可以知兴替”。高超声速技术的发展跌宕起伏，充满了曲折和挑战，是人类文明不可分割的一部分。系统总结高超声速技术的发展历史，梳理其技术脉络，对于今天开展高超声速技术的研究工作具有深远意义。本书以高超声速飞行器为载体，在广泛调研国内外大量资料的基础上，进行了综合、归纳、分析与加工，系统总结了高超声速技术的发展脉络，为读者全面深入了解高超声速技术发展历史提供了参考。全书共分六章，第1章介绍高超声速概念的提出、面临的挑战以及主要特点；第2章介绍人类第一次实现高超声速飞行的情况以及返回式飞船，同时介绍相关学科的发展；第3章介绍高超声速技术的早期应用，主要包括航天飞机的研制和再入机动弹头的发展，并分析气动和高温防隔热技术的发展；第4章系统介绍吸气式高超声速飞行器的发展，同时分析超声速燃烧、气动/推进一体化设计和高温防隔热技术的发展与应用；第5章详细介绍高超声速助推-滑翔飞行器的研制历程，针对高超声速助推-滑翔飞行器的主要技术难点，介绍全复合材料防热/承力一体化热结构设计、高升阻比气动外形设计与高精度气动特性预示技术和高超声速导航、制导与控制技术的发展；第6章是对未来高超声速技术发展的展望。全书既有对飞行器项目发展历史的深入总结与分析，又有对主要支撑学科发展的归纳整理，可为从事高超声速技术研究的相关专家、学者提供有益的参考与借鉴。

本书前言、第1章由闵昌万执笔；第2章由付秋军、宋巍执笔；第3章由焦子涵、付秋军执笔；第4章由闵昌万、夏强执笔；第5章由闵昌万、初洪宇执笔；第6章由张璐执笔；最后由闵昌万统稿。本书在编写过程中，得到了北京航天长征科技信息研究所王友利研究员和中国人民解放军军事科学院国防科技创新研究院李贵根助理研究员等的大力支持,在此表示衷心感谢。此外,也衷心感谢本书参考文献的作者,虽然本书列出了各章的主要参考文献,但难免有偏颇之处,如有疑问,欢迎与我们联系。

由于编者水平有限,不足之处在所难免,恳请读者批评指正。

闵昌万

2019 年 6 月

高超声速出版工程

目录

第 2 章 高超声速首航

第 3 章 高超声速飞行的早期应用

第 4 章　持久经济的吸气式高超声速飞行

第 1 章

高超声速飞行的萌芽

人类对飞行的梦想伴随着人类的文明诞生。自古以来,人类就非常羡慕飞鸟在天空自由地翱翔,希望自己也能像飞鸟一样俯视大地,但那时候,人类只能爬到一定高度,享受风吹过自己的感觉。人类早期的飞行愿望全部寄托在对鸟类的飞行模仿上,从达·芬奇新奇的扑翼概念飞行器到法国小说家 Jules Verne 的离奇故事,多年来人类一直希望有一种设备能圆了人类的飞行梦,但是都以失败而告终。直到近代,这个梦想才得以实现。首先,Montgolfier 发明了热气球(1783);接着,George Cayley 颠覆了传统扑翼机的概念,首次提出了固定翼飞行器布局(1804);不久,Otto Lilienthal 发明了滑翔机(1891);此后,Samuel Pierpont Langley 对汽油发动机作动力的飞机进行了两次失败的勇敢尝试(1903)。但是,直到莱特兄弟实现了人类历史上首次重于空气的飞行器的有动力载人飞行(1903),以及后来像他们一样的先驱们不断探索,人类对飞行的认识才有了长足的进步[1]。

更高、更快、更远一直是航空航天飞行器发展的主旋律。事实上,距离第一架飞机成功飞行不到 46 年的时间,人类就已经实现了一般意义上的高超声速飞行(1949),在此后的半个多世纪,人类迅速将活动空间由天空向太空延伸,登月球、探火星,实现了真正意义上的星际航行,大大拓展了人类的文明。从本质上讲,高超声速飞行不仅把天空和太空两个人类活动空间紧密地联系在一起,也把航空和航天两个综合学科不断融合,形成了航空航天一体化的完美技术集成。

1.1 高超声速基本概念的提出

1903 年 12 月 17 日,美国莱特兄弟驾驶自己制造的飞机从北卡罗来纳州基蒂霍克飞入空中,在空中停留 12 s,飞行距离约 36.576 m,实现了人类首次重于空气的飞行器持续的动力飞行,开创了人类航空史的新纪元。仅在 1901 年,奥维尔 · 莱特还在一次飞行失败后发出绝望的感慨:没有 1 000 年的工夫,人类难以实现飞天梦[1]。

1926 年 3 月 16 日,美国科学家 Robert Hutching Goddard 在马萨诸塞州的奥巴恩发射了世界上第一枚液体燃料火箭。火箭长 3.04 m,采用汽油和液态氧混合燃料,飞行 2.5 s,高度为 12 m,距离为 56 m,对人类航天探索具有划时代的意义。

1934 年,年仅 22 岁的 Wernher von Braun 毕业于柏林大学并获得物理学博士学位,同年,他研制的 A-2 火箭在德国库默斯多夫试验场附近试射成功。8 年之后的 1942 年 10 月 3 日,著名的 V-2 火箭研制成功,并成功用于第二次世界大战,彻底改变了人类战争的形式,对以后高超声速武器的发展具有深远的影响。

1947 年 10 月 14 日,由美国 Charles E. Yeager 上尉驾驶的火箭动力 X-1 验证机第一次突破了声障,随着 X-1 的声爆在加利福尼亚沙漠上空传播,这次飞行成为继 44 年前莱特兄弟首次飞行之后飞行技术史上最伟大的里程碑,它证明了声障并非人类不可逾越的障碍[2,3]。

距人类第一次突破声障不到两年,1949 年 2 月 24 日,在美国 V-2 火箭的试射中,一枚被称为"大丰收- WAC"(Bumper-WAC)的二级研究用火箭安装在 V-2 火箭上,这是验证利用多级火箭实现高空、高速飞行的第一次有意义的重要尝试。在试验飞行过程中,二级飞行速度成功超过了马赫数 5,实现了人类第一次高超声速飞行[4]。

1938 年,奥地利科学家 Eugen Sanger 研究小组首次提出了一个从概念上阐明高超声速飞行技术的飞行器布局,并于 1944 年发表了长篇报告 *A Rocket Drive for Long Range Bombers*,这就是航天发展史上重要的"银鸟"飞机的概念性方案(图 1.1)。该方案迅速被德国纳粹采纳,在第二次世界大战期间经过进一步改进后,称为"火箭轰炸机"概念性方案,这种飞机采用跳跃式再入飞行轨迹的飞行方式,来实现飞越半个地球的飞行任务。当然这种概念性方案在当时是不可能实现的,在这种想象式的研究中,飞行器的外形是一个机身底部平坦、半尖拱形的带翼飞行器。在设想方案中,是采用滑橇加速式发射器让它以水平方式起飞;然后使用一台具有 100 t 推力的火箭发动机进行助推加速,使它进入飞行轨道。设想中火箭发动机的内部工作压力达到 100 个大气压,实际上这么高内部工作压力的火箭发动机在当时是难以实现的,随着技术发展,直到 20 世纪 70 年

图 1.1　由 Eugen Sanger 提出的“银鸟”飞机方案

代末期,美国航天飞机上使用的主发动机才达到如此高的工作压力。

“银鸟”是一种极具影响力的设计方案,第二次世界大战后,引起了美国、苏联等超级大国的浓厚兴趣,美国、欧洲部分国家、苏联等国争相获取 *A Rocket Drive for Long Range Bombers* 这篇报告,进行翻译、了解与分析。“银鸟”方案深刻地影响了美、苏等国的高超声速技术的发展。“银鸟”之后,人类高超声速技术开启了跌宕起伏的发展历程。

1946 年,钱学森首次提出了英文版的高超声速术语——hypersonic。事实上,高超声速飞行对应的英文单词 hypersonic 是从德文单词 superschall 翻译过来的,它的意思是以极其高的速度飞行。一般认为,气体流动速度大于马赫数 5 即为高超声速,以大于马赫数 5 速度飞行的飞行器称为高超声速飞行器。实际上有关高超声速的定义直到 20 世纪 70 年代还存在争议,Theodore von Karman 在 1970 年 1 月的一次演讲中说:“关于高超声速这一概念,几乎每个人都有自己的定义。如果我们组织到场的各位进行一次类似于公众意见的投票活动,以便大家了解关于马赫数到底高于多少气流就可以称作高超声速,或许大部分人的回答都会集中在马赫数 5 或者 6 附近,然而也有人会给出小至马赫数 3,大至马赫数 12 的定义,并且认为这才是合理的。”[4]

美国最早提出的高超声速飞行器设计方案,是钱学森于 1948 年在美国加州理工学院喷气推进实验室设计的高超声速火箭飞机,该方案是助推-滑翔方案。虽然 Eugen Sanger 与钱学森的火箭飞机都采用了助推-滑翔轨迹,但两者的设计轨迹并不完全相同,不同点主要集中在再入滑翔段,如图 1.2 所示。Sanger 的飞行器采用一种具有一定跳跃、波动幅度的滑翔轨迹,称为再入跳跃滑翔弹道;而钱学森的火箭飞机采用几乎没有波动的平坦滑翔下降轨迹,称为再入平衡滑翔弹道。钱学森高超声速火箭飞机是美国助推-滑翔飞行器的先驱,继钱学森方案之后,美国进入了高超声速飞行器探索的高潮。

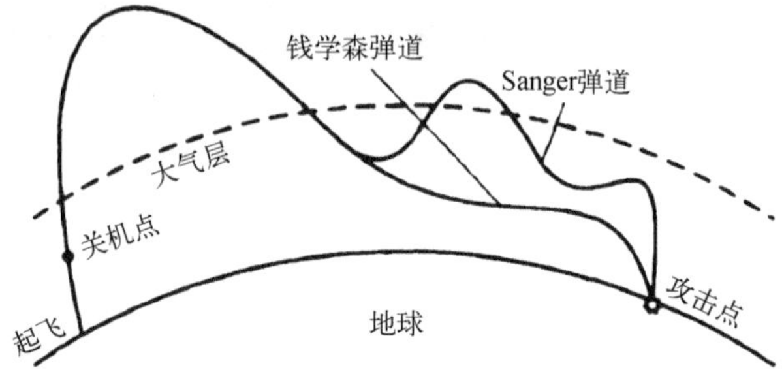

图 1.2　Sanger 弹道与钱学森弹道

高超声速飞行器的各种设计概念,一方面反映出推进技术逐渐趋于成熟,另一方面也反映出在不同的时代人们对技术的关注点不同。在初期提出的航天飞行概念性方案中,有一些是在设想单纯使用火箭推进系统的基础上提出的、单级入轨(single stage to orbit,SSTO)的飞行器,如由 Eugen Sanger 提出的"银鸟"可以飞越半个地球;还有一些则是利用火箭进行升空发射的助推-滑翔机,如"动力翱翔者"(Dyna-Soar)高超声速助推-滑翔式飞行器。20 世纪 60 年代,先进的空气助燃式喷气发动机推进技术的趋于成熟,促使人们的思维重新定向,从而转向考虑更加复杂的、完全可重复使用的两级入轨(two stage to orbit,TSTO)的飞行器,这种飞行器具有使用空气助燃式喷气发动机的一级(它们采用涡轮喷气发动机、涡轮冲压式喷气发动机、冲压式喷气发动机、超声速燃烧冲压式喷气发动机的复合推进系统)和火箭发动机助推的二级。在 20 世纪 70 年代,经济现实迫使人们采用了半可重复使用(半一次性使用)技术途径,最具有代表性的就是美国的航天飞机。到了 20 世纪 80 年代,先进的空气助燃式超声速燃烧冲压式喷气发动机所具有的巨大潜力,产生了两个采用复杂推进系统的概念性设计方案,一个是最终流产的"美国国家航空航天飞机型"(National Aerospace Plane,NASP 型)的空气助燃式单级入轨飞行器,另一个是英国的"水平起降航空航天飞机型"(Horizontal Take-off & Landing, HOTOL 型)的空气助燃式单级入轨飞行器。而 20 世纪 90 年代,无论是在开发单纯使用火箭发动机的先进火箭系统方面（如X-33和X-34型火箭），还是在证明可以直接使用超燃冲压式喷气发动机技术的技术演示装置方面（如称为“超级-X”的X-43型飞机），都没有提出较大的技术跨越目标。

其实，将高超声速流动定义为流速在马赫数5以上只是大致判断。当流速从马赫数4.99增加到马赫数5.01时，流动并没有像从马赫数0.99增加到马赫数1.01那样发生本质的变化。现在认为，高超声速流动公认的定义是：随着马赫数的增大，一些在低马赫数时不显著的物理现象（通常包括薄激波层、熵层、黏性干扰、高温流动和低密度流动等）逐渐变得越来越重要。在某些情况下，一种或多种流动现象在流速达到马赫数3以上时就会变得重要；然而在另外一些情况下，这些现象在流速达到马赫数7或者更高之前都不会引起注意。因此，严格的高超声速流动定义需要根据实际流动的具体物理现象出发。

1.2　高超声速飞行所带来的挑战

当飞行速度为亚声速时，飞行器的阻力主要由压差阻力和摩擦阻力组成，当飞行速度由亚声速提高到超声速时，出现了激波阻力，导致飞行器的阻力大大增加，对飞行器的动力系统提出了巨大挑战；当飞行器的速度由超声速提高到高超声速时，高动能的气体分子动能大部分转化为热能，产生了大量的气动物理效应，气动热效应凸显，不仅对动力系统提出了更高的要求，而且颠覆了传统低速飞行器的设计理念，对高超声速飞行器的设计和热防护以及控制系统都提出了极大的挑战。

1.2.1　气动

高超声速飞行面临复杂的飞行环境，多种流动效应相互耦合、气动阻力增加、气动加热严重，甚至通信也会受到影响，即面临“声障”“热障”“黑障”的威胁[4-6]。如何在满足总体及防隔热等要求的前提下使飞行器具有优良的气动性能和操稳特性，对气动设计提出了巨大的挑战。

达到高超声速飞行要克服的第一个障碍就是“声障”。1945年6月，英国试飞DH-106“燕子”时，飞机速度接近声速，造成机身破裂，机毁人亡。事故发生后，英国的一个科学家说：“声速像是面前的一堵障碍墙。”因此，“音障”这个术语诞生并开始流行。“音障”也称“声障”，是飞机接近声速飞行时引起的一系列不正常现象，如飞机阻力剧增、升力减小，对飞行器动力系统和外形设计都提出了极大的挑战。

随着速度的进一步提高,机体表面与空气强烈摩擦,空气中大量分子的动能转化为热能,导致接近飞行器表面的气体温度急剧升高,对飞行器形成温度极高的障碍,称为"热障"。研究表明,当飞行器的飞行速度达到 2 倍声速时,其前端温度可达 100℃;当飞行器的飞行速度达到 3 倍声速时,其前端温度可达 350℃,已超过铝合金的极限温度,使其强度大大削弱。当飞行速度进一步提高时,飞行器前端的温度可能会更高。当"阿波罗"号在高度 52 km、马赫数 36 飞行时,头部附近的气体温度高达 11 000 K。这是目前绝大部分材料都无法承受的温度,高速导致高温似乎是一道不可逾越的障碍。显然"热障"并没有阻挡人类向高超声速进发的脚步,为了保证飞行器不致被烧毁,给飞行器的头部戴一顶用烧蚀材料制成的"盔甲",把摩擦产生的热量消耗在烧蚀材料的熔融、汽化等一系列物理和化学变化中,"丢卒保车"就能达到保护宇宙飞行器的目的。

此外,由于气动加热,贴近飞行器表面的气体和飞行器材料表面的分子被分解和电离,形成一个等离子体层。由于等离子体具有吸收和反射电磁波的能力,所以包裹飞行器的等离子体层实际上是一个等离子电磁波屏蔽层。因此,当飞行器进入等离子体包裹状态时,飞行器外的无线电信号不能进到飞行器内,飞行器内的电信号也传不到飞行器外,一时间飞行器内、外失去了联系。此时,地面与飞行器之间的无线电通信便中断了,这种现象称为"黑障"。在"黑障"区,由于返回舱与地面控制中心一时失去通信,且与大气层的摩擦会产生上千摄氏度的高温,所以这期间航天员最危险。如果不采取防热措施,那么航天员将无法承受该温度,返回舱结构也会受到损毁。为了消除"黑障",人们开始研究"黑障"及其消除方法。一方面通过设计比较理想的再入体外形和喷洒某种消除等离子体的材料来消除或减弱等离子体鞘;另一方面改良通信与测量的方法和设备,以减弱"黑障"区的影响,如提高信号的频率和功率、将天线安装在等离子体鞘最薄的位置等。但是,这些方法只能缩短信号中断的时间,还不能完全解决再入"黑障"问题。

针对高超声速流动问题,目前的地面风洞设备模拟能力有限,存在尺度小、参数模拟能力不足、难以模拟高温真实气体效应等问题,相关的风洞试验技术亦有待进一步发展。这一现状在很大程度上制约了对高超声速气动问题的研究。

人们认识到,为了解决高超声速流动的相关问题(包括转捩等气动问题),必须开展专门的飞行试验,通过飞行试验,研究天、地差异性,发现新问题,推进高超声速领域科学研究的发展,提升相关的设计能力。目前,相关的研究在逐步开展,一些飞行试验已经完成,围绕飞行试验结果的相关分析稳步进行,飞行试验推动了高超声速研究的深入发展。然而,目前的飞行试验尚不能彻底解决所有的高超声速气动问题,高超声速飞行试验技术仍有待进一步发展和完善。

面对高超声速复杂气动问题带来的巨大挑战,人们经过长期不懈的努力,研究工作不断推进、对客观规律的认识不断深入、技术水平不断提高、一些问题得到了解决,但同时不断有新的问题出现,高超声速气动问题的研究依然在路上。

1.2.2　材料

当飞行器以高超声速飞行时,飞行器周围的空气受到压缩而产生激波,空气经激波压缩产生剧烈的摩擦作用,由于空气的黏性作用,气流的动能不可逆地变为热能,壁面周围的空气温度急剧升高。以飞行器驻点为例(在飞行器表面,自由流流速为零的点),来流密度越大、飞行速度越高,高温气流向飞行器表面加热的程度就越严重,有可能导致飞行器表面外形改变,并改变飞行器的结构强度和刚度,给飞行器的正常飞行带来严重的影响。

为使飞行器在如此严酷的热环境下飞行而不被烧毁,并保证内部装置及仪器正常工作,必须采取特殊的防热措施,这对防热材料提出了极高的要求[7]: ① 耐高温,对于不同任务需求的飞行器,要求材料与结构能够承受尽可能高的温度,材料耐高温是高超声速飞行器永恒的追求;② 轻质,为满足飞行重量要求和提高有效载荷,要求材料尽可能轻质,这也是飞行器永恒的追求;③ 可重复使用,对于美国航天飞机一类天地往返飞行器,对可重复使用方面具有明确要求,设计要求系统重复使用 100 次,需要材料能够反复承受高温载荷;④ 维形,对于以吸气式发动机为动力的升力体外形高超声速飞行器,为了保证发动机正常点火及产生大推力,其前缘必须尖化且保持形状不变,前缘尖化使得前缘的热环境极其严酷,要求材料在长时间、高热流环境下非烧蚀或微烧蚀。先进防热材料的研发是高超声速飞行器诸多项目面临的最大挑战之一,随着各类项目的推进,先进防热材料已取得重要进展。

1.2.3　动力

在大气层内,以火箭发动机为动力能够实现高超声速飞行,但是必须自身携带氧化剂与燃料,这将大幅增加动力系统和飞行器的质量,比冲等发动机性能随之降低。吸气式发动机的氧化剂取自空气中的氧,不需要像火箭发动机那样携带氧化剂,经济性比火箭发动机更高,成为在大气层内高超声速飞行的理想动力装置。然而,当飞行器速度达到高超声速(马赫数大于 5)时,传统的涡轮发动机、亚燃冲压发动机等吸气式发动机的性能急剧下降,主要表现在: 对涡轮发动机而言，受涡轮叶片热强度限制，随着飞行速度的增加，燃烧室进口温度不断提高，不得不减少发动机的供油量以降低加热量，导致发动机热力循环迅速下降；亚燃冲压发动机通过将来流速度滞止为亚声速，然后在气流中喷注燃料、组织燃烧，当飞行器速度达到高超声速时，将气流速度滞止至亚声速将导致燃烧室入口静温急剧升高，为发动机结构设计和热防护等方面带来极大困难；同时，高静温也会导致燃料分解，热量无法加入，发动机不能产生正推力；另外，将高超声速气流压缩至亚声速会产生很大的激波损失，显著降低推力性能。因此，将高超声速气流滞止成超声速状态进入燃烧室，能够避免上述问题，显著降低来流静温和总压损失，从而获得较高的发动机性能，这也成为世界各国竞相研究超燃冲压发动机的动力。图 1.3 为不同动力系统比冲随飞行马赫数的变化规律。

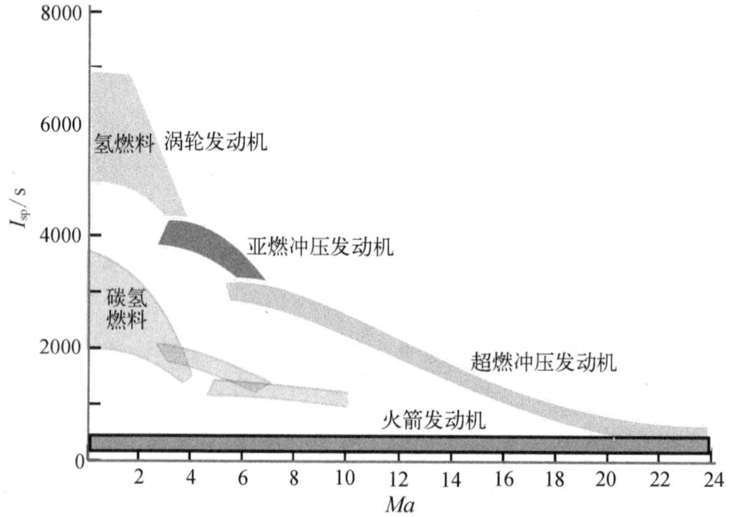

图 1.3　不同动力系统比冲随飞行马赫数的变化规律

然而，尽管超燃冲压发动机在原理上被证明是可行的，但是仍存在巨大的技术挑战，主要表现在如下方面：一是超燃冲压发动机燃烧室入口气流为超声速，燃烧组织和控制十分困难；二是超燃冲压发动机壁面温度高、热流密度大，高速富氧条件下的气流冲刷、热烧蚀现象严重，工作环境十分恶劣，且发动机性能对其内流道型面的变化非常敏感，这对发动机材料、结构和热防护提出了很高的要求；三是超燃冲压发动机性能对飞行器姿态、高度和速度等因素高度敏感，要求发动机与飞行器之间必须高度一体化设计。因此，动力系统是吸气式高超声速飞行器的核心之一。

1.3　高超声速的典型特点

当飞行器超声速飞行时，飞行器迎风面会产生激波。随着马赫数增加，激波强度增加且更贴近飞行器表面，流动经过激波会发生熵增，因此高超声速流场会存在明显的薄激波层与熵层。流动穿过激波减速或在物面附近发生剧烈的摩擦耗散，温度急剧上升，导致空气分解或电离，从而显现出高温效应。由于热载荷的限制，所以飞行器只能在较为稀薄的大气中实现高马赫数飞行，在一定状态下连续介质假设可能不成立，此时需要考虑低密度效应。在低密度环境与高马赫数状态下，边界层厚度较大，厚边界层与薄激波层相互影响产生黏性干扰现象。综上，高超声速的典型特点如图 1.4 所示[4]。

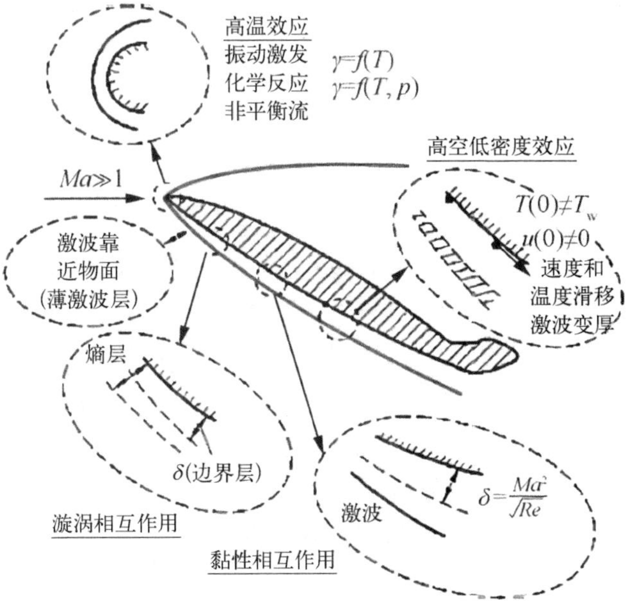

图 1.4　高超声速的典型特点

1.3.1　薄激波层

当超声速飞行时，来流通过一道激波流向飞行器表面，介于激波与物面的流体构成激波层。对于高超声速流动，在一定攻角下迎风面激波十分贴近物面，激波与物面之间的激波层很薄，形成薄激波层流动。

对于薄激波层流动,气流在经过激波后迅速转至接近平行于物面的方向,因此薄激波层流动可近似看作平行于物面的流动;然而,激波层很薄,其厚度与物面附近的边界层厚度可比,因此薄激波层的流动会受到边界层流动的显著影响,黏性干扰效应明显。

1.3.2 熵层

超声速流动的主要特征是存在激波。气流流经激波会造成机械能的损失,转变为无序的热能,表现为熵值的增加。激波强度越强,熵增越明显。若激波强度发生变化,则波后流场存在熵的变化,出现熵梯度。当高超声速飞行时,飞行器头部形成极强的弓形激波,向下游发展时激波强度迅速降低,逐渐趋向于弱的马赫波。因此,波后流场中出现一片熵值很高的流动区域,它源自流经很强弓形激波的流动,而其他区域的流动是由来流流经弱的斜激波形成的。当这片高熵值区域向下游发展时,一般逐渐收窄,向物面靠近,形成一层熵层。

熵层的存在导致流场内出现熵梯度,因此流动是有旋的。通常,在下游一定距离后,熵层会被"吞入"边界层。此时,熵层与边界层相互作用,对边界层流动产生显著影响,若不考虑熵层的影响,则边界层计算将出现显著偏差。

1.3.3 黏性干扰效应

由于边界层厚度近似正比于马赫数平方,所以壁面附近异常厚的边界层导致流线偏移,这种偏移可以认为等效于物体壁面增厚。此外,由于高超声速激波层很薄,所以边界层厚度与激波层相比不能略去,甚至还可能出现整个激波层都具有黏性的情况(大攻角飞行,激波非常贴近物面)。边界层变厚对无黏流(主要是激波)产生影响,无黏流的变化又反过来影响边界层的发展,这就是高超声速黏性干扰效应的作用机制,反映了黏性边界层与外流场之间的相互作用。

在临近空间高超声速气动设计过程中,应考虑黏性干扰效应对气动特性的影响,具体表现在:飞行高度越高,飞行器后体边界层越厚,使得纵向压心后移,配平舵偏角减小;此外,边界层增厚还会导致控制舵面偏转引起的压力增加在附面层内弥散,使舵效降低。配平舵偏角减小和舵效降低都可能导致飞行器控制能力不足,需要考虑喷流控制系统进行辅助控制。

1.3.4 高温效应

高超声速流动的动能在边界层内摩擦力的影响下被耗散,这种高超声速流动的边界层内极端的黏性耗散会产生非常高的温度,形成“热障”。这种温度足以激发分子内部的振动能,导致气体的分解甚至电离。气体的化学成分开始发生变化,周围绕流流场中高温空气中的氧分子 O_2 和氮分子 N_2 存在不同程度的离解和电离等化学反应,分子和原子的内能模式有不同程度的激发,高超声速飞行器的表面会被“浸没”在化学反应边界层内,飞行器的空气动力学性能会受到较大的影响,这也大大提高了对飞行器气动性能的预测能力。绕高超声速飞行器的流动并非只有边界层内才是高温区域。

1.3.5　低密度效应

当飞行器在稠密大气层中飞行时,一个流体微团中有大量的气体分子,气体可看作连续介质,流动满足连续介质控制方程。但是,随着飞行高度的不断增加,空气密度迅速下降。当飞行器在高空飞行时,空气稀薄,气体形态偏离连续介质,出现低密度效应。

气体的稀薄程度通常用 Knudsen 数(Kn)表征,它等于气体的分子平均自由程与流场特征长度之比。钱学森最先根据 Kn 的大小将流动划分为四大区域:连续流区、滑移流区、过渡流区和自由分子流区。在连续流区($Kn \leqslant 0.01$),分子平均自由程非常小,连续介质假设成立,流动的控制方程为 Navier-Stokes (N-S)方程,在物体边界上,气体与物体之间没有滑移,温度连续过渡;在滑移流区($0.01 < Kn \leqslant 0.1$),N-S 方程依然能够适用,气体流动与连续介质的差别主要表现在物体边界上出现速度滑移和温度跳跃;在自由分子流区和过渡流区,N-S 方程失效,流动的控制方程为 Boltzmann 方程,自由分子流区($Kn > 10$)的特征是气体分子之间的碰撞机会很少,从物面反射的分子流几乎不受来流的影响,近似服从物面条件下的 Maxwell 分布;但在过渡流区($0.1 < Kn \leqslant 10$),分子之间的碰撞与分子和物面的碰撞同等重要,过渡流流动是稀薄气体流动中最困难的问题。在一些复杂的流场中,可能出现连续流区、滑移流区和过渡流区共存的现象。

1.4　大事记 · 风云人物

1.4.1　Sanger

Eugen Sanger[8](1905.09.22−1964.02.10)是奥地利著名的航天工程师,因升力体及喷气发动机而闻名于世。Sanger 致力于发展液体火箭发动机,将人类送

往太空。Sanger是高超声速助推-滑翔飞行器之父,该类飞行器是冷战时期,美国和苏联实现有人驾驶精确打击能力的有力手段。

1905年,Sanger出生于奥地利,早年启蒙于Hermann Oberth的火箭学著作。Sanger早期致力于航空领域,并于1931年毕业于维也纳科技大学。他的第一篇文章是关于火箭推进器的,在当时人们对于这方面知识缺乏认识,因此他的第一篇论文并不被认可。

此外,Sanger同样致力于航天飞行器设计,他曾参与设计一种飞行在平流层,可以实现1 h内到达全球任一区域的飞行器。对此,Sanger的初衷是实现乘客与货物的先进商业运输。这款飞行器设计的成功之处在于它的外形:机翼为小展弦比机翼外加薄机翼前缘,机身头部尖锐且底部平坦。这种构型的飞行器可以实现低空滑翔,就像石头在平静的池塘里打水漂。该飞行器滑翔的动力来自火箭助推,随后依靠平坦的底部气动构型外加飞行员控制舵面调整姿态,使其能够在弓形弹道上实现无动力滑翔,从而抵达目的地。

至此,Sanger意识到,他必须寻求军队的资助来成就他的助推-滑翔飞行器构想。因此,Sanger将他的助推-滑翔飞行器装载战斗部,来实现全球范围内的精确打击,凭借此项技术向奥地利军方推广。然而在1934年他的这个构想被军方否决。由于当时人们化学知识的匮乏,奥地利国防部门对于液态氧和碳氢化合物助推的武器并没足够重视,所以没有人认同这样的推进装置可以真正实现,并认为试验过程要面临很高的爆炸风险,军方并不愿为此冒险。

第二次世界大战前期,Sanger加入了Herman Gorling机构,该机构是纳粹时代德国空军Luftwaffe部队的研究机构。Luftwaffe希望可以完全脱离德国军方的火箭研究项目,从而开展自己的火箭研究。因此,Sanger被引进实验室,Sanger的有翼导弹项目也得到了充足的资助。但后期Sanger的有人驾驶滑翔飞行器的发展不及von Braun的无人驾驶滑翔飞行器(这两款飞行器都采用液体燃料推进并实现高超声速弹道飞行)。此外,Sanger非德国血统的身份也遭到人们的质疑,因此,Sanger所在的实验室于1942年3月被关闭。

但Sanger对助推-滑翔飞行器未曾放弃研究,并于1944年完成了著名的报告——*A Rocket Drive for Long Range Bombers*。他极力推广这篇报告,希望可以重新引起德国军方的兴趣,但为时晚矣,德国此时已是一片废墟,并没有多余的钱来资助那些无法即刻投入战争的武器型号的研制。即便如此,Sanger 这篇报告的两份复印件却引起了 Walter Dornberger 与 Joseph Stalin 的高度重视,他们深刻意识到助推-滑翔导弹系统的深远价值。Dornberger 移民美国并就职于 Bell Aerospace,他始终将 Sanger 的助推-滑翔方案铭记于心,并于 1952 年说服美国空军发展助推-滑翔系统项目,该项目即为昙花一现的 Dyna-Soar/X-20 项目。Dornberger 曾邀请 Sanger 参与该项目的研制,但 Sanger 拒绝了。Sanger 于 1964 年因心脏病病逝,Dyna-Soar 项目也于两年后被取消。

1.4.2 Braun

按照 Hermann Oberth 教授的说法:“Wernher von Braun 是人类进入宇宙的先驱者。尽管障碍重重,但他对自己的目标从不动摇。他是新技术的创造者之一。他代表着一种新型的科学家,集学者、工程师和管理人员于一身。”

第二次世界大战结束时,美国通过强制和非强制手段,把战败的德国、意大利等国的几千名科学家、工程师带到美国,迅速壮大了美国的科技力量,对美国原子物理学、核物理学、化学和数学等学科的发展起到了重大作用。其中包括“火箭之父”Wernher von Braun。

1. 小时候就迷上火箭,用焰火作助推装置

Wernher von Braun[9-10](1912-1977)生于德国东普鲁士的一个贵族家庭,是家中的次子。他父亲精明强干,官运亨通,担任过国家农业部部长。他的母亲酷爱文学和音乐,能用 6 门语言熟练会话,还爱好天文学。

Braun 天资聪颖,兴趣广泛,从小就对飞行器很好奇。许多文献记载了 Braun 的一则趣事:他在柏林大街上进行了生平第一次火箭试验。当时他从一家焰火商店买了 6 支大号的焰火,绑在自己的滑板车上作助推装置,试验显示他的“火箭”点火后威力惊人,滑板车在飞驰中失去控制,直到焰火火药烧完,滑板车才停下来,所幸没人受伤。

让家人担心的是,物理和数学一直是 Braun 的弱项。1925 年,Braun 读到了 Hermann Oberth 的《通向星际空间之路》一书。这本划时代的火箭研究书籍使他

对火箭无比痴迷，他决心研究火箭，征服宇宙。据他后来回忆，初读该书，里面的各种公式让他头晕，老师告诉他：要想读懂，必须学好数学和物理。在强烈的兴趣驱动下，Braun 全力以赴地恶补微积分、三角学等学科，学习成绩得以迅速提高。

2. 引起德国军方重视，成为不穿军装的军方研究人员

中学毕业后，Braun 在柏林的夏洛滕堡工学院注册入学。当时，德国的业余火箭爱好者掀起了研究火箭的热潮，年轻的 Braun 也投入其中。

1930 年春天，Braun 在朋友的帮助下，幸运地见到了自己童年时代的科学偶像 Hermann Oberth，还参加了由 Hermann Oberth 创建的德国空间旅行协会，并很快成为理事会成员。他还参加了当时在研究上处于领先地位的内贝尔火箭小组的研制活动。

1932 年春天，Braun 从夏洛滕堡工学院毕业，获得航空工程学士学位，接着他转入柏林大学学习。一天，他与大学火箭俱乐部的成员们进行新型火箭试验时，一辆黑色轿车停在他们身边，原来是 3 名德国军方代表来看他们的试验。该试验给军方代表留下了深刻印象，他们许诺给 Braun 提供研究经费，条件是 Braun 必须严守秘密，只能将研究成果交给军队。因此，Braun 成了一名不穿军装的军方研究人员。

Braun 一边在大学学习，一边利用德国军方提供的研究经费，建立自己的科研小组，设计和试制更大的火箭发动机。在短时间内，年轻的 Braun 就实现了理论学习、工程设计与制造及实验研究的高度结合，得天独厚的条件和机遇，使他迅速成长为当时火箭研究领域首屈一指的权威人物。

1934 年，22 岁的 Braun 通过了柏林大学为他专门组织的学位论文秘密答辩，获得了物理学博士学位。从学士学位到获得博士学位，速度之快也只能用火箭来形容了。

3. 被希特勒两次召见

重整军备的纳粹德国非常重视 Braun 的火箭研究工作。在军方的强力支持下，Braun 团队的研究进展很快。

1937 年 4 月，Braun 选择了偏僻的波罗的海沿岸作为自己的火箭试验基地。战争期间，有数千人在佩内明德工作，Braun 表现出优秀的团队组织与协调能力，使这里发展成为当时世界上最顶尖的火箭制造和试验基地。希特勒曾两次召见 Braun，对 Braun 的研究项目如何转化为战争效能非常关心。

Braun 在佩内明德的最大研究成果是 V-2 火箭。1942 年 10 月，V-2 火箭试

射成功,它在技术上对现代大型火箭的发展起到了承上启下的作用。多年后,Braun 还不无得意地说:“V-2 火箭很好,它唯一的毛病是落在一个错误的行星上了。”

在实战中,盟军的防空力量无法拦截 V-2 火箭。这种火箭的生产成本低廉,只是当时一架战斗机成本的 1/15。德国大量发射 V-2 火箭,给英国和荷兰造成了巨大损失。战后的资料表明,V-2 火箭在英国炸死 2 742 人,炸伤 6 467 人,它造成的心理恐慌更是难以描述的。

4. 为纳粹工作了 11 年

Braun 为纳粹工作的经历多年来备受苛责,他后来也一直为自己辩解,声称他当时的研究“只为实现个人的航天梦想”。

他的支持者认为,没有纳粹的财力支持,他的研究工作寸步难行,缺乏大量的试验和数据,他的博士毕业论文也会成为无米之炊;但反对者有证据表明,他曾是党卫军少校,尽管他也被党卫军猜疑和拘禁过。他的支持者争辩,在纳粹统治下,德国科学界的很多人都唯命是从;但反对者认为,战时设在米拉的 V-2 火箭生产厂雇佣的 6 万多劳工中,有一些是 Braun 从布痕瓦尔德集中营中拉来的,其中,有 2 万多人死于疾病、饥饿和折磨,他作为工程主管人员应承担道义责任。时至今日,大多数人仍将 Braun 为纳粹工作的 11 年看作他人生中最大的一个污点。

5. Braun 向美军第 44 师投降

V-2 火箭没能挽救纳粹德国的命运,1945 年 1 月,Braun 和僚属们开始考虑德国战败后该怎么办。他召开了一次只有高级人员参加的绝密会议,大家的决定十分一致——向美国投降。1945 年 5 月初,Braun 的火箭班子主动向美军第 44 师投降,他们还巧妙地保存了大量有关导弹计划的秘密文件。美国人如获至宝,1945 年 9 月将他们秘密送到美国,为美国的火箭研制提供全面协助。

到美国后,Braun 的生活开始安定下来。1947 年,他迎娶了自己漂亮的姨表妹 Maria,并定居在亚拉巴马州亨茨维尔市,3 个孩子接连降生,家中其乐融融。他还保持着自己早年的生活习惯,喜欢在午夜捕捉工作灵感,喜欢吃中国菜,闲暇时为家人演奏自己擅长的大提琴和钢琴。

1955 年,Braun 和他的同事们宣誓加入了美国国籍,次年开始担任美国陆军导弹局发展处处长,先后完成了“红石”和“丘比特”等火箭的研发任务。

1957 年 10 月,苏联抢在美国前面成功发射了世界上第一颗人造地球卫星,失望、沮丧和愤怒情绪笼罩着整个美国。美国高层启动“先锋号”计划,决定用

“真正的美国人”来发射第一颗卫星,把“二等公民”Braun 晾在了一边。但偏偏“先锋号”的团队不争气,发射接连失败。此时胸有成竹的 Braun 挺身而出,向美国国防部承诺在 90 天内将一颗美国卫星送入太空。

1958 年 1 月,Braun 的混合运载火箭在佛罗里达州卡纳维拉尔角点火起飞,卫星发射成功了! Braun 成为《时代》杂志的封面人物,也成为美国的民族英雄。

肯尼迪在 1961 年上台后,进一步加大了美国空间研究的投入,Braun 启动了雄心勃勃的土星火箭计划,争取在 10 年内将人类送上月球。1969 年 7 月,巨大的“土星 5 号”火箭运载着“阿波罗 11 号”,将阿姆斯特朗等 3 名宇航员送上月球并带他们平安返回。这时 Braun 的个人荣誉也达到了顶点。

1975 年夏天,Braun 和妻子在加拿大度假时发现自己身体不适,他被确诊为肠癌。但最好的医生也回天乏术,1977 年 6 月,他在弗吉尼亚去世。

1.4.3 Navier

Navier[11](Claude Louis Marie Henri Navier, 1785.02.10-1836.08.21)是法国力学家、工程师,1785 年 2 月 10 日出生于第戎,1802 年在巴黎综合工程学校入学,1804 年毕业后进入桥梁公路学校求学,并于 1806 年毕业。1819 年开始在桥梁公路学校讲授应用力学,1830 年开始任教授。1824 年被选为法国科学院院士。

Navier 的父亲是法国革命时期的一名律师,在 Navier 年仅八岁的时候不幸去世。当时 Navier 的家在巴黎,在其父亲去世后,Navier 的母亲回到了她的家乡,留下 Navier 一个人在巴黎,由其舅父 Emiland Gauthey 照料。Emiland Gauthey 是巴黎一名杰出的土木工程师,并给予 Navier 在工程领域的启蒙教育。1802 年,Navier 进入巴黎综合工程学校求学,虽然其舅父在工程领域十分出色,但在早期并没能把 Navier 教育好,Navier 以垫底的成绩入学,但经其不断努力,Navier 在校最后一年,一跃进入年级前十。

Navier 在巴黎综合工程学校的第一年,由傅里叶担任其老师,并对 Navier 的职业生涯产生了深远影响。在 Navier 毕业不久,其舅父 Emiland Gauthey 不幸去世,Navier 开始接替其舅父的工作。1820 年,Navier 最早用双重三角级数解简支矩形板的四阶偏微分方程,并在工程中引进机械功以衡量机械的效率。在工程方面,Navier 在设计和建造吊桥(悬索桥)中引入了理论计算,改变了单凭经验设计和建造吊桥(悬索桥)的传统。

Navier 的成就不仅在于他出色的土木桥梁工作,更是因流体力学中的 Navier-Stokes 方程而被世人熟知。其主要贡献是分别为流体力学和弹性力学建立了基本方程。他将傅里叶级数与物理问题结合,致力于应用数学领域,如土木工程、弹性力学、流体力学等。Navier 于 1821 年提出众所周知的不可压缩流体 Navier-Stokes 方程,并于 1822 年提出针对黏性流体的方程组。值得注意的是,虽然 Navier 提出的不可压缩流体 Navier-Stokes 方程并没有充分考虑流体的物理本质——忽视了流体中的剪切应力,但他考虑了流体分子间作用力,将欧拉关于流体运动的方程进行了推广与修正,从而建立了流体平衡方程和运动方程。1827 年,Navier 依旧从分子模型出发,将每个分子作为一个力心,推导出弹性固体的平衡方程与运动方程。

1830 年起,Navier 被法国政府聘任为科学技术顾问,致力于更好地进行国家发展建设。Navier 为政府部门提供了关于道路运输、公路建设与铁路建设等方面的重要建议。Navier 的许多报告中,均表现出他杰出的工程水平与卓越的政治远见,为法国的工业建设提供了有力支撑。

1.4.4　Stokes

Stokes[12](George Gabriel Stokes,1819.08.13-1903.02.01)出生于爱尔兰,是爱尔兰著名的物理学家与数学家。1835 年,16 岁的 Stokes 来到英格兰,在布里斯托尔学院求学;1837~1841 年,在彭布罗克(Pembroke)学院学习;Stokes 毕生任职于剑桥大学,于 1849 年起担任卢卡斯数学系教授,其任职长达 50 年;1851 年当选英国皇家学会会员;1854 年被推选到英国皇家学会工作;1852 年获皇家学会 Rumford 奖;1854~1885 年,他一直担任皇家学会的秘书。

Stokes 的主要贡献是对黏性流体运动规律的研究。他的第一篇文章发表于 1842~1843 年,是关于定常不可压缩流体运动。1845 年,Stokes 从改用连续系统的力学模型和牛顿关于

黏性流体的物理规律出发,在“论运动中流体的内摩擦理论和弹性体平衡与运动的理论”中给出黏性流体运动的基本方程组,这组方程就是人们熟知的Navier-Stokes 方程,也是流体力学中最基本的方程组。1847 年,Stokes 发现流体表面波的非线性特征,其波速依赖波幅,并首次用摄动方法来处理非线性波问题。

1851 年,Stokes 在“流体内摩擦对摆运动的影响”研究报告中提出球体在较低雷诺数的黏性介质中下落时受到的阻力计算公式,并可计算出球体下落的末速度,指出阻力与流速和黏滞系数成比例,这便是关于摩擦力(或阻力)的 Stokes 公式。这项实验是在定常流动的垂直玻璃管中进行的,其中一个已知形状与密度的球体在流体中下落,从而计算球体的末速度。已知末速度、球体的大小和密度、流体的密度,运用 Stokes 公式便可计算出流体的黏性。一系列不同直径的铁球可用于这项传统实验,来提高流体黏性计算的精度。在学校的实验教学中,通常用甘油作为流体介质来进行这项实验。在工业生产中,也常用这种方法来校准流体的黏性。

此外,Stokes 对弹性力学领域颇有造诣,并于 1845 年指出各向同性弹性体中存在两种基本抗力,即体积压缩的抗力与对剪切的抗力,并明确引入压缩刚度和剪切刚度。同时,Stokes 于 1849 年证明弹性纵波是无旋容胀波,弹性横波是等容畸变波。在声学方面,Stokes 阐述了气体的物理属性如何产生声音并影响声音的强度。在物理方面,Stokes 是流体力学的奠基者,特别是对 Navier-Stokes 方程的贡献。在数学方面,Stokes 以场论中关于线积分和面积分之间的转换关系,在曲线积分中推导出著名的“Stokes 公式”,直至现在,该定理在数学、物理等方面依然发挥着重要作用。

1.4.5 Prandtl

Prandtl[13] (Ludwig Prandtl, 1875.02.04－1953.08.15),德国工程师,现代空气动力学之父。他提出了空气动力学三大经典理论——边界层理论、薄翼理论和升力线理论。普朗特数(Prandtl number)便是以他命名的。1920 年,Prandtl 发展的数学理论是亚声速乃至跨声速空气动力学理论的基础。

1875 年 2 月 4 日,Prandtl 出生于弗赖津,是

当地农业大学一位教授的儿子。在慕尼黑路德维希高中毕业后，1894~1898 年，Prandtl 在慕尼黑工业大学机械制造专业学习。1900 年初，在他 25 岁生日的前几天，他以"自动装卸装置的颠覆——不稳定弹性平衡的一例"为题的论文在慕尼黑大学获得哲学博士头衔。这项工作因其非常新颖的想法，引起了当时的人们对他的敬佩。

1900 年 1 月 1 日，Prandtl 到纽伦堡机械制造厂新设备部任青年工程师。至此，他主要从事弹性力学和材料力学的研究工作。Prandtl 在工作实践中发现并疑惑这样一个问题，即流体为什么不沿着壁面流动，而是从壁面分离。这个问题一直萦绕在 Prandtl 脑海中，直到三年后的"边界层理论"的提出。通过设想流经物体的黏性流，他推断出物体壁面的流速为零，而且如果雷诺数足够高，摩擦力的影响会限制在表面附近的薄层，Prandtl 首次称其为过渡层，也就是现在的边界层。因此，对流场的研究可以分为两个明显的区域：一个靠近物体壁面，包含摩擦力的影响；另一个距壁面较远，摩擦力可以忽略不计。

1904 年，Prandtl 将他的理论公之于众，并由此开启了他人生的转折。他在 1904 年海德堡第三届国际数学家大会上报告了他的理论——"非常小摩擦下的流体运动"。在来自许多国家的数学家面前，这个机械工程师并不胆怯，除了理论思想外，他还用漂亮的流动照片展示了实验结果。Prandtl 的边界层理论填补了当时存在 D' Alembert 悖论的理想流体经典理论和有摩擦流动的工程科学之间的鸿沟，堪称天才之举，并由此带来了一场空气动力学的革命。然而，Prandtl 当时的研究成果并未引起学术界的注意，直到 20 世纪 20 年代，对边界层的正式研究工作才在美国和英国出现，而这个时候 Prandtl 和他在哥廷根的学生已经将边界层理论运用到各种空气动力装置上了。

Prandtl 被称为空气动力学之父，他的贡献不仅有边界层理论，还包括机翼升力和阻力理论，甚至还有结构力学方面的贡献。Prandtl 对研究的全身心投入使他形成了一种有几分孤僻的性格。据 Prandtl 的学生 Theodore von Karman 说，Prandtl 宁愿在儿童玩具中寻找乐趣也不愿参加社交与集会。在接近不惑之年时，Prandtl 突然决定要成家了，于是他写信给他的师母，希望能迎娶她两位女儿中的一位——但竟然不介意是哪一位，他的师母经过慎重考虑，决定将大女儿许配给他。Prandtl 的婚姻生活很美满，他的妻子为他生了两个可爱的女儿。

Prandtl 是唯一的由工程师和数学家组成的应用数学和力学学会的第一任理事长。在建立应用数学和力学学会 10 年前的 1912 年，即在第一次世界大战以前，Prandtl 是航空科学学会——今天的德国航空航天学会的奠基人之一。同样是在 1950 年 11 月,Prandtl 第一次受到严重的疾病侵袭,自此,他的身体日渐衰竭。1953 年 8 月 15 日,Prandtl 因病逝世,安葬在哥廷根市公墓。在历史上所有的流体力学家和空气动力学家中,Prandtl 是最令人遗憾未能获得诺贝尔奖的一位。不过,只要有人研究流体力学,Ludwig Prandtl 的名字就会被人铭记。

1.4.6 钱学森

1911 年 12 月,钱学森[14]出生于上海,祖籍浙江杭州。1923 年 9 月进入北京师范大学附属中学学习,1929 年 9 月考入交通大学机械工程系,1934 年 6 月考取公费留学生,次年 9 月进入美国麻省理工学院航空系学习,1936 年 9 月转入美国加州理工学院航空系,师从世界著名空气动力学教授 Theodore von Karman,先后获航空工程硕士学位和航空、数学博士学位。1938 年 7 月~1955 年 8 月,钱学森在美国从事空气动力学、固体力学和火箭、导弹等领域的研究,并与导师共同完成高速空气动力学问题研究课题和建立"卡门-钱近似"公式,在 28 岁时就成为世界知名的空气动力学家。

钱学森的博士生导师 Theodore von Karman 是 Prandtl 的学生,他建议钱学森在博士论文的工作中,研究与高速飞行直接相关的空气可压缩效应的问题。经过 3 年紧张、艰苦的工作,1939 年钱学森完成了极其出色的学位论文,论文内容丰富,共分 4 个部分: 前 3 个部分的工作,即可压缩流体边界层、有倾角的回转体超声速绕流及应用恰普雷金变换求解二维亚声速流动是 Theodore von Karman 建议做的;第 4 部分则是和同学合作研究的结果,内容是以逐次脉冲推进的探空火箭的飞行分析。该论文的第 1 部分涉及高速飞行体所受到的阻力和表面热效应。在当时的文献中普遍认为超声速飞行的空气阻力主要来自激波阻力,而表面摩擦阻力并不重要,至于热效应,一般认为飞行体的表面被周围的空气所冷却。然而钱学森却得到了崭新的重要结论: 第一,在高速飞行中,空气可压缩性对表面摩擦具有重要影响,摩擦阻力大于激波阻力;第二,当飞行马赫数增大到一定数值时,飞行体表面的空气薄层中所产生的热量不仅不能被忽略,相反地将对飞行体起加热的作用。这一新结论的重要性在于,从理论上预见了实现高速飞行将面临的一大障碍,即后人所称的"热障",必须采取有效的冷却或防热措施。论文的第 3 部分是寻求计算高速飞机翼面上压力分布的方法。当时，对于亚声速流动，已有的方法只能计算机翼很薄或飞行速度较低的情况。1932 年 Demtchenko 以及 1933 年 Busemann 采用了恰普雷金变换，把原来的非线性方程转化为线性方程，用驻点处的切线代替等熵关系曲线，求得翼面上的压力分布，可惜只适用于飞行速度为马赫数小于 0.5 的情况。Theodore von Karman 凭着对物理问题的洞察力，建议钱学森不用驻点处的切线而改用来流状态点处的切线代替等熵关系曲线，可能会得到更好的结果。钱学森证明，虽然同样是切线近似，但采用来流状态点处的切线近似能得到更为精确的结果，适用范围还可扩大到高亚声速的流动。在第二次世界大战期间及战后一个相当长的时期，上述近似计算方法广泛应用于飞机翼型的设计，这就是著名的"卡门-钱近似"方法。上面只是对他博士论文的第 1 部分和第 3 部分进行了简介，从中可以看出，钱学森刚进入力学界便写出了对空气动力学的发展起重要作用的经典文献，展示出他的过人才华。在 1939~1953 年的这十多年里，钱学森在应用力学领域，紧密联系高速飞行，为突破"声障"和"热障"几乎进行全方位的探索，并做出了重大贡献。

解决空气动力学问题有多种途径，即风洞试验、模型自由飞试验和理论计算。各种途径是互相联系、互相依赖、互相补充的。根据目前空气动力学发展状况，钱学森和郭永怀详细地探讨了具体的技术途径。对于风洞试验，他们讨论了低、跨、超、高超声速常规风洞的尺寸和马赫数的配套，研究了电弧加热设备和自由飞弹道靶的发展方向，并重点探讨了超高速风洞的发展问题。

钱学森、郭永怀回国后担任了中国科学院力学研究所的领导，在该所建造了激波风洞和其他设备，重点开展了高超声速方面的研究工作。在 1962~1965 年期间由郭永怀主持包括钱学森在内的北京地区许多空气动力学工作者参加的高超声速讨论班，为这方面的工作奠定了基础，讨论中活跃的学术气氛颇有 GALCIT 的风格。另外，在钱学森的指导下，成立了北京空气动力研究所，由李普曼的学生庄逢甘担任该所的领导，先后建成了低速风洞，跨声速风洞和跨、超声速风洞，以及一些其他的小型设备，开展了为航空和航天事业服务的理论工作，同时在沈阳等地建设了一些风洞。为了进一步促进我国航空和航天事业的发展，国家很早就酝酿建设中国气动力研究与发展中心，钱学森、郭永怀等回国后，深入探讨我国空气动力学的发展问题，确定了我国空气动力学发展的一些重要原则。

1949 年，Wiener 的 *Cybernetics or Control and Communication in the Animal and the Machine* 一书出版，开创了一门新的学科——控制论，其对象是研究一个系统各个部分之间相互作用的定性性质及整个系统的运动状态。钱学森具有从弹道火箭到可控和制导火箭技术的丰富研究经验，敏锐地认识到 Wiener 开创的控制论的重要性，很快便运用控制论的原理解决了一批喷气技术中稳定和制导系统的问题，如火箭喷管的传递函数、远程火箭的自动导航及火箭发动机燃烧的伺服稳定等问题。钱学森意识到，不仅在火箭技术领域，而且在整个工程技术范围内，几乎到处存在着被控制的系统，很有必要用一种统观全局的方法来充分了解和发挥上述导航技术和控制技术等新技术的潜在力量，以更广阔的眼界、用更系统的方法来观察有关问题，从而揭示前所未有的前景。于是，钱学森提出了一门新的技术科学——工程控制论，1953 年底在加州理工学院开设了“工程控制论”课，于 1954 年出版了专著 *Engineering Cybernetics*(《工程控制论》)。该书的出版在世界科技界引起了广泛注目，随即被译成多种文字发行。

钱学森是为中国的成长做出不可估量贡献的老一辈科学家团体中影响最大、功勋最为卓著的杰出代表人物，是中国爱国留学归国人员中最具代表性的国家建设者，是中国历史上伟大的人民科学家，被誉为“中国航天之父”“中国导弹之父”“火箭之王”“中国自动化控制之父”。钱学森被国务院、中央军委授予“国家杰出贡献科学家”荣誉称号，获中共中央、国务院、中央军委颁发的“两弹一星功勋奖章”。

参考文献

[1] John D. Anderson J. Introduction to flight. 张为华，李健，向敏译. 北京：国防工业出版社，2014.

[2] Miller J. The X-planes X-1 to X-45. 3rd edition. Hillingdon：Midland Publishing, 2001.

[3] Gulcher R H. The past as prologue-development of X-series experimental aircraft or spacecraft. AIAA89-5004.

[4] John D. Anderson J. Hyersonic and high temperature gas dynamimcs. 杨永，李栋译. 北京：航空工业出版社，2014.

[5] Heppenheimer T A. Facing the heat barrier-A history of hypersonics. NASA SP-2007-4232.

[6] Richard P H. The history of hypersonics or, back to the future-again and again. AIAA 2005-0329.

[7] 王璐，王友利. 高超声速飞行器热防护技术研究进展和趋势分析. 宇航材料工艺，2016，(1)：1-6.

[8] Sanger E, Bredt I. A rocket drive for long-range bombers. Translation CGD-32, Washington：Technical Information Branch, Navy Bureau of Aeronautics, 1952.

[9] 宋宜昌. 航天先驱冯·布劳恩(上). 知识就是力量，2004，(5)：41-43.

[10] 宋宜昌.航天先驱冯・布劳恩(下).知识就是力量,2004,(6):27-29.
[11] 张志新.著名的工程学家、力学家纳维.力学与实践,1981,(2):66-67.
[12] 朱照宣.中国大百科全书.北京:中国大百科全书出版社,1985.
[13] 赵国英,朱保如.近代流体力学的奠基人——路德维希・普朗特.力学与实践,1979,(3):73-75.
[14] 郭梅,张宇.钱学森传——平凡造就的伟大.南京:江苏人民出版社,2010.

第 2 章

高超声速首航

追求更快的飞行速度是人类科学技术发展的必然趋势,从 20 世纪初莱特兄弟首次实现第一次重于空气飞行器的有动力载人飞行以来,飞行器的速度逐渐从亚声速提高到超声速,并向高超声速发展。第二次世界大战期间,纳粹德国的喷气式战斗机和 V-2 导弹(图 2.1)发展项目,为美国和苏联等国高速飞机与火箭的发展奠定了基础:美国发展的"X-系列"研究用飞机计划,实现了从突破"音障",到跨越马赫数 2,再到首次高超声速飞行的多个世界第一;冷战时期美国和苏联的太空竞赛发展了一系列返回式飞船,实现了更高马赫数的载人飞行。这些挑战更高速度的尝试,有力地带动了高超声速空气动力学、防隔热等技术领域的快速发展,积累了大量的技术经验和实验数据,为挑战更先进的高超声速飞行奠定了基础。

图 2.1　正在起飞的 V-2 导弹

1944 年 6 月，盟军在诺曼底登陆成功，开辟了欧洲第二战场。德军陷入了东西两线同时作战的困境。希特勒为了挽回败局，对英国使用了其最新研制成功的“王牌武器”——V-1 导弹。这是导弹第一次在战场上正式亮相。1944 年 9 月，法西斯德国又在此基础上研制出第二种导弹——V-2 导弹，并袭击了英国。V-2 导弹是弹道式导弹，性能较 V-1 导弹有较大的提高。V-1 导弹和 V-2 导弹的出现使盟军大为震惊。其中，反应最强烈的是美国，特别是当美军占领德国的一部分领土后发现，美国的科学和工业比德国至少落后 25 年。[1]

“V”是德文“复仇”的第一个字母。V-2 导弹（图 2.2）全长为 14 m，直径为 1.65 m，起飞质量为 13 t，装有十字形尾翼，以酒精和液氧作推进剂，发动机推力为 260 kN，飞行速度达 5 倍声速，能将 1 t 重的弹头发射到 275～320 km 外的地方。在大批量生产 V-2 导弹时，位于密特沃尔克的诺德豪森生产中心工作人员曾多达 8 000 人。1943 年 1 月～1945 年 4 月，德国共生产了 6 200 枚 V-2 导弹，其

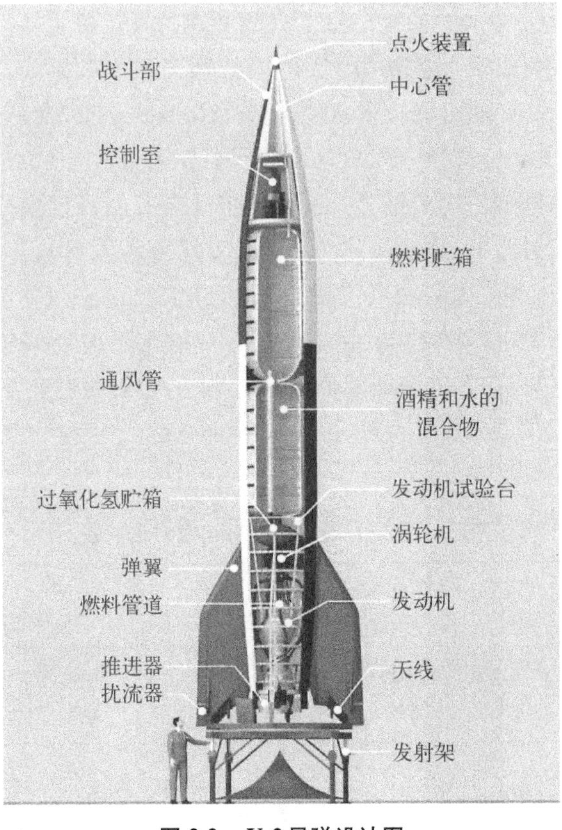

图 2.2　V-2 导弹设计图

中4 300多枚用来袭击英国、比利时的目标，给这些国家造成了巨大的灾难。

1945年5月9日德国投降，但在年初，V-2导弹的负责人Wernher von Braun就看出形势不妙，便带领火箭研究小组的126名专家，还有5 000名相关人员和家属，以及1 000 t重的各种火箭研究资料、设备，从佩纳明德撤出，朝美国先头部队方向走去，然后向美国投降。美国迅速把他们连同资料和100枚完成的V-2导弹一起带回了本国。苏联军队占领了佩纳明德火箭研究中心及诺德豪森火箭生产工厂后，却未能俘虏到著名的火箭专家，他们只好拆走了工厂的机器，带走了部分残余的资料，并运走了贮存的V-2导弹。从此，美国和苏联两国都从仿制V-2导弹入手发展火箭技术，揭开了人类冲出地球的新篇章。

V-2导弹虽在战争中扮演了极不光彩的角色，但它在技术上的成功却使人类向征服太空迈进了一大步，成为现代大型火箭的鼻祖，构筑了航天史上重要的里程碑。在第二次世界大战即将结束及战后初期，火箭与弹头再入的研究产生了前所未有的超声速与高超声速数据。值得一提的是Bumper-WAC，它是V-2导弹的另一个变种，是第一个实际达到了高超声速的飞行器。

第二次世界大战后，美国利用从德国带回来的V-2导弹进行多级火箭验证。Bumper-WAC项目实际上是美国陆军Hermes项目的一部分，1946年7月，美国总统军火办公室研究发展部的主任托夫托伊上校提出了一个想法，就是研发一种能够测试二级火箭技术、达到前所未有的高度并进行更高大气层研究的飞行器，于是，Bumper-WAC项目于1947年6月20日正式启动。项目团队由通用电气公司、道格拉斯飞机公司和卡尔技术公司的喷气推进实验室组成。1948年5月~1950年7月，共进行了8次飞行试验（表2.1）。1949年2月24日，Bumper-WAC在美国新墨西哥州白沙发射场发射升空，在试验飞行过程中，它的上面级的飞行速度超过了马赫数5，这被认为是人类历史上第一次高超声速飞行。

表2.1 Bumper-WAC项目试验情况表

时间	高度/mile①	速度/(mile·h^{-1})	发动机点火时间/s	发射场	试验情况
1948年5月13日	79.1	2 740	60(V-2);6(WAC)	白沙发射场	二级提早关机
1948年8月19日	8.3	850	33.8(V-2);0(WAC)	白沙发射场	一级提早关机

① 1 mile = 1.609344 km。

（续表）

时间	高度/mile	速度/(mile·h^{-1})	发动机点火时间/s	发射场	试验情况
1948年9月30日	93.4	3 160	64.2(V-2);0(WAC)	白沙发射场	二级未点火
1948年11月1日	3	875	28.5(V-2);0(WAC)	白沙发射场	中断后爆炸
1949年2月24日	244	5 150	68(V-2);28(WAC)	白沙发射场	成功
1949年4月21日	31	1 820	48(V-2);0(WAC)	白沙发射场	一级提早关机
1950年7月24日	—	—	—(V-2);—(WAC)	卡纳维拉尔角	低角度点火
1950年7月29日	10	—	—(V-2);—(WAC)	卡纳维拉尔角	低角度点火

Bumper项目的成功演示验证了多级概念的有效性，Bumper也为级间分离和高空火箭发动机点火积累了宝贵的经验。总之，Bumper在帮助美国成功发展洲际弹道导弹(ICBM)、卫星和载人航天能力方面发挥了至关重要的作用。

2.1 早期高超声速飞行器的探索

受到德国桑格尔-布雷特概念性方案报告的启发，又吸取了德国V-2导弹发展计划的经验，在20世纪40年代中期，美国进行了"X-系列"研究用飞机计划(图2.3)，该计划引起人们对超声速飞行技术和高超声速飞行技术的高度关注。该计划的实际飞行试验成就包括：1947年10月14日由XS-1研究用飞机首次实现了超声速飞行；随后不久，有人驾驶的飞行又达到了更高的马赫数，在1953年使用D-558-2研究用飞机进行的有人驾驶飞行终于达到了马赫数2(图2.4)；最后在1956年使用X-2研究用飞机进行的有人驾驶飞行达到了马赫数3。飞行试验的成果进一步激励了人们进行高超声速飞行技术研究的信心。

X-系列飞行器不仅是最早进行超声速飞行的飞机，也创造了多项第一：最早以3倍、4倍、5倍、6倍声速飞行；飞行高度最早超越30 km、60 km和90 km；最先采用稀有合金制造；最早安装万向架支撑发动机；最先在飞机中采用变后掠翼；最先采用喷气推力做垂直起降；最早试验跨声速时整个机翼上的附面层气流理论；在航空航天领域取得无数技术突破的飞行器系列。简单来说，X系列飞行器的研究使许多理论都变成现实，被实际应用在全尺寸飞行器上。

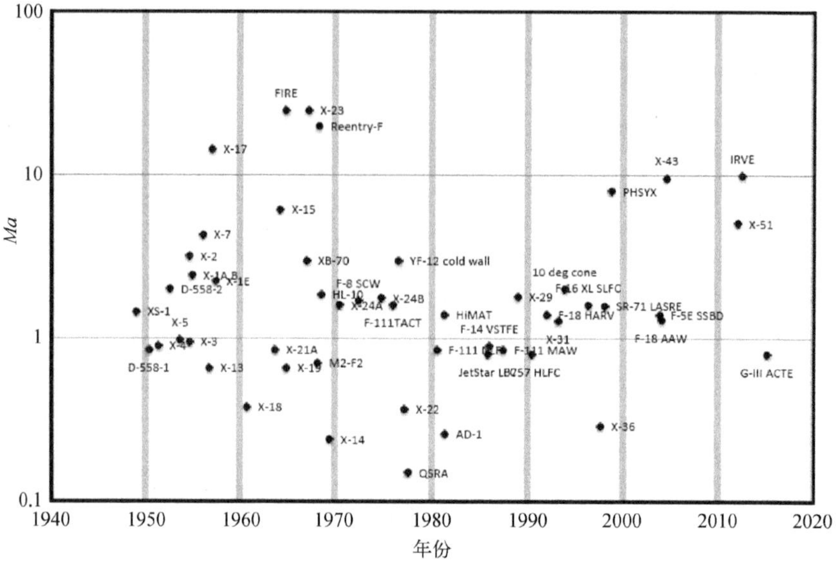

图 2.3　美国几十年来发展的飞行研究项目

图 2.4　X-3(中间)

从左向右顺时针方向依次是 X-1A、D-558-I、XF-92A、X-5、D-558-Ⅱ、X-4

2.1.1　突破音障——X-1

X-1 计划是在第二次世界大战期间提出的,主要用于研究空气压缩性对高速飞行可能产生的影响,然而风洞试验设备不具备跨声速研究能力。跨声速激波反射,即试验模型的激波经风洞壁反射回模型这一现象,极大地妨碍了对这一关键速域气流特性的科学研究。为了获取飞机在跨声速飞行条件下的各种参数,并对飞机在跨声速飞行时的动力特性进行全尺寸研究,美国空军、美国国家航空咨询委员会(National Advisory Committee for Aeronautics, NACA;美国国家航空航天局的前身)和贝尔公司共同开展 X-1 研究试验项目。X-1 试验飞机作为人类历史上一种划时代的飞机,不仅是由于它的速度超过了声速,更是由于它是世界上第一种纯粹为了试验而设计制造的飞机(图 2.5)。

图 2.5　1947 年飞行中的 X-1-1(#45-062)

1. 项目介绍

X-1 项目于 20 世纪 30 年代中期就已开展,X-12 飞机的正式合同(W33-038-ac-9183)于 1945 年 3 月 16 日签订。第一代 X-1 一共有 3 架,空军序列号分别是 45-062、45-063 和 45-064。最初这些飞机都用的是 XS-1 这个名字(S 代表超声速),在初期研制试验过程中被去掉了。X-1 技术参数与性能见表 2.2。

表 2.2　X-1 技术参数与性能

机长	高度	翼展	机翼面积	最大高度	航程/续航时间	最大速度(45-062)	最大速度(45-064)
9.45 m	3.35 m	8.53 m	12.1 m^2	约 21 km	5 min	$Ma1.45$	$Ma2.44$

贝尔飞机公司制造的 3 架 X-1 机长为 9.45 m,机高为 3.35 m,翼展为 8.53 m,机身形状与 12.7 mm 机枪子弹极其相似,这样可在超声速飞行时保持机体的稳定(图 2.6)。机身基本上是一个由横框、纵梁和应力蒙皮组成的渐缩式半硬壳圆柱体。机身内有两个大的装燃料和氧化剂的不锈钢推进剂,一个装在机翼中段以后,另一个在机翼中段之前。前面的贮箱能装 1 253 L 液氧,后面的能装 1 101 L 稀释的乙醇。3 架第一代 X-1 飞机采用了常规铝合金加强蒙皮结构,并按很高的结构及公差配合标准进行制造。它们可以承受±18g 的过载——是当时正常飞行的其他飞机已知动载能力的 2 倍。X-1 的机翼为平直翼,翼面厚度很小。

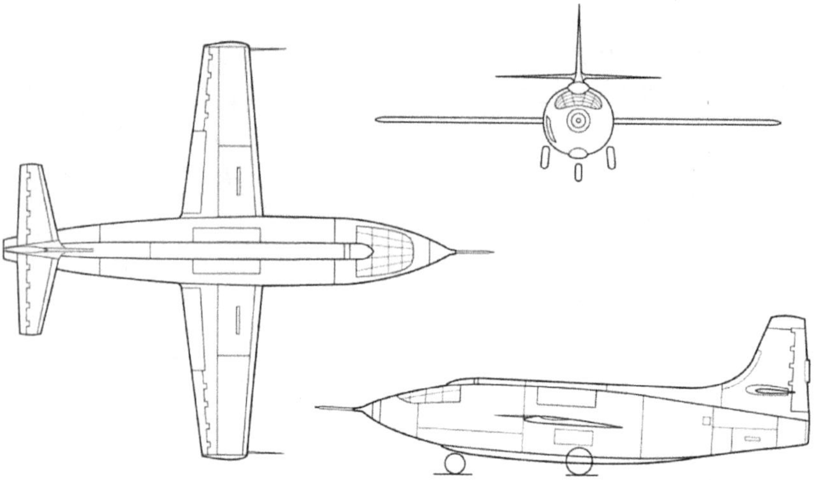

图 2.6　X-1 三视图

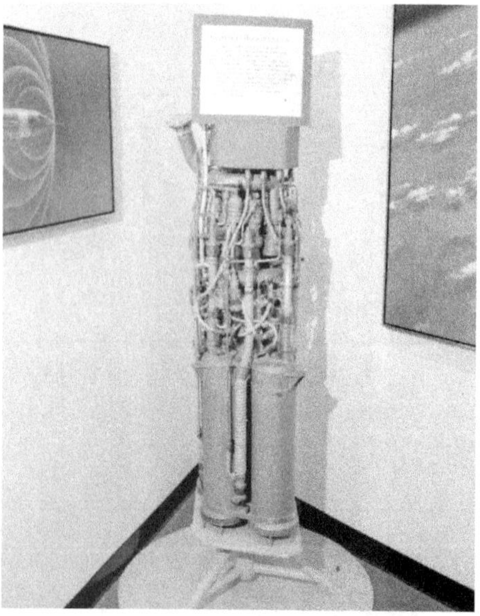

图 2.7　德莱顿飞行研究中心展示的 XLR-11-X-1 火箭发动机

3 架 X-1 飞机都使用一台反作用动力公司的四推力室、双燃料 XLR-11-RM-3(45-062 和 45-063)或 XLR-11-RM-5(45-064)火箭发动机(反作用动力公司的编号为 6000C4 型)为动力,其燃料为液氧和稀释的乙醇。海平面额定最大推力为 26.67 kN,发动机干重为 156.5 kg(图 2.7)。

XLR-11 的推力不可调节,但燃烧室可以单独点火或分组点火,每个燃烧室的额定推力为 6.67 kN。在最大推力的设定下,发动机在推进机消耗完前可提供约 5 min 的全推力。

当 45-064 号机最后完成研制时,与前两架不同之处是装备了一台蒸汽驱动的涡轮泵。该涡轮泵用来将推进剂从各自的贮箱向动力装置输送。过氧化氢流过二氧化锰催化剂产生高热蒸汽,驱动涡轮泵涡轮。发动机尺寸长约 1.45 m,宽约 0.34 m,高为 0.457 m。

X-1 飞机还配备了一些通信和雷达信标天线,除了常规的无线电通信电台外,没有什么特殊的航电设备。然而,飞机上还配备了多种动态传感器,这些传感器接入一套数据记录仪。

X-1 飞机的仪表板上都是基本的仪表显示,如气压高度、飞行速度、火箭燃烧室压力、燃料和液氧供给、攻角、侧滑角、马赫数等参数(图 2.8)。X-1 最长飞行时间不到 20 min,因此没有必要用复杂的仪表。

图 2.8　X-1 飞机舱座仪表板(拍摄于 1949 年)

2. 飞行试验情况

第一架 X-1(序列号 45-062)是 1945 年下半年完成总装的,并于 1945 年 12 月 27 日被首次推出贝尔公司位于纽约州惠特菲尔德的工厂大门。1946 年 1 月 19 日,它由一架 B-29(45-21800)载机转运到佛罗里达州的派因卡斯尔基地,并在那里开始初步测试,以确定其稳定性极限和低速飞行特性。

1946 年 1 月 25 日,X-1 成功完成了第一次滑翔飞行。在佛罗里达州上空 8 229.6 m高度的投放一切顺利。在贝尔飞机公司试飞员 Jack Woolrams 的驾驶下,X-1 飞机完美地飞行了 4 min,证明 X-1 是一架易于驾驶、性能稳定的飞机(图 2.9)。

1947 年初,空军上尉 Charles E. Yeager 和空军少尉 Herbert Hoover 从一组经验丰富的空军飞行员中被选拔出来。入选之后,他们被送到贝尔的尼亚加拉瀑布工厂,开始接触 X-1,并大致了解其系统和特性。

1947 年 8 月 6 日,由 Yeager 驾驶的 45-062 号机终于在穆罗克上空从 B-29

图 2.9 X-1 停放在美国加利福尼亚州爱德华兹空军基地南基地的高速飞行研究站

载机上第一次发射。随后又进行了两次由 Yeager 驾驶的熟悉飞行。最后,在 1947 年 8 月 29 日,成功完成了首次有动力飞行。与他的贝尔前辈一样,Yeager 发现 X-1 飞机特别容易操纵,且实际飞起来是一种享受。

1947 年 9 月 4 日进行了第二次有动力飞行,随后完成第三次飞行试验。随着每次飞行的成功,速度包线慢慢地扩展到更高的马赫数。1947 年 9 月 12 日完成了第五次飞行,速度达到马赫数 0.92(图 2.10)。这时,X-1 飞机暂时停飞,腾出时间来安装响应速度更快的水平安定面作动器。同时,Yeager 也被送到赖特空军基地试穿抗压服。考虑到计划中超声速飞机的飞行高度,抗压服是必需的安全措施。

到第八次飞行时,Yeager 已将 45-062 号机(这时有了绰号“迷人的 Glennis”,来自 Yeager 夫人的名字)飞到马赫数 0.997。这不仅是一个非官方的世界速度纪录,而且是当时飞行员最接近超声速的一次飞行,已经到突破瓶颈的时候了。

1947 年 10 月 14 日,试飞员 Yeager 驾驶 X-1-1 在 13.1 km 的高空飞出了马赫数 1.06 的速度,从而迈出了人类超声速飞行的第一步。

正当由空军主持的第一架 X-1 飞机飞行试验以几乎疯狂的步伐进行时,第

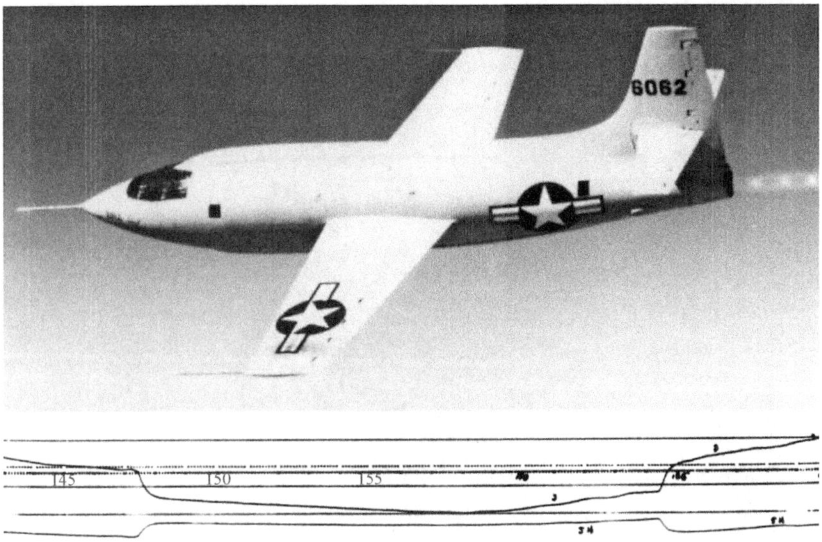

图 2.10　飞行中的 X-1

下面的曲线是超声速飞行获得的历史上很著名的“马赫跳跃”压力曲线，中间窄的部分代表进行超声速飞行的时间，记录了 1947 年 10 月 14 日在这架飞机上的第一次超声速飞行

二架 X-1 飞机也在 NACA 及其项目负责人主持下进行了快节奏的飞行。

1948 年 3 月 10 日，NACA 飞行员 Herb Hoover 驾驶 X-1-2 飞机（图 2.11）第一次超越声速达到马赫数 1.065，成为第一个飞行速度超过声速的 NACA 飞行员（图 2.12）。NACA 的工程师为 X-1-2 设计了新机翼和新型涡轮泵燃油系统，另

图 2.11　X-1-2 停在 NACA 高速飞行研究中心的斜坡上（后面是波音 B-29）

图 2.12 X-1-2 的飞行员 Robert Champin 和 Herb Hoover

外,将试飞员从侧面舱门进入驾驶舱的设计改为向上开启的座舱盖,这样 X-1-2 就成为 X-1E。X-1E 是用来验证薄翼气动特性的,它是第一架采用 4%机翼厚度飞行成功的飞机。另外,有必要提一下 X-1-3,由于其燃料供给系统进行了改进,所以其理论最高飞行速度可以达到马赫数 2.4,远远超过了前两者。但这架 X-1-3 运气不太好,在一次试飞中燃料泄漏和载机 B-50 一起在空中被炸成了碎片。X-1 总共试验飞行了 157 次,最大飞行速度达到马赫数 1.45,最大飞行高度为 21 km。

第一架 X-1 在美国华盛顿史密森学院的国家航空航天博物馆(National Air and Space Museum, NASM)主展厅永久陈列。在 1950 年 8 月 6 日移交给 NASM 前,该飞机总共完成 78 次滑翔和动力飞行。

第二架 X-1 以 X-1E 构型在加利福尼亚州爱德华兹空军基地 NASA 德莱顿飞行研究中心大楼前永久陈列(图 2.13)。在其被改装成 X-1E 前,该飞机总共完成了 74 次滑翔和动力飞行。

第三架 X-1 于 1951 年 11 月 9 日挂装在载机 B-50 上完成一次挂飞后,在加利福尼亚州爱德华兹空军基地进行地面操作时爆炸毁坏。爆炸最终被认定是由乌尔姆皮垫圈与液氧不相容引起的。在该事故前,45-064 成功完成了一次滑翔飞行。

图 2.13　X-1E 在 NASA 德莱顿飞行研究中心大楼前

贝尔飞机公司之后又建造了四架经过改进的 X-1,其中,X-1A 进行动力稳定试验,X-1B 进行空中载荷研究,X-1C 搭载机炮进行武器测试(实体模型阶段被取消),X-1D 则进行传热研究。X-1D 和 X-1A 先后在试验过程中爆炸坠毁,事后调查发现和 X-1-3 一样都是由液氧油箱中皮革垫圈引起的,因此随后 X-1B 和 X-2 机体上的乌尔姆皮垫圈全部被除去。在多次马赫数 2 的飞行试验后,X-1B 在 1957 年被改装用来进行反应控制系统(reaction control system,RCS)的试验。它的翼尖上装上了数枚过氧化氢火箭,当动态压力对于常规空气动力控制过小时,其后机身和机尾就会提供控制,这些成果为随后 X-15 的发展提供了宝贵经验。

3. 项目意义

X-1 项目是航空史上最成功、技术上最有成效的研究项目之一。它有力地证明了有人驾驶飞机能超声速飞行,而且能够保证安全。第一代 X-1 飞机促进了结构和气动力方面的许多重大技术进步,包括超薄但特别坚固的翼面、超声速机身布局、操纵系统和操纵舵面要求、动力装置相容性及座舱环境等。

第二代 X-1 飞机的速度和飞行高度包线差不多是第一代的 2 倍。最重要的是第二代 X-1 飞机(主要是 X-1A)成为第一架探索惯性耦合现象的飞机。同样非常重要的是,第二代 X-1 对气动加热这一科学领域的重要贡献。特别是 X-1B 进行的初步探索性工作在确定第二代高性能研究飞机(如北美公司的 X-15)的结构和材料要求时起到了重大作用。第二代 X-1 飞机使人们对高空、高速环境下飞行员生理学的基本认识有了指数级提高，并再次证明装备得当的飞行员能够在最恶劣的环境下生存并发挥作用。

2.1.2 跨越马赫数 2——D-558-2

1. D-558-1

在 X-1 项目进行的同时，美国海军开始了一项完全独立的跨声速研究计划，并最终催生了道格拉斯 D-558-1 Skystreak，这是一架成功的试验机（图 2.14）。这种采用了涡喷发动机的单座直翼型飞机一共制造了 3 架，其研制试验期从 1947 年持续到 1953 年，其间创下了多项世界纪录。

图 2.14 道格拉斯 D-558-1 Skystreak 降落在干湖上

D-558-1 项目原计划分三期进行，但实际上只进行了两期，代号中的 1 表示第一期，第二期的研究型飞机为后掠式，采用涡喷和火箭两种发动机，一共制造了 2 架。D-558-1 于 1947 年 4 月 14 日进行首次试飞，该项目的目的是研究直翼结构飞机在马赫数 0.7~1.3 跨声速的工作情况，并且获得一些利用当时风洞无法获得的试验数据。

道格拉斯公司在研制过程中采用 NACA 提供的信息和翼型，并且利用 NACA 和加州技术研究院的风洞进行了试验。同样采纳了 NACA 的建议，D-558-1 在垂直尾翼较高的部位加装了水平安定面，以避免来自机翼的激波。D-558-1 在以下两个方面与 X-1 一样采纳了 NACA 的建议：一是采用了比机翼更薄的水平安定翼，以避免机翼和水平尾翼同时受激波影响；二是安定翼在飞行中可调，以便在激波造成升降舵失效的情况下提供俯仰（机头上下动作）控制（图 2.15）。

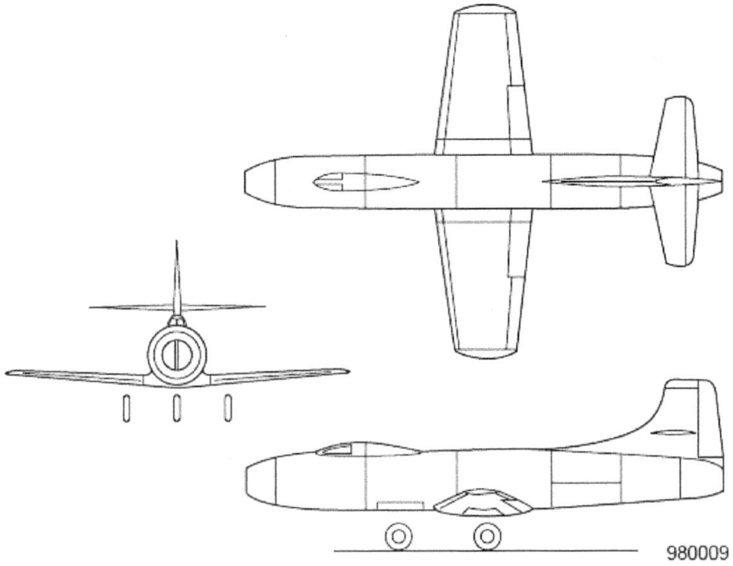

图 2.15　D-558-1 三视图

最初 D-558-1 周身涂妆鲜红色,因此其绰号为"深红试管",后来有的颜色改为白色,以提高光电跟踪和摄影(图 2.16)。3 架 D-558-1 在 1947~1953 年共进行过 229 次试验飞行,其中第一架(NACA 141)飞行 101 次,第二架(NACA 142)飞行 46 次,第三架(NACA 143)飞行 82 次。1948 年 4 月 29 日,NACA 141 在试验飞行中达到了马赫数 0.88 的速度,高度为 11 km,但不幸的是,在接下来的一次试飞中发动机压缩器解体切断了升降舵和方向舵的控制电缆,造成机毁人亡。

图 2.16　D-558-1

在事故委员会的建议下，技术人员为 NACA 142 增加了双控制电缆，并且使用了铠装的紧急燃油泵和电缆，还使用了线绕的管线。1949 年开始利用 NACA 142 进行试飞，收集有关操纵质量、副翼效用及压力分布方面的数据：1950 年 12 月～1951 年 10 月，NACA 142 进行了一系列有关结构抖振、尾翼载荷及纵向稳定性方面的研究；1952 年 6 月～1953 年 4 月 NACA 142 进行了一系列试飞，收集横向稳定性和动态稳定性方面的数据；随后 NACA 142 又进行了翼尖油箱对飞机抖振特性影响的研究；1953 年 6 月 10 日 NACA 142 飞行试验结束。虽然与采用火箭发动机的 X-1 和 D-558-2 相比，D-558-1 速度较慢、设计也更为保守，但是作为第一代跨声速研究型飞机，它自有其本身的价值。就连失事的 NACA 141 也使人们更加意识到了研究型飞机的危险性，从而加强了其他研究型飞机在安全性方面的设计，尤其是 X-4 和 X-5。

在 NACA 开发出更好的风洞之前，是 D-558-1 及 X-1 和 D-558-2 共同提供了跨声速飞行条件的数据。另外，这些飞机还对后来的风洞试验数据可靠性进行了实际飞行验证。

2. “高空火箭”D-558-2

D-558-2 Skyrockets 与 D-558-1 不同，属于单座后掠翼飞机，采用涡喷和火箭推进系统，项目开发试验时间为 1948～1956 年，一共研制了 3 架，是世界上第一种飞行速度超过马赫数 2 的飞机(图 2.17)。

图 2.17　带有外挂物的 D-558-2(NACA 145)

该项目的目的是研究后掠翼飞机在跨声速和超声速飞行条件下的特性，尤其关注的是自动抬头问题，这是当时高速军用飞机面临的普遍性问题，特别是在速度较低时，如起飞、降落和急转弯的情况下。这 3 架飞机在试验中收集了大量数据，内容包括自动抬头、横向耦合及纵向耦合动作、机翼和尾翼载荷、升力、阻力、后掠翼型飞机在跨声速和超声速时的结构抖振，以及在所有飞行速度条件下火箭排气羽流对横向动态稳定性的影响。第 3 架 D-558-2 还收集了外挂物（如炸弹形状、副油箱）在跨声速（马赫数 0.7~1.3）条件下对飞机性能影响的数据（图 2.18）。

图 2.18　D-558-2 从海军 P2B-1S 上发射

3 架 D-558-2 共试验飞行了 313 次，其中，第一架（NACA 143）123 次，第二架（NACA 144）103 次，第三架（NACA 145）87 次。NACA 143 的试飞主要用于验证这种飞机的风洞预测值。NACA 143 最早采用涡喷发动机起飞，1954~1955 年承包商将其改造为全火箭发动机空投型。

NACA 144 在早期试飞中也采用涡喷发动机，并且飞行了 21 次，用于测试空速校准情况及纵向稳定性、横向稳定性和操纵情况。在飞行试验中 NACA 144 遇到了自动抬头的问题，NACA 的工程师认为这种问题会对飞行性能造成影响并且具有一定的危险性，因此决定对这个问题进行全面研究。

1950 年，NACA 144 换上了火箭发动机，试飞时它被悬挂在 B-29 轰炸机的挂弹架上，升空大约 9 km 时投放。在超声速试飞中，飞机出现了强烈的滚转动作，即横向不稳定情况。在随后的几年中 NACA 144 进行了 20 次试飞，用于收集横向稳定性、纵向稳定性、机翼和尾翼载荷、升力、阻力，以及速度达到马赫数 1.728 时结构抖振等方面的数据。

为了进一步增加飞机的推力，NACA 不仅为 LR-8 火箭发动机的气缸加用了延伸喷管，还对燃料进行冷却以便能够加注更多，另外为机身打蜡以减少阻力。

1953 年 11 月 20 日，NACA 144 在试飞中速度达到了马赫数 2.005，开创了航空飞行史的新纪录（图 2.19、图 2.20）。

图 2.19　道格拉斯 D-558-2 首次飞到马赫数 2 后，飞行员 Scott Crossfield 在 NACA 南部基地接受媒体采访（右图为 NACA 飞行员 Scott Crossfield）

图 2.20　NACA D-558-2 试验团队和 P2B-1 及 F-86

此后的试飞主要以收集其他方面的数据为目的，包括压力分布、结构载荷及结构生热等。1956 年 12 月 20 日，NACA 144 完成了最后一次试飞。

除了创下几项世界纪录之外，D-558-2 研究项目还收集了大量的数据，掌握了后掠翼飞机如何在跨声速和超声速条件下实现稳定受控的飞行。该项目收集的数据还有助于了解风洞试验结果和实际飞行结果之间的关系，提高了后掠翼军用飞机的设计能力。

2.1.3　X-2

X-2 试验机项目于 1945 年由贝尔飞机公司、美国陆军航空队、NACA 共同承担研制任务，它是一种装备火箭发动机、后掠翼的试验用机，其主要用途是研究飞行器在高空、高速飞行条件下的气动力加热对机体结构的影响，以及飞行稳定性和操控有效性(图 2.21)。

图 2.21　X-2 试验机

X-2 机长为 13.84 m，机高为 3.6 m，翼展为 11.55 m(图 2.22)。其机身使用了不锈钢和 K-monel(一种铜镍合金)材料，其动力为一台寇蒂斯 XLR25 液体火箭发动机。鉴于早期 X-1 发生的事故，X-2 为飞行员安装了一个逃生舱。在紧急情况下，逃生舱可脱离主机身并打开稳定降落伞，当逃生舱降落到一定高度时，飞行员可打开舱盖自行跳伞逃生。即便如此，一架 X-2 还是在一次燃料泄漏事故中发生了空中爆炸，试飞员当场死亡。

1956 年 4 月 25 日，试飞员 Albest 驾驶 X-2 在试验飞行中首次超过了声速，达到马赫数 1.4。在随后的飞行中，X-2 又达到了马赫数 2.53。1956 年 7 月 23 日，Albest 进行了最后一次 X-2 飞行，在 20.8 km 的高空达到了马赫数 2.87，这次飞行当时让他获得了“世界上飞得最快的人”的光荣称号。另外，1956 年 9 月 7 日另一位试飞员 Iven Kincheloe 驾驶 X-2 飞到约 11.7 km 的高空，也为自己赢得了“世界上第一位太空人”的称号。

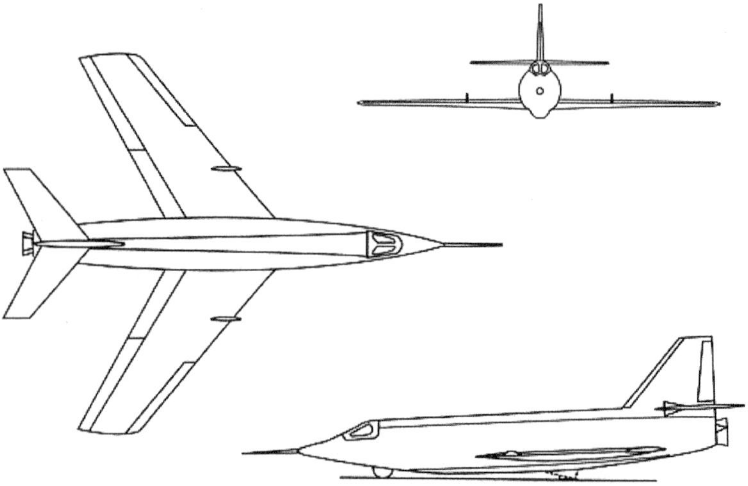

图 2.22　X-2 试验机三维视图

1956 年 9 月 27 日,Albest 刚保持了两个多月的速度纪录就被另一名试飞员 Mel Apt 打破了。在当天的试验飞行中,X-2 在 Apt 的驾驶下达到了马赫数 3.196。也许是被打破纪录的喜悦冲昏了头脑,Apt 让 X-2 来了个空中急转弯,以便能更快地返回爱德华兹空军基地,但这个急转弯让飞机的控制系统失灵并进入螺旋,Apt 试图重新控制住飞机,但没有成功,在即将坠毁的一瞬间,Apt 按下了逃生舱脱离的按钮,但为时已晚,他与 X-2 重重地摔在了地上(图 2.23)。

图 2.23　X-2 试验机残骸

2.2　第一次高超声速飞行

2.2.1　高超声速 X-15

早期的 X-系列用飞机所作的研究，都是集中在与跨声速和超声速飞行有关的一些问题上。1954 年美国进行了一项由美国空军、美国海军和美国国家航空咨询委员会三方联合实施的计划，该计划是设计和开发一种空中发射、火箭推进的研究用飞行器，专门用于研究马赫数 6 以上的飞行技术问题。这个计划的结果就是后来的“北美 X-15 型”研究用飞机，这是世界上最早利用火箭发动机推进的高超声速飞行器，它达到了马赫数 6.7 的飞行速度(约 7 270 km/h)，而飞行高度达到约 108 km(图 2.24)。

图 2.24　X-15 试验机

1. 项目背景

由于高超声速研究飞机的技术问题和安全问题，所以它的效用一直遭到质疑，20 世纪 50 年代以前的高超声速研究，不管是地面的还是空中的，都没得到美国政府和私人航空航天研究机构的大力支持。直到 1952 年 6 月 24 日，该研究才首次得到了官方实质性的支持，当时，有权势的 NACA 空气动力学委员会通过决议，要求 NACA“增加相关研究项目，以研究有人驾驶或无人驾驶飞机以马赫数 4~10 的速度在 19.3~80.5 km 的高度飞行所出现的问题”。接下来的一个月里，这项决议获得了执行委员会的批准。

有趣的是，NACA 最初的决议是基于贝尔飞机公司的创始人之一 Robert Woods 工作的成果。Woods 是设计研制贝尔 X-1、X-2 的关键人物，他对任何在 NACA 或其他政府机构的资助下可能取得成果的未来先进飞机研制项目非常感兴趣。1951 年底，他将自己关于高超声速飞机研制项目需求的想法形成文字，1952 年 1 月 8 日，在一份递交给 NACA 空气动力委员会的文件中，他建议在 NACA 内部建立一个特别研究小组，专门研究和分析高超声速和太空飞行中的基本问题。

Woods 并非唯一提出高超声速飞机研究计划的工程师，事实上，在 1951 年 6 月举行的一次 NACA 稳定性和控制委员会会议上，道格拉斯飞机公司的一位空气动力学家就曾建议将研究领域扩展到马赫数 5~10，使导弹设计者获取有关的数据。[3]

1953 年 10 月，美国空军科学顾问委员会飞行器小组召开会议，该小组公布了一项声明，宣称研制一种先进有人驾驶飞机的时机“已经成熟”，“应该探讨”其可行性。

NACA 真正启动高超声速飞机研究项目，是于 1954 年 2 月 4/5 日在华盛顿举行的 NACA 跨试验室研究飞机小组的一次会议上。研究飞机小组认为有必要研制一种全新的有人驾驶研究飞机（而不是提议的 X-2 改装方案），并建议 NACA 总部安排其下属的四个研究中心对这种飞行器的目标和要求进行详细研究。

作为对 NACA 总部关于提出新型研究飞机方案要求的回应，所有 NACA 实验室都在 1954 年 3 月成立了小型特别研究小组。兰利的研究比其他实验室更为深入，他们初步提出了一种概念飞行器方案，随后又进行了许多支持研究项目，目的是确定其可行性并解决一些关键问题。

随后，NACA 给空军帕特中将去信说他们对启动一项新的有人驾驶飞机研究项目非常感兴趣，这种飞机的飞行速度和高度都将远远超过现有的任何研究飞机。在信中，NACA 还建议由 NACA、美国空军总部和美国空军科学顾问委员会共同召开会议来讨论该项目。帕特中将表示对该信的建议非常感兴趣，并建议邀请美国海军也参加进来。

到 1954 年 7 月底，虽然 NACA 的研究并未完成，但已经能够提出令人信服的事例来证实新型研究飞机的需求和可行性。随着项目的势头越来越猛，NACA 空气动力学委员会于 1954 年 10 月 5 日召开了一次历史性的会议，以考虑高超声速研究飞机的问题。参会的各委员会成员都对历史数据及技术数据进行了审查。尽管有一名委员强烈反对,但其余委员都一致认可该项目。在正式得到技术上的认可后,休·代顿启动了与空军和海军的共同工作,以提出一组适当的技术指标,供制造商进行方案设计时参考。在最终技术指标中,设计速度为 1 828 m/s,设计飞行高度为 76.2 km。该技术指标的要求与最初兰利的研究理念相符,又比较宽泛,以鼓励新的技术途径。

1954 年 12 月 23 日,美国空军、美国海军和 NACA 签署了一份"谅解备忘录",决定成立一个"研究飞机委员会"负责项目的技术指标。1954 年 12 月 30 日,空军器材司令部向 12 家机体承包商发出投标邀请书,邀请他们加入设计竞争。1955 年 1 月 17 日,NACA 代表与空军代表在赖特·帕特森空军基地举行了会晤,并被告知研究飞机将携带"空军 1226 项目"的标志,官方名称为 X-15。

1955 年在 1 月 18 日举行的一次投标者简报会上,为承包商提供了相关技术资料。来自贝尔飞机公司、波音飞机公司、钱斯-沃特飞机公司、联合-沃尔蒂飞机公司(即康维尔公司)、道格拉斯飞机公司、麦道飞机公司、北美航空公司、诺斯罗普飞机公司,以及共和航空公司的代表与 NACA 和空军人员会面,讨论有关投标的基本设计要求。此外,还在 1955 年 2 月 4 日,为四家有希望的动力系统制造商(空气喷气、通用电气、北美和反作用动力公司)召开了一次简报会。

从 1955 年 2 月到 5 月,九家最初的竞争者中有五家退出,只剩下贝尔飞机公司、道格拉斯飞机公司、北美和共和航空公司。到 1955 年 5 月 9 日,所有 1226 项目的竞标者都递交了他们的方案。在接下来的一周,这些方案的复印件被送到赖特航空发展中心(WADC)和 NACA 评估小组进行评估。

1955 年 7 月 26~28 日,美国空军、美国海军和 NASA 评估小组在 WADC 举行会议,协调各自的评估结果。根据记录,最终选定北美航空公司为 1226 项目的主承包商。但就在评估小组意见呈递给国防部之前,事情突然发生了奇怪的变化。1955 年 8 月 23 日,北美航空公司提出希望退出 1226 项目,公司对其他项目的人力投入使其无法在规定日期完成该项目。北美航空公司当时获得了新型战斗轰炸机和远程截击机的第一阶段研究合同,同时加大了在研的 F-107 战斗机的研制工作力度。在承担了这些项目后,北美航空公司不可能达到 1226 项目紧张的研制周期所要求的大量人力投入。

后来,北美航空公司副总裁兼总工程师得知公司很有可能在竞标中获胜,在 9 月 23 日,他写信给美国空军研究与发展司令部(Air Research and Development Command, ARDC)司令,提出两种以前曾与空军人员探讨过的解决方案:① 通过对人力投入计划的重新评估,北美航空公司认为,如果将研制周期延长 8 个月,就可以完成1226项目;② 如果上述延期要求不被接受,为了整个项目的利益,北美航空公司愿意将设计方案数据免费交给空军。

其实,早在1955年8月12日,关于延长项目研究时间的提议就讨论过并获得通过。这使北美航空公司在获悉他们正式获得承包合同后,可以收回之前的退出决定。

北美航空公司的矛盾解决了。1955年9月30日,赖特·帕特森空军基地飞机部负责人 Carl Damberg 少校正式宣布北美航空公司的方案在竞争中获胜。其他参与者也在当天获知北美航空公司获胜的消息,并收到了美国空军的感谢信。

1955年12月6日,北美航空公司加利福尼亚州洛杉矶分部收到了空军寄来的合同文本(AF33[600]-31693),要求他们研发设计制造三架 X-15 飞机(1226项目)。

由 Harrison Storms 和 Charles Phil 领导的北美 X-15 设计小组,在同意设计、制造和初步飞行测试高超声速研究飞机时,就意味着他们要承担一项非常困难的任务。虽然看上去 X-15 的构型十分简单,但实际上它可能是当时技术上最为复杂的单座飞机(图 2.25)。

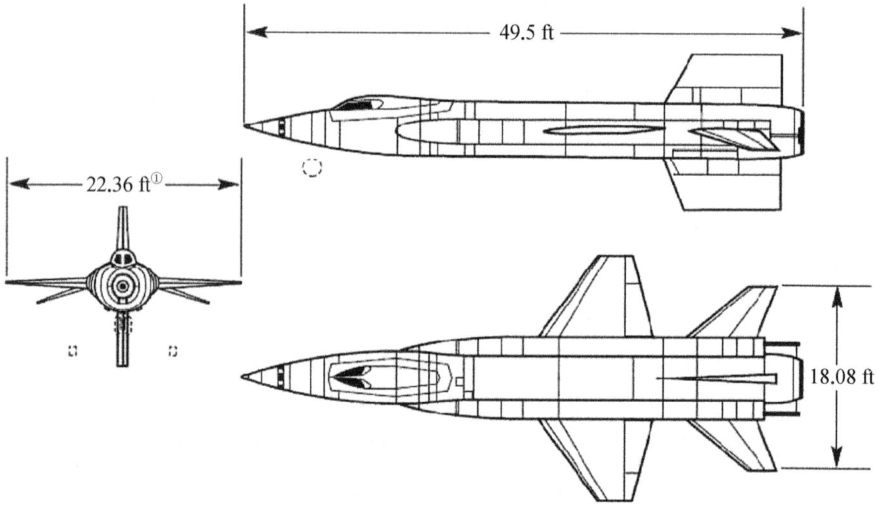

图 2.25 X-15 三视图

1956年6月11日,北美航空公司收到3架 X-15 机体的生产许可。同年9月,首架 X-15 飞机的制造工作正式启动,整个制造过程共花了两年多时间。1958年

① $1\ \mathrm{ft}=3.048\times10^{-1}\ \mathrm{m}$。

10 月 15 日，编号为 55-6670 的首架 X-15 飞机在北美航空公司加利福尼亚州洛杉矶工厂推出总装。然后，用卡车运往爱德华兹空军基地进行地面试验。

2. 项目介绍

1956 年北美航空公司签署了制造 3 架 X-15 飞机的合同。其主要目标为：① 验证 1954 年以来的高超声速理论和风洞技术；② 研究高气动压力下飞机结构性能、稳定性能和控制性能；③ 研究高温条件下的飞机结构；④ 研究高空助推和再入相关的稳定性和控制问题；⑤ 研究失重、高加速度条件下的生物医学现象。X-15 飞行试验实现了所有预期的设计目标。

3 架 X-15 试飞器分别是：X-15A-1（空军代号 55-6670），进行了 82 次有动力飞行试验；X-15A-2（空军代号 55-6671），进行了 53 次有动力飞行试验；X-15A-3（空军代号 55-6672），进行了 64 次有动力飞行试验。首次无动力滑翔于 1959 年 6 月实施，1968 年 1 月进行了最后一次飞行试验，之后，美国宇航局停止了 X-15 计划。在 X-15 飞行器所进行的 199 次试验中，先后创造了马赫数 6.72 的速度和 108 000 m 升限的世界纪录，其中有 13 架次到达了 80 km 以上的高度。试飞器的主要技术性能参数和推进系统参数如表 2.3 和表 2.4 所示。

表 2.3　X-15 主要技术性能

参　数	参数值	参　数	参数值
全　长	15.1 m（X-15） 15.72 m（X-15A）	垂直尾翼面积	9.29 m^2
		起飞质量	14 186～15 195 kg
高度	3.96 m	关机时质量	5 883～6 123 kg
翼展	6.81 m	可用推进剂质量	8 303～9 072 kg
机翼面积	18.58 m^2	设计最大速度	1 600 m/s
后掠角	前缘 36.75° 1/4 翼弦 25°	达到的最大速度	2 020 m/s（Ma=6.7）
		设计飞行高度	76.2 km
展弦比	2.5	达到的最大高度	107.96 km
厚弦比	5%	最大加速度	≈5g
着陆速度	84.4 m/s		

表 2.4　X-15 各型推进系统

	暂用型	基本型	改进型
发动机代号	XLR-11	XLR-99	TD-331
长度/m	—	2.08	3

（续表）

	暂用型	基本型	改进型
直径/m	—	1	1.29
推进剂	液氧/酒精	液氧/液氨	液氧/80%液氢+20%肼
最大海平面推力/kN	2×36.4	258	284.67
工作时间/s	—	90	135

1）机体结构

X-15 飞机基本属于中单翼单座飞机。包括机翼、水平尾翼、垂直尾翼。其中，尾翼上、下对称，分别是采用新型、尖锐前缘的楔形上垂直尾翼和下垂直尾翼。在高超声速条件下，作为一个稳定翼面，楔形尾翼优于传统的尾翼。一个垂直尾翼的面积等于 60%的机翼面积，为 X-15 飞机提供航向安定性。楔形尾翼有一个致命缺点就是高阻力，再加上尾部整流罩和火箭发动机喷嘴，整个阻力相当于 F-104 飞机的气动阻力。机翼较薄，包含一个简单的襟翼，没有副翼。

驾驶舱包括弹射座椅、标准驾驶杆及飞行需要的仪器。舱内的增压和冷却系统采用的是氮，可将火灾发生的可能性降到最低。驾驶舱内还装有电源、液压系统、控制电缆等设备。机身内包括两个圆柱形油箱，用于装火箭发动机推进剂；机身前段有一个隔离室，为驾驶舱和仪表室；机身后段隔离室是装发动机的。大型球茎状整流蒙皮由驾驶舱尾部沿着机身向机翼和尾翼延伸，内装控制电缆、液压管路、推进剂管路，以及油箱外必须安排的配线。大的机身整流蒙皮对 X-15 飞机总气动升力具有决定性的影响，特别是飞机在高超声速飞行时可提供近 1/2 的气动升力。机翼提供的气动升力则有限，但在飞机发射和再入时发挥重要作用（图 2.26）。

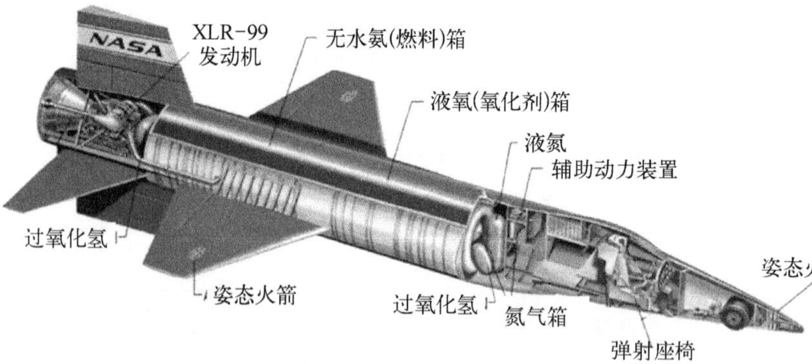

图 2.26　X-15 基本型结构示意图

X-15 飞机的另一独特之处是采用了新颖的起落架。为了简化和减轻重量，X-15 的主起落架为滑橇式起落架，前起落架仍为常规的双轮起落架。

2）推进系统

X-15 飞机采用推力可调的 XLR-99 型火箭发动机。该发动机采用液态氨（NH_3）+液态氧（O_2）推进剂，液氧箱容积为 4 600 L，刚好位于飞机重心之前；液氨箱容积为 6 569 L，位于飞机重心之后。XLR-99 最大推力达 25 855 kg，最小推力为 12 600 kg。最大推力条件下可持续燃烧 85 s。发动机喷管长为 2 083 mm，直径为 236 mm，重量为 465 kg（图 2.27）。

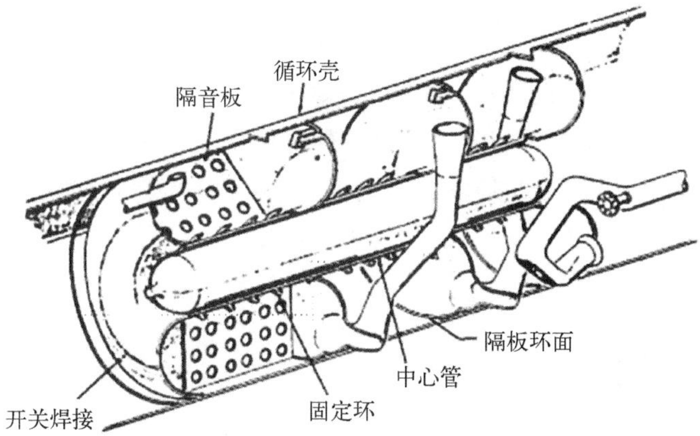

图 2.27　液氧箱内部结构

在压强为 244.8 个大气压下，位于液氧箱中心位置的内管供应氦，从而使液氨箱和液氧箱内压强增大。过氧化氢箱位于液氨箱后面，容积为 340.95 L，负责为辅助动力装置——蒸汽轮机提供单元推进剂。辅助动力装置是 2 台蒸汽轮机，它以过氧化氢为推进剂，用于驱动液压泵和发电机，并为喷气控制系统提供过氧化氢。

发动机燃烧室内装有点火装置，以确保所有剩余的推进剂在燃烧室充分燃烧并汽化。另外，装有一监视系统自动监视发动机的工作并发现部件故障，一旦出现问题，该系统将安全关闭发动机，并采用冗余的设计方法避免部件失灵。

3）控制系统

X-15 飞机在稠密大气层飞行时，采用常规气动操纵系统。俯仰控制由水平尾翼承担，该水平尾翼没有升降舵，整个水平尾翼作为一个整体移动。上垂直尾翼和下垂直尾翼通过整体运动实施偏航控制，为 X-15 飞机提供航向安定性。上述操作均由驾驶舱内的三个驾驶杆经液压传动系统实现对翼面的控制。其中，再入机动要求 X-15 飞机具有 20°~25°的攻角的操控性。

X-15 飞机在大气层外稀薄空气中飞行时将采用喷气操纵系统。位于机头的以过氧化氢为燃料的助推火箭又称为空间控制火箭，负责提供偏航控制和俯仰控制，机翼负责滚动控制。X-15 飞机是在传统气动控制系统失效的空间边缘最早使用矢量推力控制完成偏航、俯仰和滚动的飞行器。

4）结构、材料与热防护

X-15 飞机主要采用 Inconel X 材料（镍铬铁合金）和钛铝合金，如多梁的机翼、机翼前缘及机身采用 Inconel X 材料，座舱及内部结构则采用钛铝合金。这样布局：① Inconel X 镍铬铁合金可以抵御高速飞行时产生的 650℃ 高温，它还具有高的负载效率，远远领先于铝合金结构；② 飞行器表面的负载、温度必须与最小的结构重量结合，但是，Inconel X 的重量是铝的三倍，而任何超出的重量都将对飞行器性能产生关键影响，例如，每 100 kg 的重量将削弱约 709 km/h 速度性能，因此必须从结构中节省每一克的额外材料。为了达成上述目标，在充分发挥 Inconel X 优点的同时，X-15 采用了外部以 Inconel X 为主，内部部分结构中使用钛铝合金的方式降低重量。图 2.28 显示了 X-15 机身各部分预期需要抵御的温度极限，以及所需的表面涂层厚度。

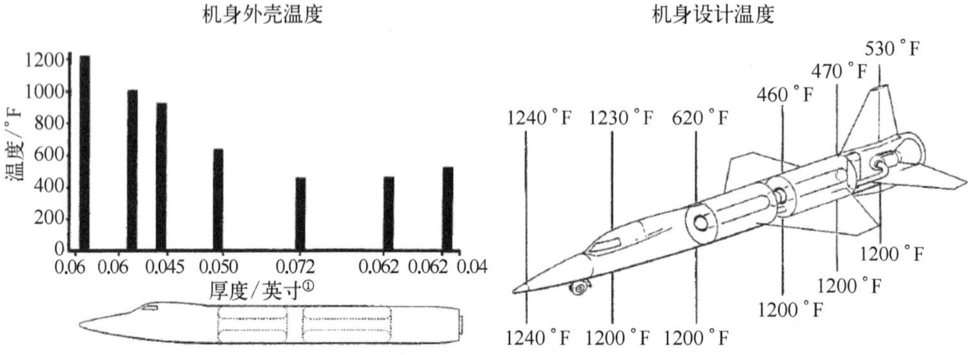

图 2.28 X-15 机身预期遭遇的表面温度分布和所需的热防护材料厚度

为了解决高超声速飞行带来的气动加热问题，X-15 飞机还采用了绝缘技术和冷却技术来保持飞行器表面温度低于 650℃，内部温度低于 430℃。

5）飞行试验情况

X-15 飞机飞行试验进行了 10 年左右。由于对燃料消耗极大，采用 B-52 携载到高空投放的方式，投放高度为 13.7 km，速度为马赫数 0.74（图 2.29）。根据

① 1 英寸=2.54 厘米。

任务的不同,火箭发动机可以提供 80~120 s 的飞行时间,随后便采用无动力方式,以马赫数 0.3 的速度滑行降落,保持时间约 8~12 min。其中,被改装的X-15A-2增加了燃料,使其可为 X-15A-2 多提供60 s 的飞行时间。由于机头的着陆轮不能操纵,而且主起落架采用滑橇的形式,X-15 必须在湖床上降落。

图 2.29　X-15 由 B-52 携载到高空投放

1959 年 3 月 10 日,一架 B-52 载着第一架 X-15 进行首次试飞。同年 6 月 8 日,Scott Crossfield 第一次操纵 X-15 脱离母机,并完成无动力滑翔着陆。

1960 年 8 月 12 日,X-15A 从 B-52 载机投放下来后,由美国空军飞行员 Robert Wright 驾驶,爬升到 41 496 m 高度,打破了 4 年前由 X-2 试验机创造的38 364 m的高度纪录。

1964 年 2 月,2 架 X-15 被改装为 X-15A-2。后者机身加长了 71 cm,机翼下增加了两个分别装有液氨和液氧的副油箱。1967 年 10 月 3 日,William J. Knight 少校驾驶 X-15A-2 时达到了马赫数 6.72(7 272 km/h)的速度,这是 X-15 试飞行时达到的最高速度。

X-15 共制造了 3 架,进行的 199 次飞行试验都是从波音公司生产的 2 架经过改造的 B-52 轰炸机上进行空中发射。3 架 X-15 飞机中的一架在 1967 年失事坠毁,失事是由电气系统故障、飞行控制系统过载、人的生理机能导致的驾驶员操作失误等多个因素复合在一起造成的。X-15 研究用飞机在高超声速飞行技术发展历史上的地位,可以说是功不可没,因为它是专门设计用于进行跨大气层飞行的第一架飞机,同时还经受住了高超声速飞行过程中空气气动加热的考验,这是一个具有挑战性的课题。然而 X-15 型研究用飞机的最重要的意义也许在于：它把飞机的属性和航天飞行器的属性汇集于一身，例如，它具有 3 个控制系统：一个是安装在驾驶舱内侧面的辅助控制系统，专门用于控制进入太空时的加速度；另一个是反作用控制系统，用于控制飞机在低空气动压状态下的飞行；还有一个是常规的飞行控制系统，用于控制飞机的降落、进场和着陆。

2.2.2 历史意义

人们不仅可以从陈列在史密森学院和美国空军博物馆中的两架飞机，还可以从它对航空航天界的各种贡献中感受到 X-15 留下的宝贵遗产。从 X-15 项目一开始就与其保持紧密联系的 John Beck 对 X-15 项目所取得的最主要成就做了如下总结：

(1) 研制了首台大型可再次启动、可用于载人飞机的可调推力火箭发动机；

(2) 首次将高超声速理论和风洞研究工作应用到真实飞机；

(3) 采用楔尾来解决高超声速方向稳定性的问题；

(4) 首次在空间姿态控制中应用反作用力；

(5) 首次研制出可重复使用的超合金结构，该结构能经受高超声速再入时产生的温度和热梯度；

(6) 开发了 Inconel-X 合金和钛合金加工、成型、焊接和热处理技术；

(7) 改进了高温密封和润滑技术；

(8) 在 NACA 支持下，研制了球形压力感受器，可在很大的动压和温度范围内工作，还研制了第一套用于飞行员空间防护的实用化全压服；

(9) 开发了氮气座舱空调系统；

(10) 研制了能在高动压环境中工作的惯性飞行参数系统；

(11) 发现高超声速附面层气流是湍流而不是层流；

(12) 发现湍流的加热速率比理论推算的低得多；

(13) 首次对高超声速蒙皮摩擦进行了直接测量，发现实际摩擦值比预想的低；

(14) 发现了由表面不平整所引起的“热点”现象；

(15) 找到将底部阻力实测值与风洞实验结果相关联的方法；

(16) 研制出实用的助推引导飞行员显示器；

(17) 演示验证了飞行员在大气层外操纵火箭助推空天飞行器的能力；

(18) 研制出大型超声速副油箱；

(19) 成功实现气动控制和反作用力控制的反复转换；

(20) 演示验证了飞行员在失重环境下工作的能力；

（21）首次演示验证了有人驾驶的大气层升力再入；

（22）首次使用了能量管理技术；

（23）高超声速声学测量的研究结果被用来确定“水星”号飞船的隔热和结构设计要求。

该项目开展了大量的研究工作，取得了有成效的成果，集中了有关跨大气层飞行、独立进出太空的高超声速飞行器相关研究的大量成就。该研究项目主要包括两个阶段：气动加热和结构加热研究阶段，这两项研究内容一直持续到1963 年。

在气动设计方面，该项目不仅首次将高超声速空气动力学理论和风洞试验的研究成果运用到真实的飞机上，也首次演示验证了有人驾驶飞机的大气层升力再入。验证机的基本设计选择了简单的翼身组合构型，不仅要求最大限度地减少跨声速和低速开发工作，并要求能够使用高超声速飞行的启动和结构试验。为了解决高超声速飞行时的稳定性问题，设计了不同形状和不同方位的尾翼来研究并确定合适的启动布局。该项目推动了高超声速空气动力学、热力学领域基础理论与试验研究的发展，例如，发现高超声速附面层气流是湍流而不是层流，湍流的加热速率比理论推算要低得多；发现表面不平整会引起“热点”现象；找到了将底部阻力实测值与风洞试验结果相关联的方法。

在结构与材料方面，该项目首次研制出可重复使用的超合金结构，能够经受高超声速再入大气层时产生的温度和热梯度；开发了 Inconel X 镍铬铁合金加工、成型、焊接和热处理技术；改进了当时的高温密封和润滑技术。此外，还试验了多种烧蚀涂层，包括 MA-25S 及后来用于阿波罗项目的烧蚀瓦（在此基础上研制了航天飞机使用的隔热瓦）。

在制导与控制方面，该项目首次在轨道姿态控制中使用了反作用力；第三架X-15 飞机安装了 MH-96 自适应控制系统，可以自动控制飞机完成气动控制系统和轨道控制系统的转换，在实际飞行中也成功验证了这项技术性能。此外，到后期还增加了原本用于 X-20A 的惯导系统，使飞行员能够对飞机进行精确控制。

X-15 的飞行试验几乎涉及高超声速研究的所有领域，并在实现马赫数 6～7 的高超声速飞行过程中取得了一些重大成果，对研究气动加热、热防护、热结构、高超声速稳定性和控制、大气层外的控制，以及利用升力再入地球大气层、能量管理和地面仿真等方面做出了突出贡献，为美国后来的“水星”“双子星”“阿波罗”载人航天飞行计划和航天飞机的成功研制等提供了极其珍贵的试验数据。对于今天的空天技术研究领域，这些成果仍有重要的参考价值。

2.3 返回式飞船

返回式飞船,指的是在离开行星大气层进入宇宙空间后能安全返回行星表面的一类航天器,通常用来运输设备和人员。返回式飞船的设计以安全可控地回到地面为目的。

第二次世界大战以后,苏联和美国两国在太空展开了一场史无前例的竞赛。20 世纪 50 年代有一种观点认为,哪个国家第一个成功地建立永久性宇宙空间站,这个国家迟早能控制整个地球。在加利福尼亚州新成立的兰德军事研究所还断言,第一个发射人造卫星的国家将"在军事和科学方面都成为领袖国家"。而当时,正处于"冷战"中的美国与苏联,把大量的人力和物力都集中在发展高速飞行的远程导弹系统上,这种导弹系统能够飞越洲际投送大规模杀伤性武器。随着速度、射程和有效载荷携带能力的不断增大,这种导弹系统就演变成执行进入太空项目的发射平台。第一批任务是把一些小型卫星投放到地球轨道上,1957 年 10 月 4 日苏联发射的第一颗"伴随者"(sputnik)卫星拉开了这个序幕。

20 世纪 60 年代初,导弹系统用来执行把美国和苏联的宇航员送入太空的飞行任务。宇航员被放置在原先设计用于军事用途的导弹系统的顶部,利用火箭动力把他们送入地球轨道或地球亚轨道。对于执行使宇航员安全返回地球任务的飞行器,则存在两种有分歧的设计理念。一种是利用相对比较简单的、具有低升阻比的返回舱;另一种是利用具有高升阻比的返回舱,这种返回舱在设计和制造上都更加复杂,也更昂贵,但是在执行任务的灵活性方面具有更大的优势。20 世纪 50 年代后期~20 世纪 70 年代,这些返回舱的设计师的观念,都一直处于摇摆不定之中。直到 1961 年 4 月 12 日,苏联宇航员 Yuri Alekseyevich Gagarin 乘坐返回舱"东方 1 号"(Vostok 1),在成功环绕地球飞行一圈之后安全地回到了地面(图 2.30)。

2.3.1 "东方号"飞船:加加林飞离地球

"东方计划"(俄语:Востóк)是一个首次成功将人送入地球轨道的苏联载人航天计划。这一计划从泽尼特间谍卫星出发,设计了"东方号"飞船,并将 SS-6 洲际弹道导弹改造成"东方号"火箭。

1960 年 5 月 5 日~1961 年 3 月 25 日,"东方号"火箭先后进行了 7 次试验,

图 2.30　“东方 1 号”和加加林

其中有 2 次发射失败,共发射了 5 艘不载人卫星式飞船,其中 2 艘回收失败。在最后 2 艘连续飞行成功后,在 1961 年 4 月 12 日发射了第一艘“东方号”载人飞船。至 1963 年 6 月 16 日,共发射了 6 艘“东方号”载人飞船。此后,“东方号”运载火箭就用来发射军用照相侦察卫星、“电子”(OYlEKTPOH)卫星、“流星”(METEOP)气象卫星和地球资源卫星,以及“宇宙(KOCMOC)号”系列卫星中的电子侦察卫星。

“东方 1 号”(俄语: Восток-1)是东方计划的首要任务,也是首次载人的太空飞行任务,1961 年 4 月 12 日发射升空,Yuri Alekseyevich Gagarin 成为第一个进入外太空的人,亦是第一个进入地球轨道的人。

“东方号”飞船由球形密封座舱和圆柱形仪器舱组成,重约 4.73 t(图 2.31)。在轨道上飞行时与圆柱形的末级运载火箭连在一起,总长为 7.35 m。“东方号”飞船由密封座舱(2 400 kg)和工作舱组成,质量约 4 730 kg。球形座舱直径为 2.3 m,能乘坐 1 名航天员,舱壁上有 3 个舷窗,舱外表面覆盖一层防热材料。座舱内有可供飞行 10 昼夜的生命保障系统、弹射座椅和无线电、光学、导航等。“东方号”飞船在返回前抛掉末级运载火箭和仪器舱,座舱单独再入大气层。当座舱下降到离地面约 7 km 高度时,航天员弹出飞船座舱,然后用降落伞单独着陆。仪器舱位于座舱后面,舱内装有化学电池、返回反推火箭和其他辅助设备。

图 2.31　“东方号”飞船

“东方号”飞船既可自动控制,也可由航天员手控。飞船飞行轨道的近地点约为 180 km,远地点为 222~327 km,倾角约 65°,周期约 89 min。1961 年 4 月 12 日,苏联航天员 Yuri Alekseyevich Gagarin 乘坐“东方 1 号”飞船,绕地球飞行 108 min 后,安全返回地面,开创了世界载人航天的新时代。

1963 年 6 月 16 日,世界第一个女航天员捷列什科娃乘坐“东方 6 号”进入太空。“东方号”飞船系列(表 2.5)在空间进行了科学、医学和生物学研究及技术试验后,都已安全返回地面。

表 2.5　“东方号”载人任务表

编　号	发射日期	任　　务	返回日期
“东方 1 号”	1961 年 4 月 12 日	历史上首次太空飞行(1 h 48 min)	1961 年 4 月 14 日
“东方 2 号”	1961 年 8 月 6 日	空间生活 25 h 18 min	1961 年 8 月 7 日
“东方 3 号”	1962 年 8 月 11 日	与“东方 4 号”编队飞行(94 h 25 min)	1962 年 8 月 15 日
“东方 4 号”	1962 年 8 月 12 日	与“东方 3 号”编队飞行(70 h 59 min)	1962 年 8 月 15 日
“东方 5 号”	1963 年 6 月 14 日	与“东方 6 号”编队飞行(119 h 6 min)	1963 年 6 月 19 日
“东方 6 号”	1963 年 6 月 14 日	与“东方 5 号”编队飞行(70 h 50 min)	1963 年 6 月 19 日

Yuri Alekseyevich Gagarin,1934 年 3 月 9 日~1968 年 3 月 27 日,世界上第一名航天员、苏联英雄、苏联太空人、苏联红军上校飞行员,是第一个进入太空的地球人(图 2.32)。他生于苏联斯摩棱斯克州格扎茨克区克卢希诺镇的一个集体

图 2.32　Gagarin

农庄庄员家庭，白俄罗斯人，1955 年从萨拉托夫工业技术学校毕业后参军。1957 年他在契卡洛夫第一军事航空飞行员学校结业，成为红旗北方舰队航空兵歼击机飞行员，同年与瓦莲京娜结婚。1960 年他被选为航天员，加入苏联共产党，1968 年 3 月 27 日因飞机失事遇难，但具体死因仍众说纷纭。

2.3.2　"阿波罗 11 号"：阿姆斯特朗登上月球

苏联在航天领域的巨大成功深深地刺痛了美国人的心。在苏联载人航天成功飞行的第二天肯尼迪总统做出了向月球进军的决定。1969 年 7 月 16 日上午，随着"阿波罗 11 号"飞船的升空，肯尼迪总统的使人类登上月球的构想实现了。登月的成功，使美国再次牢固地建立起它的全球优势，而且再也没有国家对其地位提出实质性的挑战。

阿波罗计划，又称阿波罗工程，是美国 1961～1972 年从事的一系列载人登月飞行任务。这个计划被命名为"阿波罗"，是由于古希腊的传说中，这位太阳神驾驶着天马拉的战车踏过天际，它是世界航天史上具有划时代意义的一项成就。该工程开始于 1961 年 5 月，至 1972 年 12 月第 6 次登月成功结束，历时约 11 年，耗资达 255 亿美元。在工程高峰时期，参加工程的有 2 万家企业、200 多所大学和 80 多个科研机构，总人数超过 30 万人。

“阿波罗”飞船是美国的第三代载人飞船,用于“阿波罗”登月计划。“阿波罗”登月计划开始于1961年5月,结束于1972年12月。“阿波罗”飞船由指令舱、服务舱和登月舱3部分组成,飞船可载3名航天员。飞船的圆锥形座舱是航天员在轨飞行中生活和工作的地方,也是控制中心及唯一进行回收的部件,并有供航天员爬进登月舱的舱门和观察用的舷窗。服务舱为圆柱形,装有主发动机、姿态控制系统、环境控制系统和电源等,能提供3名航天员14天的生活。登月舱由上升级和下降级两部分组成,用于把2名航天员从月球轨道“下放”到月球表面,完成任务后再把他们送回月球轨道上的座舱。登月式飞船与卫星式飞船最大的不同就是增设了登月舱。它的座舱还分为前舱、航天员舱和后舱三部分。前舱放置着陆部件、回收设备和姿控发动机等。航天员舱为密封舱,存有供航天员生活的必需品和救生设备。后舱装有各种仪器、贮箱、计算机和无线电系统等。

在登月成为主要目标后,阿波罗计划的决策者们开始面临如何才能尽可能安全、经济、简单地将宇航员送上月球的问题,曾考虑了以下四种方案。

(1) 直接起飞:此计划提出由一个巨大的“新星”火箭携带一艘航天器,直接飞往月球;火箭在月球降落,任务完成后再次起飞,飞回地球。

(2) 地球轨道集合:此计划需要两艘只有“土星5号”1/2大小的小型火箭将登月航天器的不同部分送入地球轨道,集合并对接。整个航天器降落在月球表面。由于当时在轨道中集合多艘航天器的经验较少,且地球轨道拼装航天器是否可行也是未知数,所以此计划未被采纳。

(3) 月球表面集合:此计划需要发射两艘航天器,一艘自动航天器携带推进系统,先期登月,另一艘载人航天器晚些发射。推进系统在月球表面移至载人航天器上,然后返回地球。

(4) 月球轨道集合:这个方案由约翰·C·霍博尔特的团队提出。这种方案是一艘较大的航天器,称为指令/服务舱,携带一艘装载宇航员的登月航天器,称为登月舱。指令/服务舱携带从地球到月球并返回地球的燃料和生活必需品,以及进入地球大气层所需要的隔热板。进入月球轨道之后,登月舱与指令/服务舱分离,并降落在月球表面;指令/服务舱留在月球轨道。3名宇航员中的1名留在指令/服务舱中。登月完成之后,登月舱重新起飞,与指令/服务舱在月球轨道集合,并返回地球。

与其他几个方案不同,月球轨道集合只需要一艘很小的航天器降落在月球表面,使返回时在月球上起飞航天器的质量大大减小。通过将登月舱的一部分留在月球上，月球起飞质量得以再次减小。

登月舱本身分为两部分，包括降落部分和起飞部分，前者用于在登月时降落，后者在任务完成后起飞与指令/服务舱会合并返回地球。由于航天器质量减轻，一次任务只需要一次单独的火箭发射。当时的顾虑是次数较多的对接和分离所面临的技术难度，包括论证飞船登月飞行轨道和确定载人飞船总体布局。从“阿波罗”号飞船的 4 种飞行方案中选定月球轨道集合方案，相应地确定由指挥舱、服务舱和登月舱组成飞船的总体布局方案。

2.3.3　神舟飞船

神舟飞船是中国自行研制，具有完全自主知识产权，达到或优于国际第三代载人飞船技术的飞船。神舟飞船采用三舱一段，即由返回舱、轨道舱、推进舱和附加段构成，由 13 个分系统组成。

神舟飞船与国外第三代飞船相比，具有起点高、具备留轨利用能力等特点。神舟系列载人飞船由专门为其研制的“长征二号”F 火箭发射升空，发射基地是酒泉卫星发射中心，回收地点在内蒙古中部的四子王旗航天着陆场。

1999 年 11 月 20 日 6 时 30 分 7 秒，中国载人航天工程第一次飞行试验在中国西部沙漠的酒泉卫星发射中心进行，中国自行研制的神舟试验飞船和运送飞船的新型长征运载火箭顺利升空，到 1999 年 11 月 21 日 3 时 41 分，神舟飞船稳稳降落在内蒙古中部，从发射升空到返回地面，穿云破雾上九天，翱翔太空 21 h，获得圆满成功。表 2.6 为神舟系列飞船发射时间与乘组一览表。

表 2.6　神舟系列飞船发射时间与乘组一览表

编　号	发射时间	返回时间	发射地点	乘　组
“神舟一号”	1999 年 11 月 20 日 06 时 30 分	1999 年 11 月 21 日 03 时 41 分	酒泉卫星发射中心	无人飞船
“神舟二号”	2001 年 01 月 10 日 01 时 00 分	2001 年 01 月 16 日 19 时 22 分	酒泉卫星发射中心	无人飞船
“神舟三号”	2002 年 03 月 25 日 22 时 15 分	2002 年 04 月 01 日 16 时 54 分	酒泉卫星发射中心	搭载模拟人
“神舟四号”	2002 年 12 月 30 日 00 时 40 分	2003 年 01 月 05 日 19 时 16 分	酒泉卫星发射中心	搭载模拟人

（续表）

编　号	发射时间	返回时间	发射地点	乘　　组
“神舟五号”	2003 年 10 月 15 日 09 时 00 分	2003 年 10 月 16 日 06 时 28 分	酒泉卫星发射中心	杨利伟
“神舟六号”	2005 年 10 月 12 日 09 时 00 分	2005 年 10 月 17 日 04 时 32 分	酒泉卫星发射中心	费俊龙、聂海胜
“神舟七号”	2008 年 09 月 25 日 21 时 10 分	2008 年 09 月 28 日 17 时 37 分	酒泉卫星发射中心	翟志刚、刘伯明、景海鹏
“神舟八号”	2011 年 11 月 01 日 05 时 58 分	2011 年 11 月 17 日 19 时 32 分	酒泉卫星发射中心	搭载模拟人
“神舟九号”	2012 年 06 月 16 日 18 时 37 分	2012 年 06 月 29 日 10 时 03 分	酒泉卫星发射中心	景海鹏、刘旺、刘洋
“神舟十号”	2013 年 06 月 11 日 17 时 38 分	2013 年 06 月 26 日 08 时 07 分	酒泉卫星发射中心	聂海胜、张晓光、王亚平
“神舟十一号”	2016 年 10 月 17 日 07 时 30 分	2016 年 11 月 18 日 13 时 33 分	酒泉卫星发射中心	景海鹏、陈冬

2003 年 10 月 15 日，“神舟五号”载人飞船由“长征二号”F 火箭发射升空，将中国飞天第一人杨利伟成功送入预定轨道，完成中国首次载人飞行。“神舟五号”载人飞船返回舱内还搭载有一面具有特殊意义的中国国旗、一面北京 2008 年奥运会会徽旗、一面联合国国旗、人民币主币票样、中国首次载人航天飞行纪念邮票、中国载人航天工程纪念封和中国台湾的农作物种子等。

2.4 高超声速空气动力学的发展与支撑作用

空气动力学是研究空气和其他气体的运律规律，以及运动物体与空气相互作用的科学，它是最重要的航空航天科学技术基础之一。

1903 年莱特兄弟研制成功世界上第一架有动力飞机，实现了人类久远的飞行梦想。为了研制这架飞机，他们进行过多次滑翔试验，还为此建造了一座试验段为 110 cm^2的小型风洞。正是这些努力，加上综合运用早期的空气动力学知识，帮助他们获得了成功。

20世纪初，环量和升力理论的建立奠定了低速飞机的设计基础，使重于空气的飞行器成为现实；20世纪40年代中期至20世纪50年代，可压缩气体动力学理论的迅速发展，特别是跨声速面积律的发现和后掠翼新概念的提出，帮助人们突破“音障”，实现了跨声速和超声速飞行；20世纪50年代中期研制成功了性能优越的第一代战斗机，如美国的F-86、F-100，苏联的米格-15、米格-19等。第二次世界大战期间，军事航空的需求及导弹武器的出现和投入使用，促使人们向更高的速度冲击。20世纪50年代以后，开始了超声速空气动力学发展的新时期，第二代性能更为优越的战斗机陆续投入使用，如美国的F-4、F-104，苏联的米格-21、米格-23，法国的幻影-3等。

1957年苏联发射了第一颗人造地球卫星，1961年第一艘载人飞船“东方号”升空，被认为是空间时代的开始。围绕着美苏两国在战略导弹和航天器发展方面的激烈角逐，超声速和高超声速空气动力学得到了迅速发展。当时美苏两个超级大国都投入巨大力量，致力于发展地面模拟设备和开展高超声速空气动力学和空气热力学的研究。航天方面的重点放在解决空间飞行器防热、高超声速巡航和再入飞行器的气动力与推进系统问题上，特别是如何克服由高超声速飞行和弹头再入大气层，严重气动加热引起的“热障”问题。航空方面的重点则放在了发展高性能作战飞机、超声速客机、垂直短距起落飞机和后掠翼飞机上。

这一时期空气动力研究方面的一项重要成就是“超临界机翼”新概念的提出，它可以显著提高机翼的临界马赫数。20世纪70年代后，脱体涡流型和非线性涡升力的发现与利用，是空气动力学的又一重要成果，它导致了第三代高机动性战斗机的产生，如美国的F-15、F-16，苏联的苏-27、米格-29和法国的幻影2000。

高超声速空气动力学经历了20世纪70年代的沉寂，进入20世纪80年代后出现了复苏。由于军事需求的强力推动，美苏两国都开始加紧研制第四代战斗机和高超声速飞行器及跨大气层飞行器。其中，最有代表性的是1981年美国发射的航天飞机。由此形成了现代空气动力学发展的新时期。

2.5　高温防隔热技术的发展与支撑作用

2.5.1　高超声速飞行“热障”问题

当飞行器以高超声速飞行时，飞行器周围的空气受到压缩而产生激波，空气经激波压缩产生剧烈的摩擦作用,由于空气的黏性作用,气流的动能不可逆地变为热能,壁面周围的空气温度急剧升高成为高温气体,高温气体与壁面之间产生巨大温差,热能迅速向低温壁面传递,这种由高速飞行产生的加热现象,称为"气动加热"。

以飞行器驻点为例(在飞行器表面,自由流流速为零的点称为驻点),来流密度越大、飞行速度越高,高温气流向飞行器表面加热的程度就越严重,有可能导致飞行器表面外形改变,并改变飞行器的结构强度和刚度,对保证飞行器的正常飞行有严重的影响。

为使飞行器在如此严酷的热环境条件下飞行而不被烧毁,并保证内部装置及仪器正常工作,必须采取特殊的防热措施,以确保飞行器完成预定任务。准确确定气动加热环境和进行热防护设计一直是飞行器研制,尤其是高超声速飞行器的重大技术关键,这就是在超声速领域中继解决"音障"问题后出现的"热障"问题。

2.5.2 热沉式防热系统:耐高温合金的充分发展

1. 高温防隔热技术的起源

高温防隔热技术最早始于导弹再入大气层时的热防护需求。1953 年,Atlas 洲际弹道导弹启动前,科研人员准备了若干以其鼻区为代表的热防护方案。最基本的就是热沉法,即利用厚的铜制保护罩吸收再入过程中产生的热量。热沉法虽然会带来重量问题,但在当时被认为是最可行的方法,并且早期的 Atlas 设计特别选用了热沉式鼻区方案[5]。

热沉式防热是防热方法中发展最早和结构最简单的一种,属于被动防热,其原理是利用壳体本身允许有一定程度的温升,热量将由结构表面辐射出去,或依靠壳体自身的热容吸热来达到防热的目的。热沉式防热的结构简单、可靠,能保持气动外形不改变,但防热效率很低。

热结构方案作为备选,利用耐热合金蒙皮将热量由结构表面辐射出去,利用蒙皮内部附着的隔热层来保护内部结构。热结构带来两个问题:一是选择适合的耐温金属;二是如果一块隔热瓦板(shingle)脱落则意味着将失去整个鼻区。

辐射散热结构主要依靠辐射方式散热,其外蒙皮用耐高温材料制成,表面涂有高辐射率的涂层,以提高防热层表面的辐射散热性能。在受热时,它将以辐射形式向周围发散出大量的热量。它允许结构温度持续上升到辐射平衡温度。该结构的特点是不受加热时间的限制,且可保持气动外形不变,但总热流不能超过限制值,如 X-37 控制舵。

同样作为备选的还有发汗冷却技术。令鼻区充满冷却液体,在减速过程中强的 g-forces 将迫使水压向热的表皮内壁。其表皮由多孔渗水材料组成,内部气体压力作用使得液体通过孔隙进入边界层,一旦喷射出去,气流将带走热量,并且可以增加边界层的厚度,降低温度梯度,由此降低热传导速率,通过发汗使鼻区冷却下来。发汗冷却技术很具有价值,但是在当时存在多个技术难点。

发汗冷却剂通过多孔表面喷出,吸收大部分气动加热产生的热量,使其不传递至次层结构,冷却系统利用泵压系统来汲取存储的冷却剂。一方面冷却剂从多孔结构中吸收热量,另一方面冷却剂蒸发影响边界层,显著降低对流传热,称为边界层热阻塞效应。这种结构对气动特性基本无影响,但难以保持多孔壁持续畅通。

2. 美国早期的 X 系列高超声速飞行器选材特点

美国早期的 X 系列高超声速飞行器,包括 X-1~X-15,普遍采用热沉结构解决其防隔热问题。期间,镍铜合金、钛合金、镍铬铁合金和钛铝合金等耐热合金得到了充分的发展。X-1~X-15 系列飞行器任务特点、结构选材见表 2.7[6]。

表 2.7 X-1~X-15 系列飞行器结构选材、任务特点

型 号	任务特点	结构选材	突出贡献
X-1	对飞机在超声速飞行时的动力特性进行全尺寸研究	采用了常规铝合金加强蒙皮结构,并按很高的结构及公差配合标准进行制造	引导了结构的重大技术变化,超薄但特别坚固的翼面
X-2	探索大马赫数时气动加热及其对飞机外壳和内部结构的影响	主结构部件中大量使用耐热合金钢(K-蒙耐尔镍铜合金),这一材料方面的进展促进了制造工艺的创新及专用工具和工装的发展	是世界上第一架用特种合金材料制造的飞机,第一架出现探索速度超过 2.5*Ma* 后气动摩擦加热造成表面温度急剧上升的现象,即存在“热障”问题的飞机
X-3	开始寻找减重方法	钛合金耐热、强度高、重量轻。全动平尾使用钛合金蒙皮,尾翼下面也使用了钛合金,它从发动机尾喷口伸出,用作水平尾翼和垂直翼面的安装点	首次在高性能飞机上应用钛合金

（续表）

型　号	任务特点	结构选材	突出贡献
X-4	是一架常规结构的单座、下单翼、半无尾的研究机	以镁合金为蒙皮的机翼	—
X-5	用于研究在自由飞行状态下后掠角变化时的气动结果	为常规铝制半硬壳式结构	—
X-7	是高超声速冲压式发动机试验的试飞平台	采用纯硬壳式结构，减少了生产的复杂性。主结构件是经热处理的 4130 钢，大部分操控面为镁合金铸件。不过，XQ-5 使用结构纤维的操纵面	—
X-9	主要用来获取与空中发射导弹有关的气动、稳定性、伺服系统、制导系统和推进等方面的数据	是一种铝合金常规结构	—
X-10	用作 MX-770，SM-64 娜伐霍导弹最上级巡航部件的气动力和系统试验平台	机体主要由铝合金制成，在适当部位使用了一些镁合金结构部件。考虑到受热问题，动力装置舱四周的尾翼部分采用不锈钢材料	—
X-11	是单级火箭动力弹道导弹。为 XB-65“宇宙神”洲际弹道导弹提供有关制导、稳定性、热力、结构和空气动力特性等方面的数据	采用硬壳式单壁结构，由于无须采用内部支撑结构，所以极大地减轻了重量，节省了空间。导弹外壳为不锈钢，其烧蚀材料为铜片，覆盖在钝形再入头锥周围	—
X-12	是一种高性能，以一级和一级半火箭为动力的弹道式试验导弹	其结构同 X-11，由简单的圆柱形不锈钢硬壳机身组成	—
X-13	是为了探索纯喷气垂直起落战斗机的可能性	是一架全铝合金飞机，在高热沉降的发动机舱区域用钛合金结构	—
X-14	是第一架采用叶栅型喷气推力转向系统实现垂直起飞、垂直降落的飞机	其机体是常规的全铝合金结构。设计得特别小、轻，而且便宜	—

（续表）

型　号	任务特点	结构选材	突出贡献
X-15	是为了研究和探索飞行器以大飞行速度（马赫数 6.6）和飞行高度（76 200 m）在太空和大气层内飞行时可能出现的问题	飞机外蒙皮选用了Inconel-X。飞机内部结构由多种材料组成，包括高强度铝合金、钛合金（8MnTI、5A1－2.5Sn 和 6A1−4V）	首次研制出可重复使用的超合金结构，能经受高超声速再入时产生的温度和热梯度

2.5.3　X-15 结构/防隔热设计

1. 降低热流

X-15[5]特别关注了由高速飞行带来的热问题，即飞行器再入大气层的过程中是否会发生过热。计算发现，通过令飞行器“抬头”可以获得更大的升力，因此热的问题变得更加可控。令飞行器再入大气层时抬头，以其平的下底面迎着气流方向，这样将在更高的大气层降低速度、减轻过热、降低动压。

建造了美国第一个高超声速风洞的 John Becker 形容此事，“我们在这里所看到的是 H. J. Allen 的钝头体理论的一种新的表现形式，当我们增加攻角时，飞行器的有效构型变得更钝”。Allen 和 Eggers 的由导弹鼻区发展而来的准则，同样适用于高超声速飞行器。

2. 决定性定标

四家公司竞争 X-15 主合同，这四家公司分别为共和航空公司、贝尔飞机公司、道格拉斯飞机公司和北美航空公司。每家公司都带来了先进飞行器的宝贵经验。

共和航空公司以 Alexander Kartveli 为其首席设计师，他是一个创造力极强、很具天赋的设计师，其 XF-105 已做好首飞的准备，并且 XF-103 正在研制。共和航空公司还建造了一架火箭飞机 XF-91。尽管如此，但共和航空公司在竞争中排名第四，因其提出的设想被认为是“不符合要求的”。作为一架高超声速研究型飞行器，其设计的机身外壳很薄，很可能在加热过程中发生屈曲。

贝尔飞机公司，另一个竞争者，是 X 系列研究型飞行器的创始人，制造了 X-1 和 X-2 系列飞行器。因此，该公司在先进耐热金属方面具有直接的经验。当时，贝尔公司设计师 Walter Dornberger（第二次世界大战时期任德国火箭项目首席）正在主持 V-2 项目，其设计的 Bomi 两级火箭动力轰炸机中已经引入热结构的概念,并证实了可重复使用性。通过在机翼表面覆盖数量巨大的小尺度耐热不锈钢金属片(类似于盖房子用的瓦片),金属片将飞行器的热量辐射出去。过热将使翼前缘处发生特别严重的问题,这些部位可以进行水冷却。隔热层可以保护内部结构,同时可以承受飞行产生的压力;有效的冷却可以保护飞行员座舱和仪表舱。John Becker 将这些方案描述为:“高超声速热结构第一次由概念发展为具有实际意义的议案。”

即便如此,贝尔排名第三,历史学家 Dennis Jenkins 在评论议案时这样写道:“提案本身很缺乏组织性,且提案自身就不协调,这表现在重量及其他参数在不同章节中频繁变化。基本上他们提出的每个创新都陷入这样的一种方式,以致让读者怀疑它是否能够起作用”。但是研制过程中最大的困难还是集中在热结构具体细节上。

贝尔飞机公司采用了绝缘结构方案,主要应用了飞行器最常用的铝,将 Inconel X 波纹板置于铝之上,起到隔热作用。自由支持的合金板将作为飞行器外壳,它很容易皱缩和展开。

这样的概念非常不适合 X-15 飞行器,X-15 项目的主要目标是研究高温环境下的飞行器结构,而采用铝制结构根本不能达到目的。还有其他缺点,例如,贝尔公司在其热分析中假定膨胀的外层板可以阻止边界层中热空气的进入。但是,估算结果显示“热空气泄漏是很有可能发生的”,铝很可能不能承受这样的气动加热。事实上,贝尔飞机公司的隔热结构具有敏感性,因为在 13 次相关飞行中,只有 3 次成功完成飞行任务。

另一个竞争者是道格拉斯飞机公司,该公司与贝尔飞机公司在建造前述试验性飞行器方面享有盛誉。其背景包括 X-3 和 Skyrocket,它在设计中避免使用隔热结构,采用低密度镁合金制热沉结构,该材料具有高的比热容。事实上,它的性能很好,耐温可以达到 315℃,而 Inconel X 热沉结构可以耐温 650℃。设计概念未达到点子上。管理人员想要的是一个可以成功应对 650℃ 的飞行器,为飞行速度在马赫数 3 以上的战斗机奠定基础。其概念实际上与温度上限不符。它的设计极限是 315℃,超过这个温度合金强度会迅速下降,在 360℃,合金强度会下降 90%。另外,镁具有可燃性,主要结构本身就有着火的危险,计算结构表明“只要局部区域达到燃点,就足以让整个飞行器毁灭”。

最后是北美航空公司,Navaho 导弹还没有飞,但是其具体设计已经完成,并且指定钛用于热区域。这意味着公司对使用先进金属具有一定基础。它与道格拉斯飞机公司的思路相同,提出了其独特的 Inconel X 合金制热沉结构。北美航空公司最终赢得了竞标。

贝尔飞机公司和道格拉斯飞机公司为何会错失良机呢？政府提出了四项指标，而这两个航空公司都满足。北美航空公司的提案中有这样一段话："适当的结构温度可以满足设计规范，但是，我们设计的飞行器可用于承受更严酷的热，使得飞行器可以执行探测任务。"

用历史学家 Dennis Jenkins 的话说，"贝尔飞机公司的提案糟透了——我怀疑贝尔飞机公司对这个方案是否全力以赴"。而北美航空公司正相反，北美航空公司很清楚 X-15 项目要试图实现什么，并且已经尝试着去设计能实现这样任务的飞行器，而不仅仅是满足设计指标要求（设计指标并没有全面地描述该项目的目的）。"这个目的就是打造一个可以在 1 200 ℉下实现研究的飞行器，而不仅是满足速度和高度指标"。

1955 年 9 月 30 日，定标信件送达北美航空公司。至此，在高超声速技术领域，北美航空公司的工程师面临着设计和制造 X-15 的巨大挑战。

3. 防热方案选型

X-15 研究伊始，就针对两种基本结构设计途径展开了讨论。

一是采用常规不耐高温的铝合金结构或不锈钢结构，外加一层隔热层以抵御高温，但是该方案隔热层必须能够承受超过 1 100℃的高温，而当时并没有可以满足该要求的隔热材料或技术。贝尔公司的"双层壁"方案使用不受力的金属夹心结构作为基本隔热体。虽然该方案在后来经过了深入的开发，但是 1954 年还处于萌芽阶段，不能用于拟议中的高超声速研究飞机的头锥和前缘部分。此外，它还需采用液体辅助冷却系统。研究小组感到，任何隔热方案的局部失效都会造成严重的危害。最后，采用隔热结构还很难精确测量出热导率，而这正是研究新型飞行器的主要目标之一。

二是直接采用热沉结构，这种结构的设计及所使用的金属使其能够承受高温，因此不需要另外增加隔热层。研究一开始的时候，也很难看出该方案更为现实，因为当时最好的耐热金属镍基高温合金 Inconel-X 的设计允许的最高温度约为 650℃，远低于机翼下表面预计将承受的峰值温度 1 100℃，这意味着需要采用内部直接冷却或在金属蒙皮内吸热的方法，而这两种方法都会带来沉重的重量代价。

但是随着钝头体理论的应用，热问题变得相对可控，这使结构设计富有一定的余量。1954 年中期，人们最终决定用大尺寸的耐热合金蒙皮来吸收热量并通过金属储存热量，以降低温度。与其他全金属飞行器一样，X-15 采用表层承力结构设计以减轻飞行器重量,选择最优的厚度使其可以承受部分气动力载荷,以此降低结构重量。

通过对一系列耐热合金的研究,最终选取了 International Nickel 公司研制的 Inconel X 作为飞行器主要的结构材料。合金由 72.5%镍、15%铬、1%铌及铁组成,其主要的组成元素都是飞行器制造中最重要的使用材料,少量用于当时的喷气发动机涡轮叶片。Inconel X 必须在 650℃以下的使用温度才能保持其强刚度。飞行器以马赫数 7 的速度再入大气层而不超过此温度极限到底有没有可能?

为了确定表层承力结构的厚度独立开展了两方面的计算工作:一方面,根据飞行载荷水平及力学强度和刚度的要求,确定了表层蒙皮的最小厚度;另一方面,以吸收再入过程的热量为约束,计算获得了所需的蒙皮厚度,如果为了满足热需求计算获得的蒙皮厚度较大,势必给飞行器增重,然后必须减少飞机速度,以降低热载荷,由此降低厚度。在当时,这样的设计并不为奇,但是X-15的结构和防热设计的蒙皮厚度几乎相同:应力研究表明机翼蒙皮所需厚度从 0.001 27~0.002 54 m 不等,大致与热分析中吸热所需的厚度一致。也就是说,为了应对热的问题,不需要额外增加蒙皮厚度,这对飞行器减重而言,再好不过。Heppenheimer 曾在其撰写的 *Facing the heat barrier:a history of hypersonics* 一书中如此描述这件事:"这些飞行器设计师们的运气好极了。"

最终,X-15 飞机主要采用 Inconel X 材料(镍铬铁合金)和钛铝合金,如多梁的机翼、翼前缘及机身采用 Inconel X 材料,在耐高温的同时,还具有高的负载效率,远远领先于铝合金结构。但是,Inconel X 重量是铝的三倍,而任何超出的重量都将对飞行器性能产生关键影响,如每 500 lb① 的重量将削弱 100 mile/h 的速度性能,因此必须从结构中节省每一盎司的额外材料。为了达成上述目标,在充分发挥 Inconel X 优点的同时,X-15 采用了以 Inconel X 为主的外部结构,座舱及内部结构则采用钛铝合金,以降低重量。此外,X-15 还采用了绝缘技术和冷却技术来解决高超声速飞行带来的气动加热问题,最终保证飞行器表面温度低于 650℃,内部温度低于 430℃。

4. 热沉结构存在的问题及解决措施

事实证明热沉结构存在温度分布不一致的问题。兰利的热分析表明,在某些弹道的再入拉起部分,机翼上下表面会形成巨大的温差,这种受热不均会在常规结构设计中产生难以承受的热应力。

① 1 lb = 0.453 592 kg。

为解决这一新问题，对机翼受剪构件进行了重新设计，使机翼在不均匀受热时可以沿展向或弦向任意变形，根据计算，翼尖偏转 0.381 m（向上），弯度减少达弦长的 2%。尽管这一技术不会产生总体热应力，但在桁条连接处附近存在局部热应力。研究指出，在设计时选用适当的桁条比例和间距能产生一种可接受的设计方案，避免研究飞机在瞬态飞行时出现热失稳现象。

同样的难题也发生在机翼波纹板梁和翼前缘的设计工作中。机翼前缘的不均匀受热会改变机翼的自然扭转频率，热机翼前缘比其他结构膨胀得更快，其产生的压力会影响整个机翼的稳定性并降低其抗扭刚度。为消除这种现象，设计人员在设计方案的加入某种柔性伸缩接头，将前缘分成几段并柔性安装在机翼上。

为进一步减少由受热引起的机翼等结构部件的翘曲和弯曲，高超声速研究飞机主承包商北美航空公司使用了异金属，利用其不同的热膨胀率来降低局部热应力。

5. 烧蚀涂层

1966 年 11 月 18 日，马丁 · 玛丽埃塔公司研制的试验型烧蚀涂层 MA-25S 帮助 X-15A-2 创造了一项常规带翼飞机的绝对世界纪录马赫数 6.33。它由树脂、催化剂及玻璃丸粉末组成，可喷涂在 X-15 飞机外表面上，使飞机免受在大气层中高速飞行产生的超高温的影响。MA-25S 是一次性使用的，每次飞行后都要去除旧烧蚀涂层并涂以新烧蚀涂层。X-15A-2 在最后两次飞行中，都喷涂了 MA-25S 烧蚀涂层，包括风挡也被覆盖，直到着陆前整个飞行过程中，飞行员都无法看到外面的情况，只能依靠仪表来驾驶飞机。

此外，其他烧蚀材料也被尝试用于 X-15A-2，包括爱默生电气的 Thermo-Lag T-500、道 · 科宁公司的 DC325、科克公司的#2755、NASA 的紫色混合材料、模制耐火玻璃布酚醛塑料及通用电气的世纪系列材料。这些烧蚀材料被多次应用到 X-15 飞机的不同气动表面以检验它们的热防护性能。

烧蚀结构通过烧蚀引起自身质量的损失，带走大量的热量，阻止热量的传递，保护内部结构，适用于表面气动加热十分严重的区域。但该方案持续使用时间有限，只能单次使用，并且改变气动外形。

2.5.4　X-15 飞机探索热问题取得的成就

X-15 飞机成功经历了无动力滑翔飞行和有动力飞行，达到最高飞行速度马赫数 7，首架 X-15 被永久保存在位于华盛顿特区的史密森学院国家航空航天博物馆中，第二架 X-15 保存在俄亥俄州赖特帕特森空军基地的空军博物馆中，虽然第三架 X-15 飞机在一次事故中被毁坏，但其在探索高速飞行带来的热问题方面取得的成就是史无前例的。

（1）首次研制出可重复使用的超合金结构，该结构能经受高超声速再入时产生的温度和热梯度；

（2）开发了 Inconel-X 合金和钛合金加工、成型、焊接和热处理技术；

（3）改进了高温密封和润滑技术；

（4）发现高超声速附面层气流是湍流而不是层流；

（5）发现湍流层加热速率比理论推算的低得多；

（6）发现了由表面不平整所引起的"热点"现象。

直至 1955 年 11 月的 Jupiter 导弹，相比 Atlas 洲际弹道导弹（再入速度马赫数 20），Jupiter 导弹以马赫数 15 的速度再入大气层，且其再入点高度较高，其热防护需求要明显低一些。虽然热防护要求降低了，但是研究团队却提出了新的方案，以使其工作更进一步，其中包括全系列热防护系统的可行性论证。其中的热结构方案是最有希望的，研究人员制备出低重量的钨和钼瓦板，其后由波纹钢和波纹铝支撑，既提供热绝缘也提供结构支持。当蒙皮温度达 1 800℃时，其内层温度仍能保持低于 100℃。因此，自此热结构无疑成为最有发展潜力的防热结构[6]。

2.6 风云人物·大事记

2.6.1 阿姆斯特朗

尼尔·奥尔登·阿姆斯特朗（Neil Alden Armstrong，图 2.33），美国宇航员、试飞员、海军飞行员以及大学教授。他是世界上第一个踏上月球的宇航员，也是第一个在地球以外星体上留下脚印的人类。

在成为宇航员之前，阿姆斯特朗曾作为飞行员服役于美国海军，参加过朝鲜战争。此后，他担任过美国国家航空咨询委员会高速飞行器的测试飞行员，据德莱顿飞行研究中心的记录，他曾在多种飞行器上执行超过 900 次的飞行任务，而且做得很完美。作为一名试飞员，阿姆斯特朗执行过 F-100 Super Sabre A 型和 C 型，F-101 Voodoo 和 Lockheed F-104A Starfighter 的飞行测试项目。同样，也试飞过 Bell X-1B、Bell X-5、North American X-15、F-105 Thunderchief、F-106 Delta Dart、B-47

Stratojet、KC-135Stratotanker 及 Paresev。

1930 年 8 月 5 日，阿姆斯特朗生于美国俄亥俄州瓦帕科内达市，他从小学习认真，理想是当一名飞行员，14 岁即开始接受飞行训练，16 岁获得飞行员证书，1949~1952 年成为海军中最年轻的飞行员。1955 年，在爱德华兹空军基地任试飞员，后参加过 X-15 火箭飞机的飞行计划，曾进行过 6 次试飞。1962 年 9 月，经过严格挑选，阿姆斯特朗成为首批从文职飞行员中征选的 2 名宇航员之一，从此与航天事业结下了不解之缘。

图 2.33　阿姆斯特朗

1947 年，他进入印第安纳州拉斐特的普渡大学，学习航空工程并成为海军后备飞行军官。1949 年 1 月 26 日，阿姆斯特朗被征召入伍，在彭萨科拉海军飞行基地（Naval Air Station Pensacola）进行了一年半的训练，于 1950 年 8 月 12 日结业。阿姆斯特朗最初被派到圣迭戈湾的飞行基地，两个月后被分配到 VF-51“猎鹰”中队。

1951 年 1 月 5 日，阿姆斯特朗在他的首次飞行任务中驾驶 F9F“豹”式喷气机。6 月 7 日，阿姆斯特朗在埃塞克斯号航空母舰（CV-9）上进行了第一次航母降落。同一个星期内，他被晋升为少尉。月末，埃塞克斯号经过检修后可以起降 VF-51 中队的战斗机，他被派到朝鲜进行对地攻击任务。

1951 年 8 月 29 日，阿姆斯特朗被派到金策进行侦查任务。五天后他的飞机被击中，但他最终还是飞回了本方区域。由于飞机机翼损伤过重，阿姆斯特朗不得不弹射逃生，落在浦项后被战友带回基地。他的飞机，125122 号 F9F-2 下落不明。阿姆斯特朗在朝鲜一共执行了 78 次任务，飞行时间达到 121 h，其中超过三分之一的飞行时间是在 1952 年 1 月完成的。他因在朝鲜的表现而获得了飞行奖章、金星奖章及朝鲜服役奖章。

1952 年 8 月 23 日，阿姆斯特朗离开了海军，之后继续到普渡大学学习。从普渡大学毕业后，阿姆斯特朗决定当一名试飞员。他向爱德华空军基地（Edwards Air Force Base）的德莱顿飞行研究中心（Dryden Flight Research Center）递交了申请，但当时没有名额，他被安排到了克利夫兰的格伦研究中心（Glenn Research Center），1955 年 2 月，他加入美国太空总署，成为一名非军职的高速试飞员，正式开始试飞的工作。五个月后，阿姆斯特朗去了爱德华空军基地，在爱德华空军基地的第一天，阿姆斯特朗就被安排了飞行任务。他的前几次任务是驾驶改装的轰炸机投放跟踪机。

1957 年 8 月 15 日,阿姆斯特朗首次驾驶超声速飞机 X-1B 型,飞行高度为 18 300 米。降落时起落架损坏,由于设计问题,之前类似损坏已发生多次。1960 年 12 月 30 日,阿姆斯特朗首次驾驶 X-5,之后又飞了六次。第一次飞行中他达到了 14 900 m 的高度,速度达到马赫数 1.75。1960 年 11 月,他被选入 X-20"动力倍增器"飞机的飞行员顾问小组,X-20 的设计思路是要成为一种能在太空中使用的战斗机。1962 年 3 月 15 日他被选为这个计划的六名飞行工程师之一。

阿姆斯特朗前后驾驶七次 X-15(图 2.34),驾驶 X-15-3 达到了约 63 km 的高度,驾驶 X-15-1 达到了马赫数 5.74(6 615 km/h)的速度。离开飞行研究中心时,他已飞过超过两百个机型,飞行时间达到了 2 450 h。

图 2.34 阿姆斯特朗在 1960~1962 年驾驶着世界上第一架火箭动力的 X-15 飞机

1962 年 9 月 17 日,他获选为第二批九名受训的宇航员之一,他也是第一位非军职的宇航员。3 年后,阿姆斯特朗成为"双子星 5 号"任务的预备正驾驶。

1966 年 3 月 16 日,阿姆斯特朗作为"双子星 8 号"的正驾驶,进行了首次太空飞行。这次飞行历时 10 小时 41 分 26 秒,包括首次与另一架宇宙飞船在轨道自动导航的阿金纳目标火箭对接。在阿姆斯特朗的操控下,阿金纳火箭与他的宇宙飞船成功分离并坠入太平洋,这是美国宇宙飞船首次紧急着陆。在这一年的后期,他成为“双子星11号”的预备正驾驶。

1968年,阿姆斯特朗担任“阿波罗8号”预备正驾驶。1969年7月16日阿姆斯特朗成为“阿波罗11号”指挥官。他与年轻的宇航员迈克尔·柯林斯和巴兹·奥尔德林一起进行登月飞行。到达月球后,柯林斯停留在轨道上,阿姆斯特朗乘小鹰号月球着陆器登上月球表面,避开月球冰砾,在宁静海平稳着陆。阿姆斯特朗和奥尔德林在月球表面进行了2 h 30 min的活动,开展科学实验,采集岩石和土壤样品,留下进行实验的科学设备与纪念着陆的徽章。他们于7月21日离开月球,7月24日返回地球。同年获总统颁发的总统自由勋章。

1970年,他被南加利福尼亚大学授予航空工程硕士学位,出版《首次登上月球》一书。1970~1971年在NASA任高级研究和技术办公室副主任。1971年,从宇航局退职后,他在俄亥俄州的辛辛那提大学工作,任航空工程学教授,1979年,离开辛辛那提大学。1985年,他在国家太空委员会工作。

2012年8月25日,阿姆斯特朗因心脏搭桥手术后的并发症逝世,享年82岁。

2014年3月1日,为向阿姆斯特朗表示敬意,NASA德莱顿飞行研究中心更名为NASA阿姆斯特朗飞行研究中心。

2.6.2　从研究小组到研究中心

近几年,作为国家太空机构,NASA的贡献和技术价值在人们心中名声极高。NASA在载人空间探索上的努力不断被宣传报道,导致了NASA在其他重要领域的活动和贡献却鲜为人知,如大气科学和航空学。更重要的是,随着时间的流逝,这些鲜为人知的集体智慧和文件正在迅速的消失,就与一个逝去的人一样,机构的焦点也不再是航空。

在航空学中,NASA和它的前身国家航空顾问委员会(NACA)在载人飞行中起着重要的作用,国民及军事机构也得益于此。很多传奇的研究和发展事迹已经被记录在册,用以证明其在航空方面努力的价值,也使飞行器性能、安全及运行能力方面得到了重要的提升。弗吉尼亚汉普顿的NASA兰利研究中心、加利福尼亚爱德华兹空军基地的NASA德莱顿飞行研究中心、俄亥俄州克利夫兰的NASA格伦研究中心,这些机构的研究人员和设备都为丰富的航空经验做出过贡献。

2014年3月1日,位于美国加州爱德华兹的NASA德莱顿(Dryden)飞行研究中心更名为NASA阿姆斯特朗飞行研究中心,该大气飞行研究的卓越中心为向1969年首次实现登月的尼尔·阿姆斯特朗表示敬意而更名。同时,该中心的

图 2.35 阿姆斯特朗于 2011 年访问 NASA 阿姆斯特朗飞行研究中心(当时称为“德莱顿飞行研究中心”)

西部航空试验场将更名为德莱顿航空试验场。该中心自 1976 年起为纪念 Hugh L. Dryden 而冠名为德莱顿飞行研究中心[4]。

阿姆斯特朗与该中心渊源颇深,在 1955~1962 年他曾在该中心担任研究试飞员,并驾驶 X-15 高超声速飞机完成了 7 次飞行。完成“阿波罗 11 号”任务后,阿姆斯特朗成为 NASA 航空副助理局长,管理该中心的航空研究项目,特别是领导了数字式电子飞控系统的研制工作(图 2.35)。

Hugh L. Dryden 是美国航空工程研究的先驱,他是高速飞行研究专家。图 2.36 给出了 1954 年

图 2.36 1954 年 8 月 12 日,NACA 高速飞行站的工作人员在新总部门前合影

NACA 高速飞行站工作人员的合影。NASA 下属研究中心更名并非无先例。1999 年，克利夫兰的刘易斯研究中心为纪念 John Glenn 而更名，后者是美国完成绕地球轨道飞行的第一人。

参考文献

[1] 张志刚.争夺 V-2.环球军事,2005,(19): 40-41.

[2] 白云峰.纳粹的复仇——V1 导弹.军事文摘,2016,(4): 63-66.

[3] 李文正,吕剑,冷洪霞,等. X 系列飞行器. 哈尔滨: 哈尔滨工业大学出版社,2004: 201-242.

[4] Neil A. Armstrong from Wapakoneta, Ohio, to the moon. Armstrong Flight Research Center X-Press, 2014(2): 3-7.

[5] Heppenheimer T A. Facing the heat barrier: a history of hypersonics, SP-2007-4232. Washington: National Aeronautics and Space Administration, 2007: 1-86.

[6] 李文正.X 系列飞行器从 X-1 到 X-45.哈尔滨: 哈尔滨工业大学出版社,2004: 211-238.

第 3 章

高超声速飞行的早期应用

自从实现了高超声速飞行，人类的活动空域大大扩大，其民用价值和军用价值被不断开发，其中最具代表性的非航天飞机和再入机动弹头莫属。

3.1 天地往返——航天飞机

虽然世界上有许多国家都陆续进行过航天飞机的开发，但早期实际上只有美国和苏联成功发射过[1]。苏联解体后，相关的设备由哈萨克斯坦接收，但经费不足致使太空计划陷入停顿，之后全世界只剩美国的航天飞机可以实际使用并执行任务，但美国所有的航天飞机也在 2011 年 7 月正式退役。

美国是世界上第一个拥有与实际操作航天飞机、并唯一成功利用航天飞机开展载人航天活动的国家，使用时间为 1981～2011 年，共研制过 5 架航天飞机："哥伦比亚号""挑战者号""发现号""亚特兰蒂斯号""奋进号"航天飞机。航天飞机在 30 年间共成功完成 133 次飞行任务，完成了涵盖地球、天文、生物和材料科学等学科的 2 000 多项科学实验。利用航天飞机回收、维修重新部署了 7 架航天飞机。航天飞机取得最突出的成就之一就是哈勃空间望远镜的发射及其在轨维护任务[2]。

航天飞机是作为美国国家航空航天局"阿波罗后继"计划的一部分而出现的，也是世界上第一种部分可重复使用的天地往返运输系统，其设计初衷是提供一种能重复使用的，并能通过重复使用降低成本的舒适的载人航天运输工具。它可以与火箭一样垂直发射入轨，待完成任务后，又可再入返回，与飞机一样在大气层内飞行并在跑道上水平着陆。航天飞机作为人类开拓空域的重要工具，在航天史乃至人类文明史上都留下了浓墨重彩的一笔，是航天运输系统由一次性使用向可重复使用跨越的一个重要里程碑，也是再入技术和飞机技术的巧妙结合。它由轨道器、外贮箱、固体火箭助推器三大部分和结构、防热、环境控制等 27 个系统组成。轨道器是航天飞机的核心组成部分，也是航天飞机系统中真正执行空间运输任务的部件；外贮箱的主要功用是贮存和输送推进剂，还具有支撑轨道器和固体火箭助推器的作用，它是航天飞机系统中唯一单次使用不进行回收的大部件；固体火箭助推器主要由固体推进剂、燃烧室、喷管、挡药板和点火器组成，主要为航天飞机提供足够的推力[3]。

航天飞机可从两个发射场发射，基本情况如图 3.1 所示。从肯尼迪航天发射中心发射执行包括地球同步轨道在内的低倾角轨道任务；从范登堡空军基地发射执行包括极轨道在内的高倾角轨道任务。航天飞机的飞行一般要经过准备、发射、助推分离/回收、轨道器入轨、轨道器返回和着陆等 6 个基本过程。起飞时，由 3 台主发动机和 2 台助推器同时工作，可提供 3 000 t 左右的推力。起飞 120 s 后助推器熄火，8 台小发动机点火将助推器与外贮箱分离，助推器采用降落伞溅落到海上进行回收，助推器分离 8 min 后，外贮箱燃料基本耗尽，与轨道器分离。外贮箱分离后翻转，沿亚轨道再入大气层解体，残骸溅落于海洋。轨道器进入预定轨道后可在 185～1 100 km 的高度进行机动，以执行各项任务，一般在轨运行 7～30 天。完成任务后，轨道器离轨，采用大攻角再入，采用空气舵与反作用控制系统（reaction control system, RCS）联合

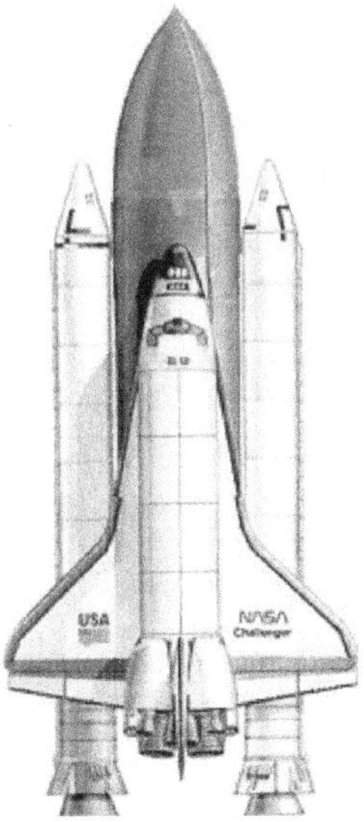

美国航天飞机由轨道器、外贮箱、固体火箭助推器三部分组成。全长为 56.14 m，起飞质量为 2 041 t，起飞推力为 30 802.7 kN。

航天飞机轨道器质量为 102 t，乘员 3～7 人，近地轨道载荷入轨能力为 29.5 t，出轨能力为 14.5 t，设计使用寿命为 100 次。

1981 年 4 月 12 日“哥伦比亚号”航天飞机首飞至 2011 年发现号航天飞机退役，5 架航天飞机共进行了 135 次飞行。

图 3.1　美国航天飞机的基本情况

控制再入姿态与飞行轨迹。当马赫数降到 2.5 时进入 S 形转弯末端机动，并打开减速板以便消除动能，直至进入正常的自动着陆搜寻，最后自动着陆导航系统引导轨道器进入跑道，在离地 152 m 时放下起落架，完成着陆。

事实上，美国高超声速技术的探索首先从火箭推进的高超声速飞行器开始[4-6]，由 20 世纪 50 年代的 X-15、X-20 等早期探索飞机演进为航天飞机有人驾驶轨道机动飞行器与 X-37B 无人驾驶轨道机动飞行器。图 3.2 为美国轨道机动飞行器技术发展脉络。

3.1.1 早期探索

美国最初试图采用火箭推进的有人驾驶飞机进行高超声速机动与轨道飞行，因此在 20 世纪 50 年代产生了著名的 X-15 与 X-20 有人驾驶火箭推进的高超声速飞机研究计划，随后于 20 世纪 60 年代发展了用于验证空间轨道再入大气层机动飞行技术的 M2F1/F2/F3、HL-10、X-24A/B，ASSET、PRIME 等研究项目，重点验证载人空间轨道机动飞行器的气动布局与气动特性，通过上述项目空间轨道飞行器基本选定升力体气动布局[7]。由 X-15 与 HSFS 完全借鉴飞机的尖头部、细长机身、薄机翼与尾翼、小展弦比翼面的常规气动布局特征演变为 X-20、M2F1/F2/F3、HL-10、X-24A/B 的升力体外形。除了对气动设计的探索，高超声速飞行器将在大气层内进行长时间的高速飞行，飞行器需要承受严重的气动加热，为飞行器提供有效的热防护系统（thermal protection system, TPS）至关重要，因此对热防护结构和材料技术的发展与验证也是这个阶段高超声速飞行器重要的技术探索内容[7,8]。X-15 飞机非常重视热防护技术的探索，采用“热结构”设计并采用热防护涂层。ASSET 与 PRIME 项目专门针对再入热防护系统进行试验；而 M2F1/F2/F3、HL-10、X-24A/B 项目不仅用于验证升力体气动布局，而且进行了大量的气动控制技术验证。这些经过验证的关键技术成果最终应用到第一架航天飞机哥伦比亚 STS-1 上，实现了载人空间轨道机动飞行。

1. X-15

X-15 验证机[9]是 NACA、美国空军、美国海军联合研制的世界上首架有人驾驶的高超声速飞机，是第一架真正飞行过太空和跨大气层的飞行器，由北美航空公司承制。该项目的主要目的是探索飞行器以高超声速、高海拔在太空、大气层内飞行时可能出现的问题，该项目是有人驾驶高超声速飞行器发展的高潮之一，直到约 15 年后航天飞机才开始首次飞行。

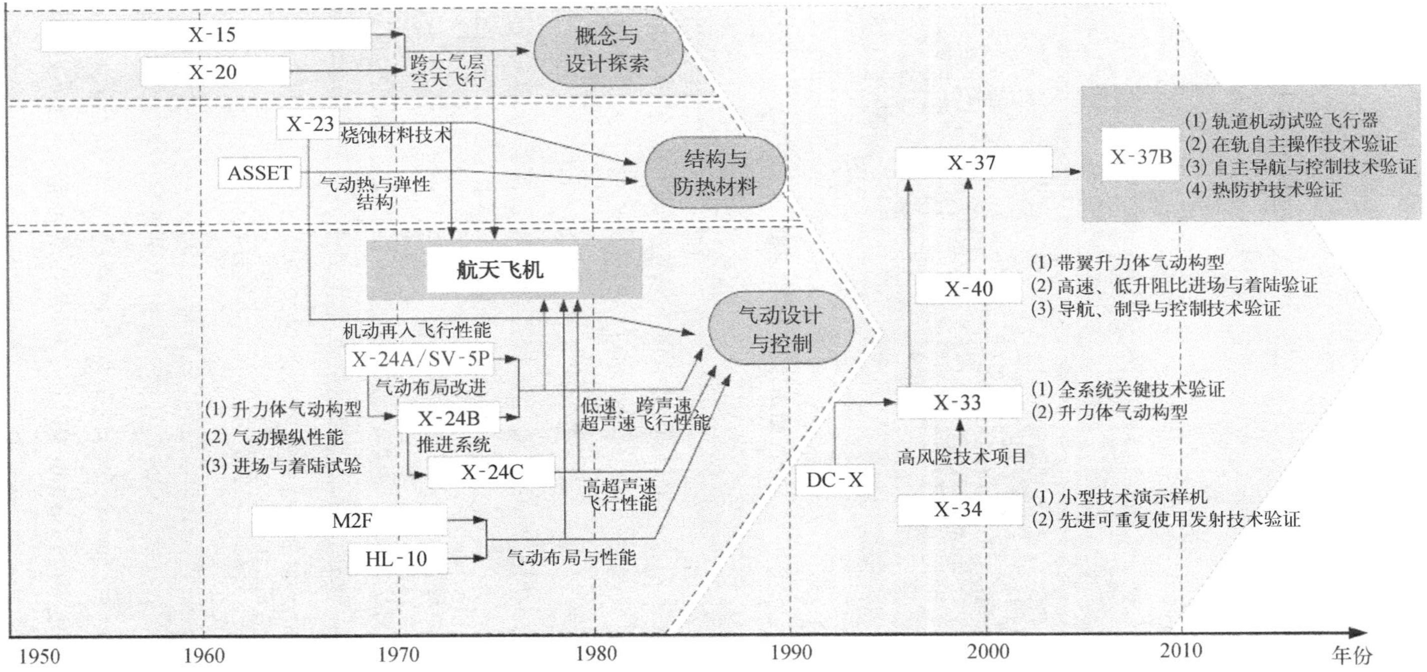

图 3.2　美国轨道机动飞行器技术发展脉络

1954 年,NACA 兰利航空实验室(NASA 兰利研究中心的前身)研究小组开展了一项马赫数 6 的火箭-助推高超声速研究飞机的概念设计工作,这一研究最终演化为 X-15 项目。X-15 验证机(图 3.3)从 1959 年 6 月 8 日开始飞行,先后由 12 名飞行员驾驶完成 199 次飞行,最后一次飞行时间为 1968 年 10 月 24 日。X-15 创造了多项飞行纪录:1963 年实现海拔为 107.8 km 的飞行高度;1967 年达到马赫数 6.70 的飞行速度。

图 3.3 X-15 验证机

X-15 机身长为 15.3 m,高为 3.53 m,翼展为 6.79 m,采用中单翼设计,最初装备两台 XLR-11 火箭发动机,后改为 XLR-99;机身表面覆盖一层 Inconel X 镍铬铁合金,可承受高速飞行时产生的 1 200℃ 高温。X-15 由一架 B-52 载机带入空中,在从载机上释放后,以自身携带的燃料飞行 80~120 s,然后进行 10 min 左右的无动力滑翔,最后在机身的前部常规起落架和后部着陆滑橇的辅助下降落。X-15 验证机共生产了 3 架,第二架飞机后来被改装为 X-15A-2,用于验证去掉腹鳍后飞机的横向操纵品质。

X-15 项目对认识有人驾驶的高超声速飞行器从发射到助推、抵达高海拔或达到最大速度,然后通过低升阻比的能量管理完成进场和着陆等一系列性能起到了非常重要的作用。项目进行十年之久,产生了 700 多册独立的技术报告,极大地提升了对高超声速飞行的认识水平,其飞行演示验证及作为研究系统的价值非常重要。

2. X-20

X-20[9] 是美国空军、NASA 和波音公司共同研制的有人驾驶机动飞行器研究机,基于 1938 年 Sanger 提出的银鸟高超声速概念飞行器,以及后来演变成贝尔公司轰炸机-导弹(Bomb Missile, BOMI)发展而来。1963 年 12 月 10 日,在是作为纯粹的研究机,还是用于实现卫星识别、轨道打击、轨道侦查的军事应用目标的选择上举棋不定，使计划拖延而最终被国防部取消，取消时第一架飞行器接近完工。

X-20 飞行器基本外形（图 3.4）为 72.48°的直三角翼和平底的组合体；机身尾部为斜面，可以在跨声速下提供纵向稳定性。飞行器设计的高超声速飞行的升阻比为 0.8～1.9；最高速度为马赫数 22.5，最大升限为 167.6 km，航程为 30 577 km。

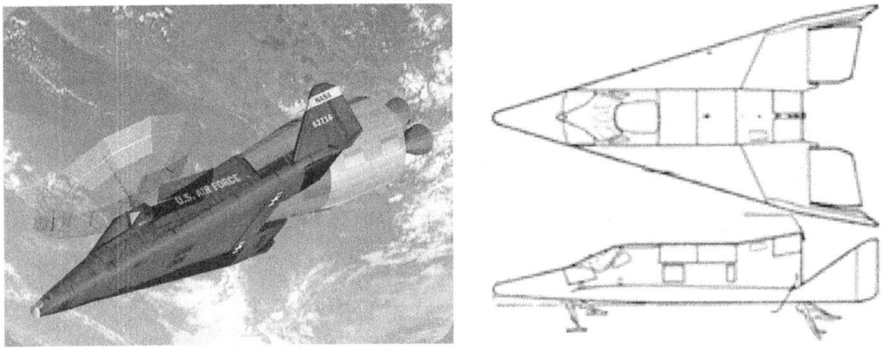

图 3.4　X-20 示意图

X-20 项目在高超声速技术的发展史上产生了深刻的影响。当时，波音公司认为“X-20 对升力体进入技术进行了最深入的研究”，高度评价了其在理论概念的发展和飞行器硬件的实现方面取得的技术进展。

X-20 项目在空气动力学研究，以及发展地面试验与飞行试验方法与设施上取得了一系列重要研究成果。

1）在气动构型与气动特性领域

X-20 是第一个对高超声速飞行领域进行深入探索的升力体再入飞行器，并且是在以往各种理论研究基础上首架进入初步制造阶段的助推-滑翔飞行器。在该项目之前高超声速飞行器的主要构型为钝头体、非升力再入体的弹道导弹项目。X-20 在银鸟、BOMI 和 RoBo 等项目的基础上，进行了气动构型方面的多处创新，包括升力体构型和平直底面等，这在后续项目中得到多次使用。

X-20 气动布局技术创新包括：其后掠角和前缘半径的设计综合考虑干扰加热、亚声速升力曲线、跨声速激波失速、超声速舵面铰链力矩产生的影响；安装尾翼提供稳定性和偏航控制，以实现大攻角高超声速飞行；充分利用高超声速升力曲线斜率，增加或减小尾翼面积，尾翼角度要在 10°以内等。

X-20 最初构型设计为双楔形上表面和平直下表面及圆形前缘，这一构型具有很好的高超声速性能并易于加工，但是为了获得很好的低速性能，对其上表面进行修改，不像最初构型那样有棱有角。另外，X-20 滑翔飞行器要求在稳定增强装置辅助下能够满足再入阶段和滑翔阶段的操作要求（操作等级 1~3）；其气动稳定性满足所有马赫数下俯仰轴或侧向轴进行应急控制（操作等级低于 6.5）。

2）发展了地面试验和飞行试验设施与理论

X-20 促进了地面试验和飞行试验设施与理论的发展。X-20 共计进行了超过 1.4 万小时的风洞试验，其中，大约 1 800 h 为亚声速风洞试验、3 700 h 为超声速风洞试验、8 500 h 为高超声速风洞试验；为了实现最终设计要求，进行了接近 9 000 h 的模拟。其中，进行风洞试验的时间是 B-52 轰炸机试验的 2 倍，是 X-15 验证机的 3 倍，相应促使建立了 30 种高速风洞、激波管等试验设施。

3. M2 系列

1958 年 NASA 提出了升力体机身的原始概念。随后 NASA 与美国空军联合发展了 M2-F1/2/3、HL-10、X-24A/B 等升力体飞行器技术验证项目，验证升力体构型用于机动再入飞行器的可行性。

M2-F1/2/3、HL-10、X-24A/B 等项目是空间轨道机动飞行器早期验证水平进场着陆气动外形设计与气动控制技术的先驱。M2-F1/2/3、HL-10、X-24A/B 均为再入大气层验证飞行器，采用升力体气动布局，外形及技术探索进程见图 3.5。1963~1975 年，NASA 和美国空军共研制了包括 M2-F1/2/3、HL-10、X-24A/B 在内的 8 种升力体试验飞行器，总共开展了 222 次飞行试验。

M2-F1[10] 为木质结构飞行器，成本仅 3 万美元，成功进行了 77 次飞行试验，其可以作为升力体发展的开端，表明升力体形状的飞行器是可以飞行并能够水平着陆的。

继 M2-F1 飞行器后，NASA 艾姆斯研究中心发展了 M2-F2/3。在 M2-F2 的气动外形中去掉了水平升降副翼（大象耳朵）。实际上该装置能控制飞行器的横滚并提供横滚阻尼，有助于减少由横滚振动带来的问题。但是当时没有材料能够承受升降副翼前缘和升降副翼、垂直尾翼间缝因激波冲击而产生的气动加热，担心水平升降副翼会在从太空再入的过程中被烧毁。M2-F2 的滚动控制使用分离的上襟翼，其下表面还加上机体襟翼，使分离上襟翼和机体下襟翼可以提供跨声速时的纵向稳定性。M2-F2 在飞行试验中坠毁，说明这种气动设计的局限性。因此，在 M2-F3 设计上增加了垂直尾翼。

M2-F 系列除了验证气动外形（图 3.5），气动控制技术的验证也是其重要内

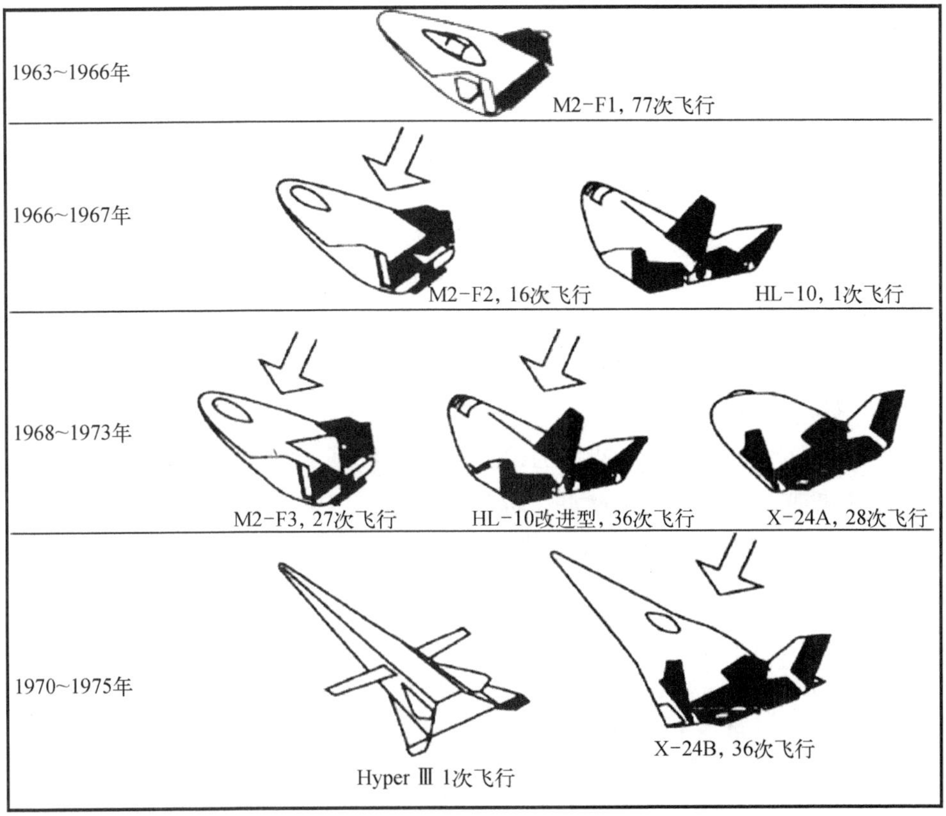

图 3.5　1963~1975 年升力体飞行器的演化进程

容。M2-F1使用的是非常基本的机械控制系统：推杆和钢索，没有任何液压或电子执行机构等动力系统。在 M2-F2 中使用了高压移动控制系统和速度-阻尼稳定性增大系统(stability augmentation systems,SAS),SAS 的主要任务是通过告知控制面阻止角速度运动来对速度陀螺仪做出响应。在从 M2-F2 到 M2-F3 的转型中,使用了 M2-F2 控制系统的基本机械部分。但通过对舵进行修改,使其允许舷外 25°的偏转,增加了在速度制动中的权限,并且将副翼的偏转从 10°增加到 20°。偏航控制是通过方向舵踏板来实现的,该踏板会使两个外侧垂直尾翼的外舷侧面上的两个舵面之一偏转。M2-F3 要求手动控制系统是一套不可翻转的双液压系统。俯仰动作的控制是通过纵向移动中心控制杆,对下方的襟翼进行定位来实现的。横滚的控制是通过横向移动同一控制杆,对上方的襟翼进行差动式的定位来实现的。通过为 M2-F3 增加一片中心尾翼,凭借差动的机体襟翼获得了真正的横滚控制,而不再像 M2-F2 曾经发生过的,飞行器的机头从副翼逆偏航朝反方向移动。

M2-F3 试验飞行器中还增加了三套实验性的控制系统：横滚俯仰轴中的速率控制增强系统(control augmentation system,CAS)、喷气操纵火箭系统、控制喷气操纵火箭系统的 CAS。这三套控制系统为后续升力体飞行器的发展提供了有益的借鉴。

4. HL-10

几乎与 M2-F2 同时,NASA 兰利研究中心建造了 HL-10 试验飞行器[11,12]。HL-10 演化为平底的固定几何体,带有圆形边缘和分离式机翼后缘升降副翼,能够实现对称向上偏转,提供高超声速再入和亚声速飞行所需的俯仰配平和稳定性。机翼后缘升降副翼也可以差动偏转以实现滚转控制,还添加了尖端尾翼以实现更好的方向稳定性。上表面的尾部逐渐缩进,或者类似于子弹的尾椎,降低亚声速基础阻力并减少跨声速空气动力中的问题。HL-10 与 M2-F2 最显著的不同在于 HL-10 增加了用于滚动控制的垂直尾翼。后续升力体飞行器,如 X-24、X-33 等构型中垂直尾翼成为重要的部件之一。HL-10 共试飞了 37 次,最高飞行速度达到马赫数 1.86,最大高度达到 27.5 km。

5. X-24 系列

NASA 德莱登飞行研究中心与美国空军联合发展了 X-24A/B 项目[9]。X-24A/B 也是升力体验证机,用于无动力验证再入滑翔概念。X-24A 和 X-24B 试验飞行器的外形变化见图 3.6。

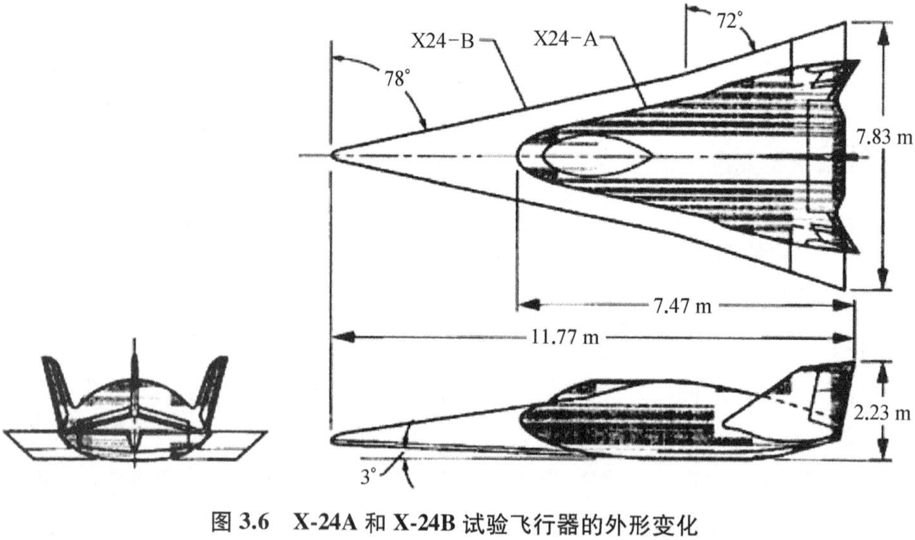

图 3.6 X-24A 和 X-24B 试验飞行器的外形变化

X-24B 形状由 X-24A 的水滴状变成类似“飞行熨斗”状的圆顶平底形，在尖锥形的顶端是两个三角形平台。X-24A/B 具有较高的升阻比。X-24B 于 1974 年 10 月 25 日达到了最大速度马赫数 1.75，1975 年 5 月 22 日达到了最大高度 22.6 km。X-24B 在最后的几次飞行中，有两次准确地降落在爱德华兹空军基地的混凝土跑道上，这是爱德华兹空军基地试飞的最后一架火箭飞机。

上述验证机将升力体从不受重视逐步发展成 NASA 和空军重要的发展计划，从而为后续航天飞机、空天飞机等的发展提供了宝贵的经验和技术基础。

1969 年发生了两件标志性事件，第一件标志性事件是波音公司发明了轻质陶瓷隔热瓦，使得有翼飞行器的防热问题得到了比较好的解决，例如，机翼或机尾表面，现在可以用陶瓷瓦来覆盖，只会增加最低限度的重量。最小量地使用较重的、最新开发的碳-碳复合材料砖，也可以对有翼飞行器前沿的高热区域进行保护。这使带翼升力体可以在高速气动加热中不被烧毁。第二件标志性事件是美国国会的授权，现有航天飞机的构型设计更能满足美国空军和 NASA 的军用与民用需求，美国空军要求航天飞机的升阻比很高，同时载荷舱要有约火车车厢大小。虽然 NASA 被赋予了开发航天飞机的责任，但美国国会指示 NASA，航天飞机的设计还必须满足美国空军的需求。在有效负载尺寸和横向航程方面，其要求大致是 NASA 的两倍。当时，NASA 正在进行飞行测试的典型特大容量升力体的超声速升阻比为 1.2~1.5，这足以为任何预期的 NASA 任务提供服务，将人员和货物运输到轨道上，以及从轨道返回。但是，美国空军设计了更大的横向航程能力，其需要的超声速升阻比高达 2.0，这种需求使升力体需要进行带翼的改进。

基于上述两个重要因素，同时充分利用了 NASA 和美国空军在升力体研究中的成果，航天飞机的最终构型采用了升力体带翼的翼身融合方案。后来的 X-37 与 X-40A 均沿用这一构型。1981 年，综合了自 20 世纪 50 年代以来升力体计划及 ASSET 和 PRIME 计划等多项成果的航天飞机成功实现首次飞行。时至今日，航天飞机仍然是全球唯一实现部分重复使用的飞行器。

3.1.2　研制历程

航天飞机[2,3]的研究工作始于 20 世纪 60 年代末。1969 年 9 月阿波罗首次登月后 2 个月，美国总统便指定美国空间工作组研究制定未来空间研究的方针和途径，当年该工作组正式提出研制包括航天飞机在内的新空间运输系统。

1971 年美国政府正式接受了此项建议，并由总统发出命令。自此便正式开始了航天飞机的研制工作。

航天飞机的研制工作共分 A、B、C、D 4 个阶段。A 阶段研究航天飞机的外形，并提出进一步研究的要求和方向；B 阶段为技术经济指标的确定和方案设计阶段；C 阶段进行技术设计，D 阶段为生产和飞行阶段，二者合称 C/D 阶段。

A 阶段始于 1969 年。在该阶段提出两级全部重复使用的航天飞机方案。该方案中助推器和轨道飞行器的连接方式各有不同，有腹部相接、背驮和并联等几种布局。大多为直机翼飞行器，设有 18.3 m×4.6 m 货舱，可载乘员 10 人，载货 11.3 t。助推器将轨道飞行器送至高空后飞回发射场。推进系统全部采用液氧/液氢推进剂。

1970 年 3 月开始由北美罗克韦尔（North America Rockwell）和麦克唐纳·道格拉斯（Mc-Donnell Douglas）公司承担 B 阶段研究工作。到 1971 年 6 月决定选用满足空军要求的近地轨道运载能力为 29.5 t 并具有高横向机动能力的三角形机翼轨道飞行器方案。后因苏联放弃登月竞赛、美国航天预算紧缩，NASA 被迫改变方案，将推进剂贮箱全部移至轨道飞行器外，并取消重复使用的载人助推器方案。

1972 年 1 月 15 日，美国总统正式宣布研制全新的空间运输系统。同年 3 月确定了接近现有状态的总体方案。载人飞回型助推器改为弹道回收的并联助推器，轨道飞行器缩小，主发动机由 2 台大推力发动机改为 3 台小推力发动机，贮箱移到机体外，姿控和机动发动机改用可储推进剂。

第 1 架轨道飞行器“企业号”于 1976 年 9 月 17 日出厂，1977 年 2 月～1979 年 4 月分别进行了进场着陆试验、地面振动试验及与固体助推器和外贮箱组合进行的合练。1981 年 4 月 12 日“哥伦比亚号”实现了航天飞机的首次试飞，之后连续进行了 4 次试飞，并在第 4 次试飞时携带美国国防部卫星执行任务。1982 年 11 月“哥伦比亚号”第 5 次飞行，这也是美国航天飞机的首次正式运行。

NASA 共生产了 6 架航天飞机轨道飞行器，它们分别是OV-101“企业号”（Enterprise）、OV-102“哥伦比亚号”（Columbia）、OV-099“挑战者号”（Challenger）、OV-103“发现者号”（Discovery）、OV-104“阿特兰蒂斯号”（Atlantis）和OV-105“奋进号”（Endeavour）。其中，“奋进号”是为填补“挑战者号”失事后的空缺而制造的。“企业号”为试验机，其他 5 架为工作机。其中，“挑战者号”已在 1986 年 1 月 28 日升空时爆炸；“哥伦比亚号”在 2003 年 2 月 1 日返航途中解体；“企业号”在完成试验任务后，被收藏在史密桑尼亚协会的博物馆里，直到“哥伦比亚号”航天飞机失事后，“企业号”上的隔热瓦又被拆下进行测试，以调查“哥伦比亚号”失事原因。

航天飞机首飞之后，一直在进行改进，主要集中在改善老化现象和对任务的适应性、改进安全性、提高可靠性和承载能力、降低成本，以及进行可能的升级，从而为航天飞机服役期延长至 2010 年左右做准备。在航天飞机全部退役前，NASA 计划再进行 16~18 次的航天飞机飞行以完成国际空间站的建设，且有可能另外进行一次发射，用于哈勃空间望远镜的维修。

1986 年 1 月 28 日，“挑战者号”[13]在执行代号 STS-51-L 的第 10 次太空任务时，右侧固体助推器尾部装配接头的 O 形密封垫圈失效，使固体助推器燃烧产生的高温气体外泄，将外贮箱烧裂，使得结构破坏，从而导致液氧、液氢混合而爆炸，“挑战者号”在升空后 73 s 炸毁（图 3.7），7 名航天员全部殉职。经调查确认，“挑战者号”爆炸是由右侧固体助推器连接处因设计上的缺陷和气温过低，造成密封垫圈失效引起的。这次事故使美国航天计划推迟了 32 个月。

图 3.7　“挑战者号”航天飞机爆炸瞬间

1986 年“挑战者号”失事后，NASA 全面开展了改进工作，改进大小技术达 400 多项，以提高航天飞机的飞行安全性。其包括重新设计制造了固体助推器连接件，增加了航天员逃逸系统，改进防热系统设计，延长主发动机的工作寿命，为安全返回和着陆采取了改进着陆系统、采用紧急撤离滑梯、设置紧急着陆减速网等措施，对发射台采取了安全措施并实施技术改进等。

NASA 的航天飞行办公室还于 1997 年制订了航天飞机改进计划，目的是提高航天飞机的安全性、可靠性和保障支援能力，使航天飞机的发射费用降低了

75%，每年的飞行次数增加 1 倍，地面维修时间减少 1/2，并为可重复使用航天运载器技术的发展提供了一个可靠的试验平台。该改进计划共分 4 个改进阶段：第 1 阶段、第 2 阶段的目标是到 2000 年提高航天飞机系统的安全性，包括改进航天飞机主发动机的燃料涡轮泵，采用新的超轻型贮箱，将全球定位系统接收机引入轨道器的电子设备中，用先进的测试与发射控制系统替换肯尼迪航天中心航天飞机控制室内的 20 世纪 70 年代的老式系统；第 3 阶段的任务包括改进电子系统、使用无毒燃料改进辅助动力装置；第 4 阶段的任务包括采用液体燃料的捆绑发动机等。

图 3.8 “哥伦比亚号”在发射台上

2003 年 2 月 1 日，“哥伦比亚号”航天飞机[14]（图 3.8）在执行代号 STS-113 的发射任务时，外贮箱表面脱落的一块泡沫材料击中了轨道飞行器左翼前缘的隔热瓦，造成隔热瓦损伤，轨道飞行器在重返大气层时，超高温气体从裂孔处进入机体，导致航天飞机解体，7 名航天员全部遇难。事故发生后，NASA 组织了故障调查委员会，并于 2004 年 8 月 13 日最终确认，“哥伦比亚号”航天飞机外贮箱表面泡沫材料安装过程存在的缺陷是造成事故的主要原因。

为使航天飞机完成使命，NASA 花费了近 20 亿美元对“发现号”航天飞机进行安全改进，主要涉及近 50 项技术改动[15,16]（图 3.9），并进行了几百万次计算机模拟试验，使得“发现号”航天飞机于 2005 年 7 月 26 日成功复飞，主要改进如下。

1. 对外贮箱设计进行了重大改进

外贮箱的改进成为航天飞机复飞的重中之重。NASA 大幅度修改了外贮箱的设计，新设计的外贮箱长为 47 m，是目前最安全的外贮箱；改造了航天飞机与外贮箱相连的双脚架，采用镍铬铁耐热合金蒙皮代替双脚架上的铝端帽，取消了导致“哥伦比亚号”航天飞机失事的大块绝热泡沫，通过电加热使该部件外面不

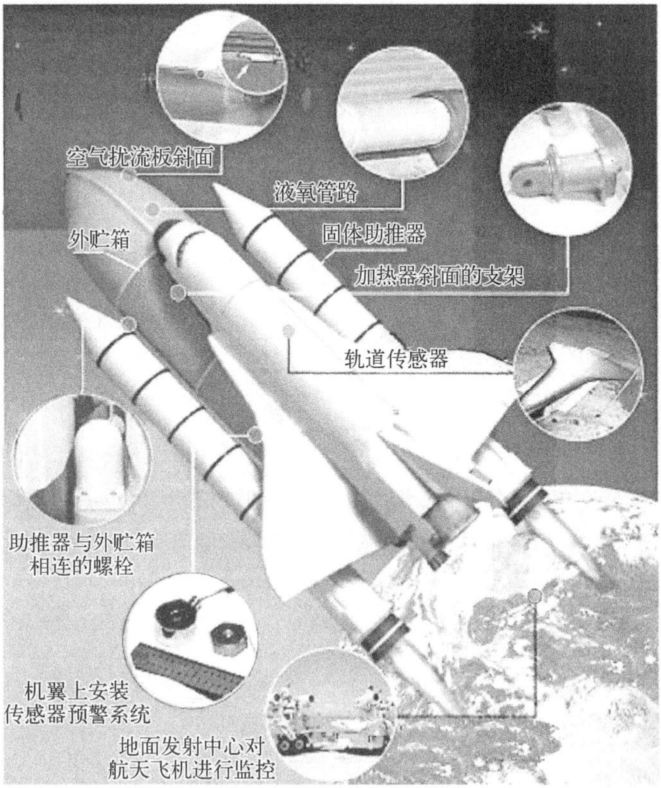

图 3.9　航天飞机的改进

会结冰;在关键的液氧管路上增加了加热设施,还安装了一个除冰器;重新培训为外贮箱喷涂绝热泡沫材料的技术工人,提高操作工艺,减少泡沫材料中的空隙。另外,拆除了“凸起气动负载”斜面[protuberance air load (PAL) ramp],这是 NASA 有史以来在空气动力方面对航天飞机所进行的最大改进;对增压管路保温用的“冰霜斜面”(ice frost ramp)增加了泡沫附加段,使这些斜面的几何形状与外贮箱其他位置保持一致。这些都将减小大块泡沫材料脱落的可能性。

2. 加强对航天飞机发射过程的全程监控

为详细观察航天飞机的发射过程,NASA 利用录像设备全面监控航天飞机的发射升空过程,对肯尼迪航天中心原有的近距、中距及远程跟踪摄像系统进行了升级,在 9 个地方增设了监控摄像机;同时利用军用侦察卫星等检查进入空间的航天飞机可能受到的损伤。

航天飞机自身装备了逾百台新的高清晰摄像机、数码摄像机和胶片摄像机,其中,固体火箭助推器上就新增了 4 台摄像机,外贮箱上的数码摄像机能使地面工作人员监测到航天飞机在升空时可能出现的任何受损情况。以前,航天飞机升空后,自身拍摄的图像只有在着陆后才能提供给地面人员进行分析,而现在将录像变成了数字模式,使地面人员能及时获得图像。

3. 提高航天飞机在轨检查能力,并在航天飞机机翼上增加温度传感器和压力传感器

NASA 设计了一个轨道伸缩套管接触式传感器系统,与摄像机和其他仪器联在一起,安装在原有的机械臂顶端,将机械臂长度延长到约 30 m。一旦进入轨道,航天员可使用这个传感器系统检查机翼和头锥上的隔热瓦在发射过程中是否有任何损坏。

在航天飞机的两个机翼上各安装了 22 个温度传感器,能实时显示机翼各部分的温度状况,还各安装了 66 个压力传感器,用来探测机翼是否受到碰撞,以及各部件的强度与位置移动。这些传感器非常灵敏,每秒可进行 20 000 次检测,直到航天飞机安全着陆才停止工作。

4. 改进助推器

新助推器由锡奥科尔公司生产,长为 38.4 m,直径为 3.6 m。助推器由 4 个长 9.14 m、装满推进剂的药柱段组成,其中,药柱与以往使用的药柱略有不同。在起飞过程中,每个助推器的平均推力可达 11760 kN。新的助推器设计降低了推进剂储存、运输过程中的风险,提高了飞行的安全性能。NASA 航天飞机计划小组成功进行了可重复使用固体助推器的全尺寸点火试验。

5. 提高在轨修复能力

测试了插销和为加固型保护板设计的裂缝维修程序,还测试了在发生损坏的情况下隔热瓦的修复技术,并对这两种方法进行有限的在轨测试。

挑选出 3 种修补航天飞机隔热瓦和机翼的方法,包括当航天员进行太空行走时,用填缝枪将灰状材料注入航天飞机机翼前缘的裂缝中并将其抹平,或者将油漆状液体防热材料涂在受损的隔热瓦上;当航天员在机舱内时,可将炭塞插入机翼前缘的缝隙中。

6. 采用备份救援手段

启动 STS-300 紧急救援机制,即每次航天飞机载人任务都有备用的飞机和机组人员。如在与国际空间站对接前,“发现号”航天飞机将会进行翻转,让国际空间站里的科学家检查其下方是否受损。如果发现问题,航天员将停留在空间站内,利用“亚特兰蒂斯号”作为备用航天飞机进行救援。

7. 其他安全方面的措施

利用无损探伤技术检测航天飞机机翼前端的隔热材料；发射前取下并更换航天飞机上约 5 000 块缝隙填充料（航天飞机共有 1.6 万块缝隙填充料）；在临射前重新修改对航天飞机关键系统进行检测的程序；重新设定方向舵的刹车速度（这一个方向舵是航天飞机尾部用于降落时减速的装置）；为航天飞机主起落架安装 4 个更大、更平稳的轮胎，在着陆时能承受更大负荷。

3.1.3 后续发展

航天飞机不能完全重复使用，且维护困难、重复使用间隔时间长，使其访问太空成本高。因此，研制成功航天飞机后，美国仍然寻求其他类型的高超声速飞行器承担空间轨道机动飞行任务。美国于 1986 年着手研制单级入轨、完全重复使用、有人驾驶火箭基组合循环（rocket based combined cycle, RBCC）推进的“国家空天飞机”（National Aerospace Plane, NASP）。到 1994 年该项目发展了近 10 年，终因当时的技术难度巨大而放弃，至此有人驾驶空间轨道机动飞行器的研制告一段落。20 世纪 90 年代中期至今，空间轨道机动飞行转向发展无人飞行器技术。

火箭推进的高超声速机动与轨道无人飞行器技术重点验证项目主要有三角快帆先进试验飞行器（DC-XA）、X-33，X-34、X37、X-40A、X-37 等。尽管上述验证机形式各异，但均是为发展实用型高超声速机动与轨道无人飞行器，积累再入飞行数据、飞行经验，以及验证机身结构、推进系统、热防护系统、健康管理等关键技术。

出于对单级入轨飞行器的热望，在吸气式 NASP 终止后，开发的热点转向火箭推进单级入轨飞行器。其中，典型项目为 DC-XA 与 X-33，前者为垂直起飞、水平降落的飞行器；后者为垂直起飞、垂直降落的飞行器。DC-XA 是单级入轨技术验证飞行器，共进行了 12 次试验，飞行高度为 3 150 m。实际上 DC-XA 不是用来验证单级入轨的能力，而是验证加贮低温燃料的飞行器与飞机一样的地面操作，即验证单级火箭垂直起降、快速飞回与简化地面保障技术。DC-XA 还验证了采用新技术后系统功能的完整性与操作的适应性。DC-XA 进行了两次飞行之间 24 h 发射准备时间的验证；X-33 是冒险星的缩比验证机，主要用于验证单级入轨线性气动塞式喷管火箭发动机，还计划进行轻质复合材料的内置式贮箱、新型热防护系统等技术的验证。但 X-33 在上述三个关键技术领域均遇到了困难，在进入飞行状态之前被取消，使其发动机仅开展了地面单机点火试验。

而 X-34 是纯粹的亚轨道技术验证机，计划要求突破验证空间轨道机动飞行器所需的关键技术。这需要验证复合材料的机身结构和贮箱，先进热防护系统和材料，自主着陆所需的自动导航、制导与控制系统，火箭工况综合监测系统，以及嵌入式大气数据系统等一系列关键技术。X-34 是两级亚轨道发射系统，主要验证亚轨道高速机动再入飞行器性能，弥补 DC-XA 飞行器仅在低空飞行验证的不足。

在 NASP、DC-XA 与 X-33 之后，美国认识到吸气式组合循环动力单级入轨的巨大困难，把技术探索的着眼点收回到二级入轨火箭推进的空间轨道机动飞行器，认为"单级入轨尚不能及时做好研制准备，两级入轨可能成为最早得到应用的重复使用运载器"。X-37 与 X-40A 就是实现这一目标的垂直起飞、水平降落的空间轨道机动飞行技术验证飞行器。X-37 是第一个演示验证在轨飞行和再入段飞行的空间轨道机动飞行器，主要用于验证飞行空气动力特性、热防护系统与先进的进场和着陆技术；X-40A 是无动力亚轨道技术验证机，最早作为美国空军空间机动飞行器(Space Maneuver Vehicle，SMV)项目的 90%缩比原型机，后来用作 X-37A/ALTV 的 85%缩比验证机，主要用于验证大气层内高速、低升阻比、无动力进场和着陆时航空电子设备及导航与控制技术的可靠性。

当前取得飞行试验成功的 X-37 改进型 X-37B[17-20]，不是一个型号的技术突破，而是继承了航天飞机、DC-X、X-33，X-34、X37、X-40A 等空间轨道机动飞行器大量关键技术的验证成果，也是数十年来美国在这一领域的技术探索结晶。X-37B 是继航天飞机美国发展最成功的跨大气层飞行器，目前已成功完成三次飞行试验，三次飞行试验都超预期和超设计指标。

1998 年 NASA 马歇尔研究中心提出了 Future-X 计划，后来发展演变为 X-37。1999 年 7 月 NASA 正式与波音公司签署了一项为期 4 年的合同——开发 X-37 验证机，目的是验证下一代航天飞机——轨道空间飞机(Orbital Space Plane，OSP)的相关技术。1999 年 8 月美国空军也参与投资，希望进行长达 270 天的在轨飞行试验，以验证太空飞机长时间轨道驻留的可能性。2000 年 5 月，波音公司将 85%缩比的 X-37 试验样机 X-40A 交付给 NASA 用于地面和空投试验，以降低其试验风险。2001 年，X-40A 共进行了 8 次空中投放试验，验证其电子系统、自动驾驶系统和先进机体等多种技术。2002 年，美国空军停止追加经费，但 NASA 和波音公司继续在合同框架下进行 X-37 验证机的研制工作。2003 年，美国空军又要求 NASA 恢复 270 天在轨试验项目。2004 年，由于美国总统小布什提出重返月球计划，NASA 退出一系列近地轨道项目转向登月计划，X-37 就转给了美国国防高级研究计划局(Defense Advanced Research Projects Agency, DARPA)进行开发,从此成为机密项目。2005年原计划由B-52飞机带飞进行投放试验改为由“白色骑士”飞机进行带飞试验。2006年4月,X-37进行了首次无动力投放自由滑翔飞行,着陆时出现异常,X-37冲出跑道导致机头受损,同年8月和9月又分别进行了两次试验,基本实现了成功着陆。2006年11月,美国空军宣布在X-37的基础上发展X-37B验证机,称为轨道试验飞行器(Orbit Test Vehicle,OTV),由美国空军快速响应能力办公室主管,波音公司作为主承包商,NASA和空军研究实验室(Air Force Research Laboratory,AFRL)参与相关工作。X-37B的轨道试验原计划用航天飞机携带进入太空释放进行轨道试验,后因费效比太差,外加“哥伦比亚号”航天飞机事故影响,所以决定改用火箭发射,后几经推迟,直到2010年4月22日X-37B(OTV-1,又称USA-212)才实现首次发射,2010年12月3日返回地面,在轨运行225天,除着陆时出现爆胎情况外试验很成功。2011年3月5日,X-37B(OTV-2)发射入轨,进行第二次轨道试验,在轨运行469天,远远超出设计指标(270天)。第三次飞行于2012年12月11日发射入轨,2014年10月17日返回,在轨运行674天。表3.1为X-37B飞行器的特征参数。

表3.1　X-37B飞行器的特征参数

外形尺寸	高为2.93 m 长为8.93 m 翼展为4.3 m
实验舱尺寸	2.13 m×1.22 m
发射重量	约5 000 kg
轨道范围	低地球轨道,177~805 km(距离地球表面高度)

根据2008年2月美国国防部呈报国会的报告*Roadmap for the Hypersonics Programs of the Department of Defense*,美国国防部将高超声速技术未来作战能力概括为以下四个方面(图3.10):

(1) 打击/持久作战能力——全球到达、快速反应、持久和将重装(重要)载荷从空中或地面精确、高效投送;

(2) 空中优势/防御能力——防止或减轻敌人对自己、联军和联军保护的平民的攻击压力,从而确保机动自由;

(3) 空间进入响应能力——进入空间,返回地球,然后与航班飞机一样再次

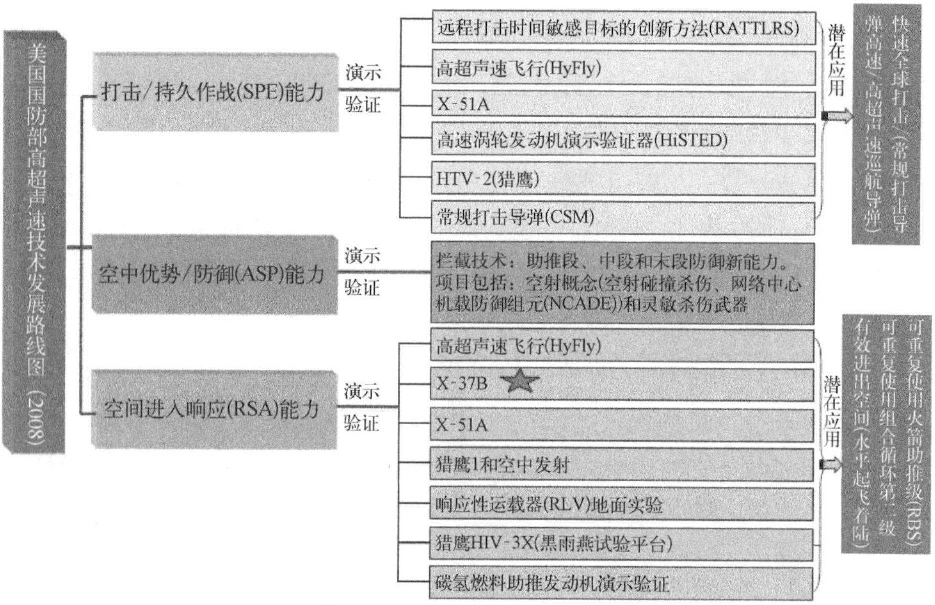

图 3.10　X-37B 在美国国防部高超声速技术发展路线中所处的位置

进入空间；

（4）美国国防部将 X-37B 置于“空间进入响应能力”建设之中，并制定了技术发展路线图，以实现其有效进出空间。

根据 2002 年美国空军研究实验室的“作战响应可重复使用军用航空航天飞行器的系统方案和技术发展”报告设想，美国国防部迫切希望将航空与航天部队的成员整合到完整的“航空航天部队结构”中，这种结构能够完成全域的跨大气层飞行和进入空间飞行。该设想必须是真正“可转换的”，同时，它应该在“跨越航空航天连续区域无缝衔接投送兵力”中给战斗人员提供革命性的能力。这种设想将引导国家发展一些关键技术和系统概念，从而在 2020 年前研制出下一代高超声速巡航飞行器，用于全球打击和侦察，以及在 2025 年前研制出高度可靠的航空航天助推飞行器，用作可重复使用运载器（reusable launch vehicle, RLV）系统部件，支持未来反应灵敏的空间进入和全球打击航空航天飞行器具备与飞机一样的可操作性，最终支持和促进未来航空航天部队的发展。

因此，如图 3.11 所示，在由空间作战飞行器、空间机动飞行器、模块嵌入级（MIS）、通用航空飞行器构成的完整军用航天飞机体系中，X-37B 作为空间机动飞行器，扮演了可重复使用在轨运行平台、太空巴士和上面级的角色。

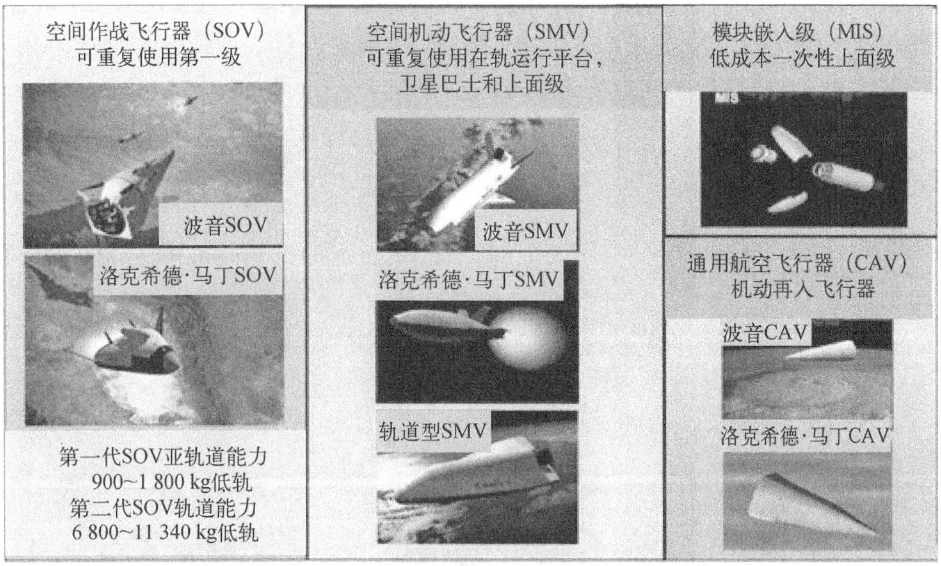

图 3.11　X-37 在美国军用航天飞机体系中所处的位置

同时，长期以来，美国空军一直想研制一种作战型军用航天飞机。X-37 飞行器被构想成一种技术集成试验平台，目的是促使下一代航天飞机的关键技术更成熟。最初的设计构想是一种小型有动力技术验证飞行器，该飞行器由一个二级入轨飞行器和一个带有各种载荷的可重复使用的卫星组成。设想该飞行器能在轨道停留 1 年，其小尺寸和轨道机动能力将允许空间飞行器为战术优先或地理传感器部署进行重新定位，可能执行的任务有战术侦察、星座部署或建立时间敏感通信中继平台。

在 X-37B 的第二次飞行试验中，媒体进行了各种跟踪报道，而美国空军高度保密，没有披露任何在轨机动和载荷等的细节。2012 年 3 月 7 日“宇航飞行”网站报道，美国空军快速响应能力办公室 X-37B 项目主管表示：“对目前正在进行的 X-37B 试验非常满意，X-37B 项目正在为可重复使用的太空飞机设立一个标准，在这一年的轨道飞行期间已产生了巨大价值。”2012 年 4 月 11 日《华盛顿时报》报道，美国空军航天司令部负责人表示，X-37B 是五角大楼新的空海一体战概念的关键组成部分，并称该系统能改变战局。

2011 年 9 月，波音公司在美国航空航天学会（American Institute of Aeronautics and Astronautics，AIAA）召开的 2011 年空间会议上发表了题为“X-37B 轨道试验飞行器及其演变”的报告，对 X-37B 未来发展的设想是，下一步将发展大尺寸的 X-37C(1.65 倍尺寸的 X-37B,图 3.12),用于支持往返于国际空间站的大型货物及人员的运输,实现自主交会、靠近操作、对接、三维地图绘制、国际空间站维修和近地太空探索。

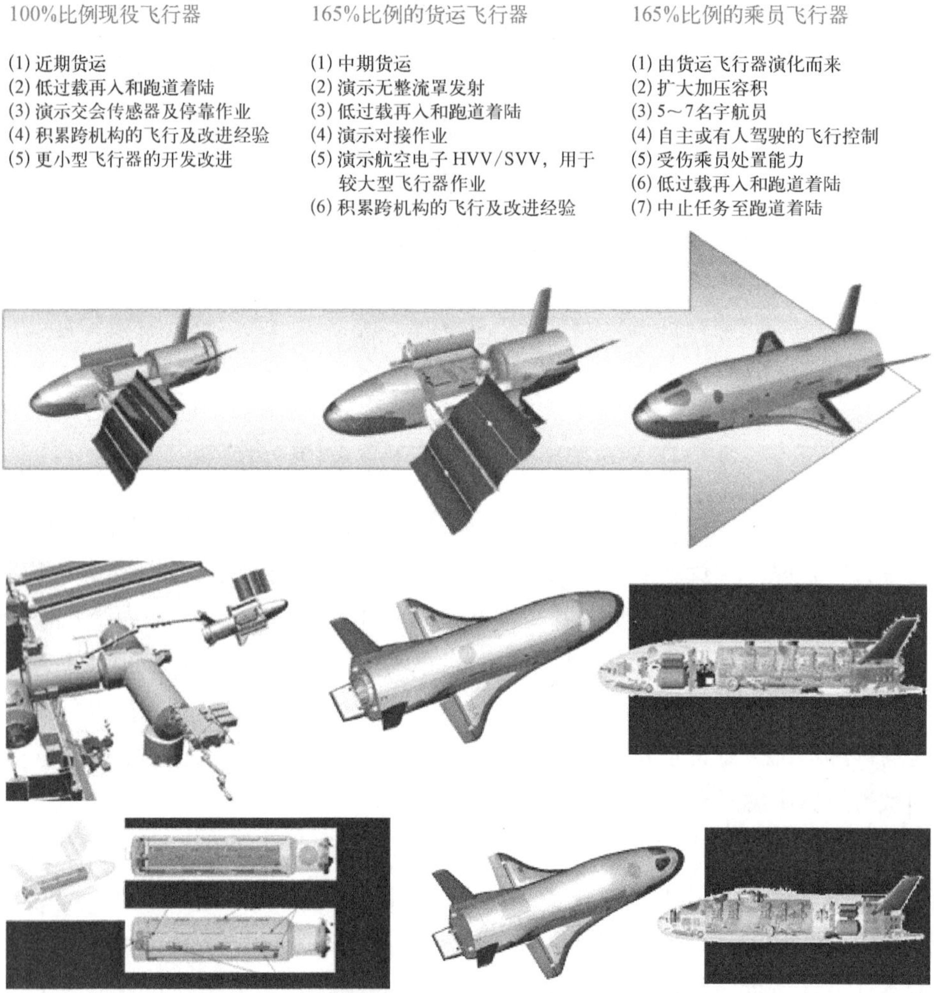

图 3.12 波音公司对 X-37B 未来发展的设想——X-37C

X-37B 目前看来还是一种技术验证机,目前的飞行试验可能主要验证可重复使用航天器技术(包括空气动力学特性、气动热力学特性、可重复使用太阳能电池板、一体化热防护系统及自主再入与着陆、低成本运行等)、长期在轨运行能力、太空侦察技术、轨道机动技术等。其未来可能是美国军方实现空间快速响应的重要工具,极有可能发展成美国第一个实用的可重复使用军用航天飞机,具备部署卫星、修复卫星和攻击/捕获敌方卫星及投放武器系统等作战能力。此外,该飞行器也可以发展为可重复使用的民用航天飞机[它是继美国航天飞机退役后唯一的一种低过载(1.9g)空间运载器],支持国际空间站业务。

X-37B 气动布局[18]大量地继承了航天飞机的研究成果,选择带翼飞行器布局方案,并确定采用具有较高的高超声速升力、可增强轨道机动运行灵活性的双三角翼布局作为飞行器的基本构型,创新地采用 V 形尾翼,使 X-37B 具有较好的气动稳定性能;在研究手段上,充分利用快速发展的 CFD 技术,进行飞行器的选型和布局优化,大幅度地节省了风洞试验的时间和经费,X-37B 风洞试验量只占航天飞机轨道器的 19%,这些都足以证明科学积累与继承及技术创新的重要性。X-37B 不仅为美国提供了一种可重复使用、可灵活制定任务的空间技术试验平台,更为重要的是,X-37B 使美国能够通过采用不同于卫星平台的新方式获得所需要的天基能力。同时,X-37B 作为一种能够实现天地往返的飞行器,具备轨道飞行和大气层内飞行的能力,也反映出美军武器装备空天一体的发展趋势。

3.1.4 历史意义

美国航天飞机是当代唯一投入使用的航天飞机,也是人类第一种可部分重复使用的载人航天器,并取得了巨大成果,其用途广泛、环境舒适、运载能力大,为人类的天地往返活动开辟了较为理想的途径,也为下一代载人航天器的发展奠定了基础[1]。

美国航天飞机作为一种先进、复杂、部分可重复使用的航天飞行器,为人类载人航天和探索航天技术做出了重大的贡献。它的设计初衷是提供一种能重复使用,并通过重复使用降低使用成本的舒适的载人航天运输工具。但除了功能强大和舒适之外,它并没有达到人们预期的设想,主要反映在以下几方面。

(1) 从每次 5 亿美元的发射成本和几十亿美元的维护费用和制造费用及上百亿美元的研制费用来看,并不比目前的其他运载工具成本低;

(2) 航天飞机最初设计的单次飞行时间为 30 天,飞行间隔 2 周,每年飞行 26 次,但实际上单次飞行时间最长未超过 17 天,飞行频率每年只保持在 6~8 次,使空间科学实验受到限制;

(3) 由于系统过于复杂(3 500 个重要分系统,250 万个零部件),制造工艺难度高,要兼顾运载能力和结构安排的矛盾,又要满足重复使用的复杂气动外形和耐高温气动加热的防热系统要求,这大大增加了技术难度和风险;

(4) 人货混运,轨道器与外贮箱和固体火箭助推器并联组合方式,使得航天飞机设计上先天不足,导致无法从根本上解决安全性和可靠性的问题;

(5) 特别地,航天飞机的隔热瓦经不起发射时脱落碎片的撞击,至今,航天飞机的隔热瓦易老化和质地脆弱的问题还没有成功地得到解决。

因此,每次发射 NASA 都要耗费大量精力在航天飞机的安全保护上,这给航天飞行带来了巨大的负担。航天飞机不同于一般的航天器,其特殊的维护系统又使维护费用成倍增加,从而使性价比严重失衡。“挑战者号”和“哥伦比亚号”,一个在发射升空时爆炸,一个在返回时解体,导致 14 名航天员遇难,这些都使得美国航天飞机计划遭到沉重打击。

此外,NASA 没有“强效安全文化”和有效的制衡机制,没有独立的安全程序,使得 NASA 对远期管理航天飞机系统留下隐患。“挑战者号”事故之后,NASA 决定航天飞机不再承揽商业载荷的发射任务,美国空军也放弃使用航天飞机。

尽管如此,但航天飞机仍不失为当代最先进的载人运载工具,是世界上第一个实现了部分重复使用的天地往返运输工具。现在,NASA 继承和利用航天飞机的成熟技术与可靠部件来发展新一代载人及载货运载器,正是从航天飞机的发展历史中吸取了经验教训。无论如何,航天飞机都是人类航天史上的一项壮举,是目前人类航天技术发展的巅峰,它的研制经验和深刻教训都将是人类探索宇宙、攻克航天技术难关的巨大财富。

3.2 再入飞行器的兴起

再入飞行器[21-23]是指高速再入过程中通过机动飞行改变原来惯性飞行轨道的飞行器。机动再入飞行的方式有很多种,主要包括利用射流实现姿态控制、通过改变质心位置调整姿态、利用空气舵产生机动配平力与力矩从而改变飞行器姿态与速度矢量三种方式。这三种方式各航天大国均有所研究,但归根结底,再入飞行器的核心是充分利用主动段赋予的初始动能,通过飞行器气动力变化产生机动配平能力,从而产生姿态和轨道的变化。

机动导弹的机动方式[23-29]有朦混式机动和弹道机动,朦混式机动包括翻滚、螺旋和加长。例如,在导弹助推段动力飞行结束之后,弹头或弹头再入装置上的一个小火箭发动机点火启动整个装置翻滚,使敌方的拦截弹难以击中弹头。

此外，可以连接一个膨胀的气球，使整个弹头装置对拦截器寻的探测器显得更长一些。相似地，使用气球模拟垂直尾翼，含弹头的一段将可能使探测器看起来比实际的更高(尾翼)、更远一些，或者看起来就像是单级导弹的尾部。总之，敌方将难以判断导弹或再入装置哪一部分是含有弹头的前端。进而还可以利用与系留热气球等膨胀部件的连接，共同形成一个特别复杂的目标，使弹头可以藏匿在其中任意一处。1991年海湾战争时，伊拉克的“al-侯赛因”导弹是由“飞毛腿-B”加大射程到600 km后制成的，弹头较轻，重心后移，有较长的动力飞行时间与较高的熄火高度，飞行特性很不稳定，因此发动机关机后在气体动力作用下无意地在高空滚动，并且在再入时呈现随机的螺旋下降运动并裂解，裂解的每一部分从弹体分离时又不可预料地改变了导弹的气动行为，给“爱国者”PAC-2防御系统带来很大的威胁。当采用螺旋机动运动时，一般要求导弹能承受较大的转弯载荷，为$10g\sim15g$，机动为30~40 m的圆形区域。

除了朦混式机动，还有一种主动规避机动——弹道机动，如冲入式弹道，以高速、负升力弹道通过敌方的高、低拦截反导杀伤区，使敌方导弹反击时需跟踪过大的法向加速度而造成脱靶，又如躲避式弹道，从敌方的高、低拦截反导杀伤区的下沿飘飞进入目标区。所有这些方式使用转向发动机的小推力装置使再入飞行器机动。

另外，弹头机动可能发生在外大气层，也可能发生在稠密大气层。目前，只有美国和俄罗斯在研究外大气层弹头机动技术。弹头在外大气层进行机动需要消耗大量的燃料，因为没有空气动力可借以控制，而且转弯过载一般只能限于$2g\sim3g$。其他拥有弹道导弹的国家所研制的弹头机动技术只限于稠密大气层内的弹道机动。一旦从外大气层的真空进入稠密大气层内，弹头就又获得了依靠空气动力进行机动的能力。因此，在稠密大气层内进行机动比在外大气层进行机动要容易得多。除了出于突防目的的机动之外，还有出于其他目的的弹头机动，例如，为了达到合适的释放子弹头的高度、速度和姿态等，母弹头也可进行适当的机动飞行，以满足释放子弹头所要求的条件。

为了使弹头实施机动，制导和控制是其中最为关键的技术。弹头的机动再入有几个特点使制导和控制趋于复杂化，如环境恶劣、工作时间较短、动作装置和仪表的重量及体积受严格限制、动态变化超过两个数量级短周期动态特性也变化相应的数量级。再入机动弹头有以下三种主要制导方案。

1）利用标准弹道的制导方法

这种制导方法的基本原理是：在发射之前，根据弹头的战术技术要求，选择一条通过目标的“标准弹道”，将沿标准弹道变化的各种运动参量存储在弹头的制导计算机内。在弹头机动再入飞行过程中不断测量弹头的实际运动参量，并计算它相对标准运动参量的偏差，利用这些偏差量组成控制信号对弹头进行控制，使弹头沿所选择的标准弹道命中目标。利用这种制导方案的再入机动称为“程序机动”。

2）利用预测能力的制导方法

这种制导方法不需要选择标准弹道，而是利用弹载的测量设备，实时测量弹头的运动参数，并实时地利用弹载制导计算机，计算出弹头在不超过热限和过载限制，以及其他给定约束条件下，可以命中目标的弹道。通常这样的制导方法对弹载制导计算机的容量和速度要求很高。

3）利用目标特性的制导方法

这种制导方法，利用目标的环境特性或反射和发射的能量特性来产生对目标的制导信号。例如，地形匹配末制导技术，即是利用目标周围的高度特性来产生匹配信号。对目标环境特性的探测和对目标发射或反射能量特性的探测都不能在较高和较大范围内实现，因此这种制导方案要求有一个弹道走廊区或称探测区，再入机动弹头必须进入此探测区才能进行探测。此外，由于识别目标的环境特性需要发射前将已经得到的目标环境特性存储于制导计算机中，所以必须限制机动飞行时的探测范围，即必须预先设计一条标准弹道。

美国和苏联曾在再入机动技术方面进行了大量的研究工作。从美国和苏联开始研制各自的反导系统起，双方就开始投入大量的人力和财力研制战略导弹机动弹头，目的在于使战略导弹能成功突破对方的防御系统和准确击中目标。

美国从20世纪50年代末开始探索和研究机动弹头问题，早期主要对弹头的机动原理、与弹头机动有关的气动问题及各种可能采用的控制方案进行探索，做了一些理论分析和地面实验研究工作。在此基础上，从1962年开始先后制订了几种机动弹头的研制计划，研制并试验了采用不同控制方式的机动弹头，验证了弹头机动的可行性。20世纪60年代后期开始研究适用于战略导弹型号的小型机动弹头。在单项预先研究工作取得成果的基础上，从1970年开始研制第二代机动弹头MK500，1975年又开始研制第三代机动弹头AMaRV。迄今，美国用于研究和发展机动弹头的费用总数约为5亿美元，先后进行了20多次机动弹头的飞行试验，获得了较丰富的试验数据，积累了经验，为机动弹头用于战略导弹型号奠定了基础。

3.2.1　早期探索

20 世纪 50 年代后期,随着反弹道导弹的出现,进攻性战略导弹需要考虑突防问题,机动弹头[22,30-34]作为一种突防手段而被提出并发展。限于当时的技术水平,机动弹头的尺寸还比较大,重量在 908~1 590 kg。每枚导弹通常只能携带一个机动弹头。经过几年的探索和研究,初步确定了几种可供选择的控制方案,从 1962 年开始执行若干计划,准备对采用不同控制方案的几种机动弹头进行试验,以验证其可行性。这就是第一代机动弹头,主要解决弹头能否机动和采用什么机动方案更好的问题。

1. 助推-滑翔弹头计划

BGRV 计划是高级弹道再入系统计划的一个项目,于 1962 年开始执行。当时称为气动弹道导弹或 122M 气动弹道导弹计划,1964 年改名为 BGRV 计划,由空军弹道系统部负责总抓,主承包商为麦克唐纳·道格拉斯公司。1964 年下半年,空军弹道系统部与该公司签订了一项价值 4 000 万美元的 BGRV 可行性研究合同。在此之前,该公司还承包了价值 4 200 万美元的“气动热力学-弹性结构系统环境试验计划”与再入飞行器的研制工作。ASSET 计划的目的是获取有翼飞船再入的数据,用雷神和雷神·德尔塔火箭运载,先后进行了 6 次飞行试验。ASSET 计划第一阶段(1963 年 6 月至 1965 年 2 月)的工作对 BGRV 计划起到了有益的参考作用。

BGRV 是高升阻比的细长体。在地面试验期间曾研究过单锥、双锥和三锥结构外形,最后选用的是由锥段和喇叭形裙部组成的双锥体,长径比为 2.8~3.0,总重约 1 362 kg,采用射流干扰控制方案。弹头内装有制导系统和发动机,制导系统采用平台和计算机,平台由凯尔福特公司研制,是该公司为阿斯洛克反潜火箭研制的平台的改进型,计算机由尤尼伐克公司研制。借助发动机喷出的反推气流控制弹头的机动,还利用喷气流进行滚动控制。

弹头的飞行过程大致是:通过打高弹道的方式由助推器将弹头送往高空,然后使弹头向下加速飞行。弹头在和助推器分离后按照预先装定的程序通过喷射气流进行机动,使弹头拉起。根据任务和射程要求的不同,弹头可以上升到 30.5~122 km 的高度,再沿一条比较平滑的弹道靠空气动力滑行,从低空进入目标区,以避开敌方雷达的搜索,最后冲向目标。图 3.13 给出了 BGRV 的一种典型飞行轨迹和覆盖范围。

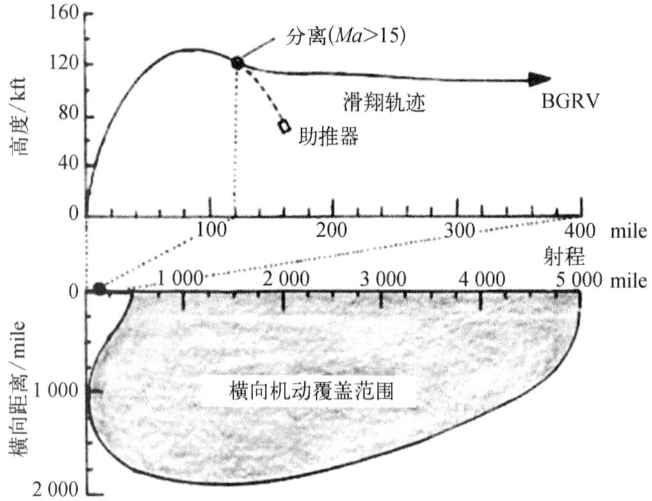

图 3.13 BGRV 的某种典型飞行轨迹和覆盖范围

BGRV 采用射流干扰与配平翼结合的控制方案,设计了一套瓣状尾翼/推进器控制系统(图 3.14)。尾部设置 12 片独立的瓣状配平翼,小型火箭推进器安装于瓣状翼之后。瓣状尾翼改变飞行器的配平攻角,推进器提供瞬时攻角控制。BGRV 借助推进器喷出的反推气流控制弹头的机动,还利用喷气流进行滚动控制。它的机动按照预定程序进行,飞行高度可低于雷达搜索高度。

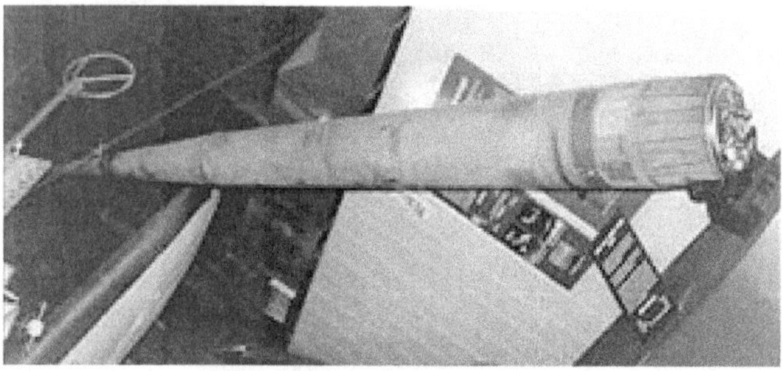

图 3.14 存放于莱特-帕特森空军博物馆中的 BGRV 实物

BGRV 在 1967 年第 4 季度用宇宙神 F 型火箭运载,从范登堡空军基地发射,共试验 2 次,都获得成功。试验结果表明,利用射流干扰来控制弹头机动在原理上是可行的。BGRV 按预定程序进行机动飞行可以使敌方反弹道导弹系统难以有效地计算弹道,从而增大了拦截的困难,但弹头需要在大气层内很长的距离上滑翔飞行,使敌方得以有较长的时间采取拦截行动,而且长时间滑行将导致制导误差的增大,难以保证所需的精度。

2. 机动弹道弹头(Maneuver Ballistic Reentry Vehicle, MBRV)计划

MBRV 计划也是高级弹道再入系统计划的一个项目,从 1963 年开始执行。最初称为低空追击冲向地面的弹头,后改称为 MBRV。它由空军弹道系统部负责抓总,主承包商是通用电气公司的导弹与空间分公司。该公司根据为期两年、价值 3 500 万美元的可行性研究合同研制 MBRV。

MBRV 的结构外形是带削面的锥体,利用锥体后缘的多个液压驱动的控制翼来控制弹头的机动飞行。弹头总重超过 1 362 kg,它具有多种末段变轨的能力。发射前可根据任务的需要装定其中的一种机动弹道,使弹头按预定程序机动。由一台先进的自动驾驶仪发出控制指令,操纵控制翼的偏转。自动驾驶仪则和一个开环制导系统相连接。制导系统采用凯尔福特公司的平台和尤尼伐克公司的 1824 型计算机的改进型。

MBRV 的飞行过程大致是:先按正常的弹道式弹道飞行一段距离,以欺骗敌方防御系统去计算 MBRV 当时可能攻击的目标。但在弹头快要到达这个虚假目标地区上空的某个预定高度,按预定程序把弹头拉起来,使弹头沿另一条弹道飞向更远处真正准备攻击的目标。这样通过弹道的突然改变使敌方来不及按新弹道使用反弹道导弹拦截。MBRV 的最大过载可达 $100g$,机动距离约为 550 km。

MBRV 原计划于 1965 年年中发射,但遇到一系列系统问题,加上计算机在地面进行加速度和随机振动试验期间发生故障,使得进度一再推迟,直到 1967 年才开始飞行试验。MBRV 共发射 4 次,代号分别为 600、601、602 和 603,用宇宙神 F 型火箭运载,从范登堡空军基地打到西靶场。首次飞行由于电源突然丢失而失败;第二次因制导系统出现故障也没有成功;第三次是运载火箭出现问题;直到 1967 年夏进行的第四次飞行试验才获得首次成功,得到了在不同马赫数和攻角下用多控制翼控制的 MBRV 数据。

MBRV 可以避免 BGRV 制导误差大和滑行时间长易遭拦截的缺点,但 MBRV 的尺寸和重量比较大,难以装在当时正在研制的各种战略导弹型号上。

3. 机动弹头控制与烧蚀研究(Maneuvering Reentry Control and Ablation Studies, MARCAS)计划

此计划由美国国防高级研究计划局负责抓总。该局出于弹道导弹防御研究的需要在其庞大的“防御者”计划中列出了 MARCAS 计划,主要目的在于探索拦截导弹控制方案的技术途径并协助空军解决 MBRV 尺寸和重量超过战略导弹

运载能力的问题。

MARCAS 计划要求研制一种尺寸较小的弹头并进行飞行试验,以验证在小弹头上用射流干扰控制方法实现机动飞行的可行性。

MARCAS 计划的弹头由麦克唐纳 · 道格拉斯公司承包,共研制了 3 枚。弹头外形是半锥角为 9°的锥体。它不采用控制翼,而是靠向滑流喷射气流实现控制并且靠喷气操纵机构喷出的气体进行滚动控制。

这种弹头在 1966 年进行地面风洞试验,后来用阿西纳试验火箭在白沙靶场进行了两次成功的飞行试验,获得了在高马赫数、高雷诺数飞行环境下的射流干扰性能数据。但美国空军对试验结果进行分析后得出的结论是:要把这种小弹头按比例放大到作战型导弹能够运载的弹头尺寸,重量仍然太大。

此后,美国陆军高级弹道导弹防御局利用 MARCAS 计划的成果,制订了可用于改进型斯普林特低拦截导弹第二级的"顶级"(upstage)计划,目的在于研制能拦截机动弹头的高加速度(可达数百 g)拦截导弹。在椭圆锥外形的"顶级"进行的 5 次飞行试验验证了射流干扰和外部燃烧两种控制方法。

4. 特种弹头(Special Reentry Bullet, SRB)计划

由空军负责管理的高级弹道再入系统计划是为陆、海、空三军服务的,但海军认为该计划未能反映海军的需要,因此还用自筹资金来探索能满足潜地弹道导弹要求的机动弹头,并为此制订了 SRB 计划,委托洛克希德导弹与空间公司研究特种弹头。美国海军考虑到潜地导弹武器系统的精度还不高,而且潜地导弹主要用来攻击地面目标,精度可以稍差一些,但弹头的重量和尺寸要小。

洛克希德导弹与空间公司从 1968 年开始研究一种简单的小机动弹头,利用弯头使弹头在再入时能以小攻角飞行,从而产生机动所需的升力。弯头通过移动配重进行控制。当配重处在纵轴位置时,弹头就按原来的弹道飞行。当配重移向纵轴的一侧时,弹头在重力和气动力的联合作用下就会滚转,这样气动升力就会有一个侧向分力,使弹头沿这个侧向分力的方向飞行。因此,通过精心设计配重的移动程序就可以实现所需要的机动飞行。

美国通过上述这些计划验证了第一代机动弹头方案的可行性。这一代弹头虽有较高的突防能力,但性能还很差,远不能满足型号的要求。机动弹头在和分导多弹头的竞争中失败。美国从 20 世纪 60 年代中期到 20 世纪 70 年代初把重点放在研制分导多弹头上,而把机动弹头的发展放到次要的位置上。尽管如此,但第一代弹头为今后机动弹头的发展指明了方向。

3.2.2　蓬勃发展

1. 美国

第二代机动弹头是海军研制的 MK500 机动弹头[21-23]。MK500 也采用弯头和移动配重的方法来实现机动飞行,它实际上就是特种弹头计划的继续。20 世纪 70 年代初,海军在基本掌握分导多弹头技术后开始考虑弹头的下一步发展计划,设想为正在考虑研制的三叉戟 I 型导弹装备两种弹头,即弹道式弹头和机动弹头。海军除了制订为三叉戟 I 型导弹研制 MK 4 分导多弹头的计划外,还提出了发展机动弹头(实际上是分导机动弹头)的各种方案。1972 年海军向国防部上报了三种可供选择的机动弹头方案,供领导决策。

方案一: 与三叉戟 I 型导弹一起进行全面工程研制。此方案能使机动弹头最早供作战使用,但将使三叉戟 I 型导弹的研制费用增加约 6 亿美元(以 1972 年美元计算)。

方案二: 仅发展机动弹头技术(在高级弹道再入系统计划中进行)。此方案可以在决定采用机动弹头之前使三叉戟 I 型导弹的研制成本保持不变,但对这种导弹因装备机动弹头而需要重新设计的内容不清楚,因此不能确定需要多少时间和经费才能使机动弹头供作战使用。

方案三: 执行高级发展计划。此方案可以为今后以较小风险开展研制工作,使机动弹头能在 3~3.5 年内供作战使用打下可靠的基础。估计这将使三叉戟 I 型导弹的研制费用增加约 1.74 亿美元(以 1973 年美元计算)。

国防部最后采纳了方案三。美国国防部国防研究与工程署在 1973 年 2 月 8 日给海军负责研究和发展的副部长发出的备忘录中指出:“1972 年 12 月 14 日防务系统研制审查委员会在审查三叉戟导弹计划期间,要求该计划的负责人把高级发展计划的机动弹头列入三叉戟修订计划的可行性进行研究。希望能制订计划,以便提供可靠的保证,使得在今后决定开始进行机动弹头的工程研制直至服役使用期间无须对三叉戟导弹武器系统做改动。此任务应包括对机动弹头的高级发展计划样机进行足够数量的飞行试验,以验证机动弹头和三叉戟导弹及导弹武器系统的适应能力。”

因此,海军制订了 MK500 机动弹头的高级发展计划,分两个阶段实施。第一阶段设计 MK500 Ⅰ型,进行六次辅助性飞行试验(SFT),以验证弯头方案的可行性。第二阶段根据第一阶段的经验对设计做出改进,设计 MK500 Ⅱ型,并且和三叉戟导弹及导弹武器系统进行几次适应性飞行试验。

MK500 从 1972 年初步确定方案,到 1973 年主要做了下述工作。

(1) 确定了 MK500 的系统要求,完成了弹头基本方案的初步设计,原子能委员会和国防部对 MK500 的核装置进行了第一阶段的研究。

(2) 初步编写了分系统和组件的规范,开始研制头部材料(包括工艺规范)和采购需要提前购买的构件。

(3) 制订了详细的试验计划。对准备选用的头部材料进行了烧蚀试验、热结构试验、力学/热学性能试验和弯曲试验。确定了地下核试验计划并制造了试验用的试样。对准备进行首次飞行试验的全尺寸样机进行了模拟试验。开始研制飞行试验用的构件——滚控分系统的电动机及电动机驱动的电子组件、遥测系统数据缓冲存储器、解保和引信组件及遥测天线。

(4) 确定了弹头与导弹的接口要求并开始设计分离系统和导弹的接口。对发射控制要求也做了初步研究。

1974 年主要进行了 MK500 的制造和试验,完成了选定外形的气动试验,部分防热层结构进行了地下核效应试验,1975 年开始飞行试验。

MK500 是一种设计得很精巧的小弹头。海军要求 MK500 能适应 MK4 弹道式子弹头的安装位置并能利用其导线接头。而三叉戟 I 型导弹的特殊结构布局(第三级放在整流罩的中央,八个 MK4 子弹头对称地放置在整流罩内第三级发动机的四周)要求 MK500 也能放置在第三级发动机与整流罩之间的有限空间内,这就决定了 MK500 的尺寸,长度不超过 1.1 m,底部直径约为 460 mm。

MK500 采用弯头控制方案,头锥弯曲角为 6°,在地面试验时曾做过固定弯头和可变弯头的试验。但最后选用的是固定弯头。

MK500 的飞行过程大致是:在发射前不久对机动弹头装定导航、解保与引信的数据。在三叉戟 I 型导弹第三级工作结束后,弹头母舱分离并开始工作。在达到预定的弹道式瞄准点高度时,MK500 弹头与母舱分离,并在环境保护系统的保护下顺弹道式弹道再入。借助一个计时装置使弹头再入到某一计算高度,这时使机电控制分系统开始工作,启动解保系统和引信系统,抛掉头部的环境保护系统,使弹头开始机动飞行。

MK500 弹头的作用是以低攻角再入,使弹头能从敌方反导雷达探测不到的低空进入目标区,因此 MK500 又称为低攻角再入机动弹头。弹头前部弯曲的角度是固定的,因此它能提供的升力数值也是固定的,但升力的方向可以通过滚转弹头得到改变。弯头布局的再入飞行器只能始终不断地进行机动飞行,而无法做直线运动,因此它不得不牺牲更多的能量以进行机动,躲避敌方高性能低拦截导弹的拦截。同时,其弯头使得弹头打击位置不够精确,升力的数值不能改变,因此升力方向上只能有较小的机动修正能力，不能实现高精度所要求的机动。它实际上是靠牺牲一定的精度来换取机动能力的。

MK500 于 1975 年进行飞行试验，共试验了九次，成功了八次。前五次用退役的民兵导弹运载，验证方案可行性；后四次装在三叉戟 Γ 形导弹上进行，验证与导弹及导弹武器系统的协调性。MK500 飞行试验的目的是了解端头组件的热结构特性、弹头的气动特性及制导与控制系统的性能，除此之外，还进行了射频天线穿透等离子鞘的实验。飞行试验中测量的数据及推导得出的数据包括力和力矩系统、稳定性导数、表面压力（平截头体、底部）、端头后退量、平截头体后退量及厚度方向的温度、边界层转捩（由温度响应得出）。MK500 的飞行试验提供了不同马赫数和不同攻角下弹头的气动力与气动热数据，包括真实气体化学效应、高雷诺数、边界层质量附加和烧蚀外形变化等数据，但数据的测量精度还不高。

第三代机动弹头是空军研制的先进机动弹头（AMaRV）[21-23]。20 世纪 70 年代初，空军在研制成分导多弹头后也开始考虑发展机动弹头。空军认识到，要使机动弹头能够装备战略地地导弹，机动弹头必须具有较高的精度，起码要和分导式弹头的精度相当；弹头要小，使一枚导弹能携带多个机动弹头。空军还希望机动弹头采用控制翼的控制方案。当时要研制出这样的机动弹头困难还是很大的，比 MK500 要难得多。因此，空军一方面开展单项预研工作，如研制小型加固惯性平台、小型化电子组件等；另一方面制订了几个探索性的计划。1970 年制订的先进控制试验（advanced control experiment, ACE）计划研究控制方案和解决气动问题，为 AMaRV 的研制奠定基础。还用两个小计划来支持 ACE 计划，即小型躲避者试验（SEE）计划和小型躲避者飞行器（SEV）计划。SEE 计划试验双锥外形的小弹头，这种弹头依靠双旋转接头头部（double swivl nose，DSN）来实现机动飞行。SEE 计划要求用小型试验火箭将弹头从犹他州的格林河射向新墨西哥州的白沙靶场，以验证 DSN 控制方案的可行性。SEV 计划选用 ACE 的缩比弹头，用来验证 ACE 的另一种控制方案——SWF 控制翼。

为了提供 ACE 试验弹头设计所需的参数，曾经进行了广泛的地面试验。通过各项试验获得了马赫数 3～19 时在层流和湍流边界层情况下带削面和控制翼的钝锥与双锥数据，以及表面压力、传热、力和力矩系数，还得到了球形与非球形、对称与非对称的端头钝度对当地气流特性和气动系数影响的数据。

从 ACE 试验弹头地面风洞试验用的模型尺寸（一个是 37.5%缩比模型，长为 760 mm，底部直径为 199.4 mm；另一个是 30%缩比模型，长为 607 mm，底部直径为 159.5 mm）可以大致推测出弹头全长约为 2 025 mm，底部直径约为 532 mm。

风洞试验早期选用的弹头气动外形是单削面或双削面单锥体,后期转向单削面或双削面双锥体。控制翼曾试验梯形和矩形控制翼。

ACE 试验弹头由麦克唐纳·道格拉斯公司承包,最初计划试验两枚,后来增加了一枚。它采用带凯尔福特公司惯性参考装置的预编程序的开环制导系统,通过姿态参考系统、自动驾驶仪、加速度表和速率测量装置进行开环制导。

ACE 试验弹头 1974~1976 年共进行了三次飞行试验。飞行中测量的参数及推导得出的参数有力和力矩系数、控制效能参数、表面压力、表面温度、后退量和厚度方向的温度及边界层转捩。第一次飞行试验选用的是控制翼控制的单锥体。虽对气动效应估算得不准确使得弹头折断,但还是获得了一些有用的数据。麦克唐纳·道格拉斯公司负责 AMaRM 计划的经理马吉尔说,“ACE 弹头是在空气动力学未能很好探索的环境条件下(超出现有风洞的能力)飞行的。ACE-1 弹头虽然未能到达地面,但是飞到相当低的高度才折断。这次飞行提供了适当的飞行试验数据,由此可以确定需要往哪方面去努力”。从第二次试验开始,弹头外形由单锥体改为双锥体,用以改善稳定性能和控制效能。第二次飞行试验获得了成功,成功确定了机动弹头在 91 km 以下所遇到的环境。但在 1976 年进行的第三次飞行试验由于助推器和弹头的对接部分故障而失败,弹头也未能找到。

1974 年,美国在执行 ACE 计划的同时,还制订了一个精确制导的弹头(Precision Guided Reentry Vehicle, PGRV)计划,计划在 1975~1980 年财政年度总投资 1.85 亿美元来研制这种 PGRV 并进行飞行试验。PGRV 类似美国目前开始在西欧部署的潘兴Ⅱ导弹的机动弹头,是以通过机动达到高精度为主要目标的。PGRV 装有终端位置修正装置,可以在弹道末段修正位置误差。研制这种弹头的难度大,短期内不易实现,因此美国在 1974~1975 年对 PGRV 计划进行了一番研究以后放弃了这个计划,决定先研制难度较小的 AMaRV。

AMaRV 计划于 1975 年开始执行。这种机动弹头实际上是一种中段(mid-course)制导或修正的机动弹头,能够达到与弹道式弹头类似的精度。斯莱将军 1976 年在国会作证时指出,“我们曾在末制导或寻的技术方面做出努力。这种技术与机动弹头结合就是精确制导的机动弹头。AMaRV 毕竟不是这样的弹头,在 AMaRV 上并没有寻的装置”。他在回答精确制导的机动弹头何时有可能进行飞行试验的问题时说,“我甚至猜也猜不出来”。

1976 年 1 月开始审查 AMaRV 的方案,1976 年 5 月开始设计,1976 年 7 月开始制造,共生产了四枚,一枚用于地面工程试验,三枚用于飞行试验。AMaRV 与 ACE 的不同之处在于,AMaRV 装有完全自主的导航系统和数字式自动驾驶仪,使得操纵与控制都非常迅速,而 ACE 仅采用开环制导。虽然 AMaRV 和 ACE 一样都是按预定程序工作的,但 AMaRV 可以在飞行期间自动改变弹道以补偿气动效应或控制系统可能出现偏差而下降的精度。

斯莱将军明确指出:"高级弹道再入系统计划的先进机动弹头(AMaRV)是通过改变迎风面控制翼的位置进行控制的,因此 AMaRV 能够在高空机动,在两次机动之间拉平飞行并且能在低空机动时保持足够的速度。"

AMaRV 按计划要求应在 1979 年 6 月~1980 年 9 月进行三次系统级飞行试验,以验证躲避式机动的性能和确定再入系统的精度。三次系统级飞行试验都用退役的民兵导弹运载,射向夸贾林岛。表 3.2 列出了这三次系统级飞行试验的主要试验内容。

表 3.2　AMaRV 飞行试验的主要试验内容

试验项目	第一次	第二次	第三次
空气动力机动	不同攻角和马赫数	最大攻角和驻点压力	最大侧向加速度、攻角和驻点压力
制导	小型加固惯性平台	小型加固惯性平台	小型加固惯性平台
噪声和振动	测量环境	测量环境	—
被动式端头	测量外形变化	测量外形变化	测量外形变化
等离子体	天线耦合	—	—
休眠型惯性导航系统	—	鉴定激光陀螺	—
星光传感器	—	—	鉴定制导系统的改进

AMaRV 的首次飞行试验原定于 1979 年 6 月进行,后来推迟到 1979 年 12 月 20 日进行。准备在飞行中测量的参数及推导的参数有力和力矩参数、稳定性导数、控制效能参数(控制翼载荷、铰链力矩、控制翼偏转角等)、端头的力和力矩系数、端头后退量及外形、表面温度(平截头体、控制翼、底部)、表面压力(平截头体、控制翼、底部)、后退量及厚度方向的温度(平截头体、控制翼)、声压(平截头体)、振动(平截头体和控制翼)及边界层转捩(由温度响应得出)。运载火箭出了一点问题致使弹头与第三级分离后在不稳定的状态下再入大气层。弹头一直工作到靠近预定落点时地面接收不到遥测信号为止。原计划规定的几次机动并没有完全完成,只达到了试验目的的 50%~75%。弹头先试验了俯冲转弯,但效果很有限,因为此时弹头机动的高度还太高,而且弹头还没有来得及完全稳定。后来又试验了将弹头拉起,不过原定的最后向下俯冲无法实现,因为这时弹

头的控制系统确定弹头已超越预定的落点，所以只好让弹头进行惯性滑行。弹头最后飞越夸贾林岛落入海中。这次飞行的特殊弹道使得弹头的外形变化最小，因此弹头未能经受严峻的考验，但这次飞行却提供了有用的不同马赫数和不同攻角下的弹头气动力与气动热性能数据。飞行遥测数据表明，等离子体开始出现的时间大约是 1 657 s，持续了 11 s，但没有造成通信中断。

第二次试验携带环形激光陀螺组件进行飞行鉴定，以便考虑今后是否有可能将激光陀螺用于惯性导航系统。采用激光陀螺的惯性导航系统又可称为休眠型惯性导航系统。这种系统的成本低，又可以在平时"休眠"，即在陀螺不用时可以断电使其休眠，需要使用时再通电工作，因为陀螺所需的加温时间极短。在 AMaRV 的第二次飞行中两套系统都工作，惯性平台直接向控制系统提供数据，而环形激光陀螺测得的数据传给地面，供试验后进行比较和鉴定。两套系统都按相同的受力条件和使用要求进行设计。在第三次飞行试验中还要试验星光传感器，以便改进制导系统、进一步提高精度；第三次飞行试验用的 AMaRV 在结构上还计划用一些复合材料结构以减轻重量。第二和第三次飞行试验原定于 1979 年 11 月和 1980 年 10 月进行，实际上分别推迟到 1980 年和 1981 年进行。关于这两次飞行试验迄今极少见公开报道，结果如何尚不清楚。这三次试验用的 AMaRV 还是相当重的，超过了预计重量。AMaRV 高级发展计划于 1981 年 11 月全部结束。

美国第二、第三代机动弹头都是针对导弹型号的需要研制的。第二代的 MK500 弹头已经完成了上型号的一切准备工作。一旦决定研制就可以在短时间内开始装备使用。但 MK500 的精度还比较差，当时还只能用于三叉戟 I 型导弹。要使 MK500 能用于三叉戟 II 型导弹在当时还需做不少工作，特别是，要进一步提高精度。第三代的 AMaRV 只能说基本上完成了上型号的准备工作。

美国第三代机动飞行器探索了各类再入机动方式，总结如下：射流方式储能机构相对庞大，无法抵御巨大的气动干扰；变质心方式机动能力有限，动态响应品质差；空气舵控制方式虽然需解决高超声速条件下舵-体干扰气动特性，以及空气舵的防隔热等问题，但结构质量、动态品质和机动能力均为三者最佳，使其成为工程研制得以广泛应用的再入机动方式。

2. 苏联/俄罗斯

苏联在机动弹头技术方面进行过大量的研究[21]，但是公开报道的资料很少，因此关于苏联机动弹头技术的发展情况人们知道的不多。据报道，俄罗斯最近部署的白杨-M 洲际弹道导弹采用了比较先进的机动弹头技术。

虽然白杨-M 导弹[35]是单弹头导弹，但是具有改装成可带 3~4 个分导式多弹头导弹的能力。白杨-M 导弹弹头的核爆炸失效距离为 0.5 km，显著提高了抗核爆炸拦截的能力。同时，俄罗斯还多次称，白杨-M 导弹弹头具有机动再入能力或特殊飞行弹道，使国外目前研制的弹道导弹防御系统难于拦截。美国空军声称，根据其对白杨-M 导弹各次飞行试验的监测，还不能证实白杨-M 导弹弹头已经进行了机动再入能力或特殊飞行弹道的飞行试验。但是，对白杨-M 导弹和 SS-25 导弹的对比与其他分析显示，白杨-M 导弹弹头很可能应用了机动再入技术。首先，白杨-M 导弹的整流罩外形和投掷质量均比 SS-25 导弹大，而两者弹头的威力一样，这说明白杨-M 导弹弹头与 SS-25 导弹弹头有所不同。其次，白杨-M 导弹是俄罗斯 21 世纪的陆基标准战略型号，在其研制之初的 1993 年，美国已经提出发展国家导弹防御系统的计划，因此白杨-M 导弹有应用弹头机动再入技术提高突防反拦截能力的需求。再次，俄罗斯已拥有较为成熟的战略弹道导弹弹头机动再入技术基础，苏联时期曾用 SS-18 导弹进行机动弹头的飞行试验。俄罗斯称白杨-M 导弹具有机动再入能力，而美国空军通过对飞行试验的监测认为白杨-M 导弹未进行机动再入试验，说明白杨-M 导弹很可能应用的是经过飞行验证的较成熟的技术。苏联曾用 SS-18 进行 10 次机动弹头的飞行试验，这种机动弹头有以下一些独到的特点。

（1）采用高压气瓶、液压作动筒移动铀 238 核装置的位置，即以改变弹头质心的方法产生机动飞行控制力的控制力矩，实现弹头的位置修正，弹头尾部还装有 8 个用于调姿的径向喷管。这种方法有利于保持弹头良好的空气动力外形，避免了采用空气舵方式所带来的许多问题。

（2）采用在大气层外进行目标特征匹配的雷达地图匹配制导技术。这种方法不仅避免了弹头高速再入大气层后形成“黑障区”对地图匹配的影响，保证了精度，而且避免了在大气层内进行地图匹配所需的弹头拉平减速，提高了弹头的突防能力。

（3）可以根据弹头打击区域反导系统防御能力预先装定机动程序调整机动范围。弹头最大机动范围是以标准弹道为中心直径 5 km 的圆，可进行纵向机动和侧向机动。但是，该弹头比 SS-18 导弹所用纯惯性分导式弹头重得多，质量在 1 500～1 600 kg。

该机动弹头采用地图匹配精确末制导体制，进行地图匹配的探测雷达是大功率毫米波雷达，雷达天线位于弹头侧边。雷达天线与弹头之间用导轨连接，天线与弹头分离时利用轴向力从导轨滑出，以防止产生影响弹头精度的脉冲干扰力。

机动末制导弹头和导弹母体的分离方式与一般惯性弹头相同，当弹头飞行到 120 km 高度时,雷达天线开始工作,利用打击目标附近(最大距离约 100 km)特征显著的地形、地貌,如河流、湖泊、金属桥、铁塔等,实现目标地图匹配。目标地图匹配完成后,以高压气瓶为动力源的控制系统对弹头进行调姿和位置修正,然后抛掉弹头上雷达天线及高压气瓶,此时弹头位于飞行高度约 90 km 的再入点。弹头再入后可直接飞向目标,也可进行突防机动飞行。当不进行突防机动飞行时,弹头的命中精度为 CEP≤60 m;当进行突防机动时,弹头的命中精度为 CEP≤100 m。

3.2.3 发展方向

第四代再入飞行器的设计,以高机动、精确打击为主要技术方向,其中最具代表性的非潘兴Ⅱ[36-39]莫属。

潘兴Ⅱ是潘兴ⅠA 的发展型,具有摧毁前华沙条约国(包括苏联)的指挥所和交通枢纽等硬目标的能力。潘兴Ⅱ于 1974 年开始预先研究,经过潘兴ⅠA 对其弹头末制导进行 5 次验证性飞行试验后,1978 年 12 月开始全面工程研制,于 1982 年 7 月~1982 年 9 月完成了 18 次研制性飞行试验,1983 年底开始在联邦德国部署,逐步取代潘兴ⅠA。到 1985 年 11 月,在联邦德国部署了 108 枚,在美国部署了 42 枚。潘兴Ⅱ属于美国、俄罗斯 1987 年 12 月签署的"关于销毁两国中程和中近程导弹条约"规定要销毁的武器,随着 1988 年该条约的正式生效开始销毁,到 1991 年 6 月已全部销毁。

1. 主要战术技术指标

射程:最大为 1 800 km,最小为 160 km;

命中精度:约 40 m;

可靠性:80%;

弹长:10.50 m;

弹径:1.0 m;

翼展:2 m;

起飞质量:7.46 t;

弹头:W-85 核弹头,1.36 t,10~20 kt TNT① 当量;

制导:惯性制导加雷达相关末制导;

控制:摆动喷管加空气舵控制;

① 1 t TNT=4.18×10^9 J。

发动机：级固体火箭发动机，端羟基聚丁二烯推进剂；

发射方式：陆地机动发射。

2. 布局与结构

潘兴Ⅱ导弹外形与潘兴ⅠA相似，但长度稍短，第一级尾部安装4个三角形尾翼，2个固定，另2个可动，弹头群部安装4个空气舵，去掉第二级的3个矩形空气舵。

3. 动力装置

潘兴Ⅱ导弹采用两级赫克里斯航空航天公司研制的新型固体火箭发动机，其主要特点有以下方面。

(1) 发动机壳体及各裙段用质量轻、强度高的凯夫拉纤维缠绕制成，结构质量轻；

(2) 采用端羟基聚丁二烯推进剂，固体组分含量高达90%，比冲高、力学性能好、成本低；

(3) 第一、第二级发动机比潘兴ⅠA分别多浇注了1217 kg和911 kg推进剂，延长了发动机的工作时间；

(4) 发动机采用单个柔性摆动喷管，喷管出口段用碳酚醛制造，喉部有石墨喉封，喷管柔性摆动部位用硅酮柔性密封件密封，摆动喷管的操纵力大、质量轻、比推力损失少；

(5) 第二级发动机有推力终止系统，当导弹飞行达到预定速度时，根据制导系统指令打开发动机前封头上的三个推力终止口，来终止发动机的推力。

4. 制导与控制

制导系统由惯性制导系统和雷达区域相关末制导系统组成。惯性制导系统主要用于主动段制导和配合末制导系统完成末段制导。

潘兴Ⅱ在大气层中飞行时飞行姿态通过摆动发动机喷管和空气舵控制，弹头在大气层外飞行时则通过弹头中安装的冷气反作用控制系统控制。推动喷管摆动和空气舵偏转的液压作动系统与潘兴ⅠA的类似，仍为组合式自容液压作动系统。导弹反作用控制系统由1个高压氮气瓶，4个推力为8.8 N的俯仰、偏航姿态控制喷管和4个推力为4.4 N的滚转姿态控制喷管组成。高压氮气从气瓶中引出，经过调压阀调压，并由电磁阀控制通过喷管排出，产生操纵力。喷管以脉动方式工作，脉冲时间为0.035 s，总冲量为510 N·s。

5. 弹头

潘兴Ⅱ弹头呈细长锥体，长为1.5 m，直径为650 mm，由前段、中段和后段三部分组成。三段通过快速配合接头可快速连接。前段为雷达天线整流罩,长约 1 m,直径约 460 mm,它由端头帽、天线罩本体和连接环框三部分组成。中段为弹头段,是一个铝合金截锥壳,外面用石棉酚醛防热层保护,内部安装核弹头。后段为制导控制与过渡段,均为铝蒙皮加整体焊接隔框硬壳式结构,内部装有惯性制导装置、计算机、数字相关管及有关的电子元件和液压作动系统、反作用控制系统、冷却系统、分离系统及电缆等,壳体外面安装四个空气舵。核装置代号为 W85,是 B61 航空核弹的派生型,可空爆和地爆。弹头内有连接电路和弹头安全系统、解保与引信系统,并装有密码锁,只有用国家指挥当局发出的密码,才能使核弹头解保。核弹头质量为 662 kg,威力为 10~20 kt TNT 当量,可大大减少对居民的附带杀伤。此外,还试验过 W86 钻地弹头。

6. 使用与装备

导弹发射后,按助推段、中段和末段三个阶段飞行。图 3.15 给出了潘兴Ⅱ发射示意图。助推段包括第一级工作、无推力滑翔和第二级工作三段。导弹在此阶段飞行通过惯性制导系统控制和两级发动机摆动喷管及一级与弹头上的空气舵操纵。

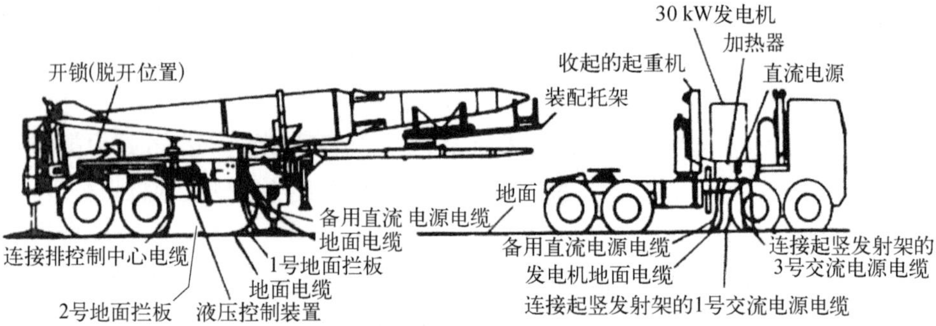

图 3.15 潘兴Ⅱ发射示意图

弹道中段是指从弹头分离直到末段开始。弹头在中段主要在大气层外飞行,最大高度约 300 km,最大速度约 12 倍声速。当开始中段飞行时,弹头向目标方向俯仰飞行,为再入调定方向并缩小弹头的雷达反射面积。弹头中段飞行姿态在冲出大气层前通过弹头群部的空气舵控制,在大气层外则由反作用控制系统控制。

弹头下降到目标上方的预定高度,就开始末段飞行。首先,在惯性制导系统控制下进行速度控制机动(拉起和下压),以降低再入速度和躲避反导弹拦截。其次,抛掉天线整流罩,弹头朝目标方向机动。大约在 15 km 的高度,雷达相关器系统开始工作，天线以 2 r/s 的速度绕垂直稳定轴转动，对目标地区的地形进行扫描（两转中的一转用于判别飞越地形，另一转用于确定飞行高度）。天线扫描范围在 0~4 500 m，高度为 0~35 km。雷达提供高度修正和图像回波信号，计算机将雷达图像变成目标区的数字图像。雷达相关器将此实测图像与预贮基准图像进行比较，得出击中目标所需位置修正量，依此修正惯性制导系统。惯性制导系统产生操纵弹头的操纵指令，并发给空气舵系统，空气舵系统按照指令操纵弹头飞向目标。这种搜索、比较、修正过程在弹道末段要进行几次，一直达到约 900 m 高度位置。最后，弹头沿弹道直接冲向目标。如果雷达相关器由于某种原因未能工作或雷达相关器数据有误，则惯性制导系统继续引导弹头飞向目标，但精度要低得多。

7. 发展与改进

潘兴Ⅱ在潘兴ⅠA 的基础上采用了许多新技术，使性能得到明显提高。例如，采用新型固体火箭发动机，其射程由潘兴ⅠA 的 740 m 增加到 1 800 km，使投掷质量由 570 kg 增加到 1 360 kg；采用雷达区域相关末制导系统使导弹的命中精度由潘兴ⅠA 的 370 m 提高到约 40 m，使得导弹可采用较小当量的核弹头或常规弹头打击硬目标，并减轻对居民区的伤害程度；通过改进和简化发射与控制设备，使地面设备车辆与电缆减少近 30%，每个导弹营的人数由潘兴ⅠA 的 1368 人减至 938 人，减少约 31%，使用费用减少了 25%，发射准备时间由潘兴ⅠA 的 15 min 缩短到 5 min，同时，导弹的生存能力也得到了大幅度的提高；在战地增设了基准图像生成设备，使导弹可随时改变攻击目标，增强了使用的灵活性。

潘兴Ⅱ在 1982 年 7 月~1983 年 10 月完成的 18 次飞行试验中，发动机装药抑制剂失效、弹头空气舵液压作动系统液压泵故障、推力终止固定环安装不当和自毁装置电路短路等导致 4 次飞行失败，后经过改进设计与工艺使问题都得到了解决。1984 年 5 月在冷冻环境下进行验证飞行试验时，低温导致雷达电路中的噪声增大，干扰了制导系统，使弹头失去控制跌落到大西洋中，造成了又一次失败，后经过更换计算机软件，提高接收噪声的临界值，使此问题也得到了解决。到了 1985 年 1 月 11 日，在从包装容器中起吊第一级时，摩擦在低温、低湿度环境下产生静电，推进剂对静电放电敏感而发生爆炸，造成 3 人死亡、9 人受伤的重大事故，经过对发动机、运输容器、起竖发射设备等进行涂漆与接地处理后才解决了问题。仅修改处理工作就耗资 5 100 万美元（1985 年币值）。

尽管潘兴Ⅱ3 年内出现了几次事故，但它仍是世界上先进的中程弹道导弹。虽然导弹已被全部销毁，但其先进技术仍会被移植到允许发展的导弹武器中。

3.3 高超声速空气动力学的发展与支撑作用

这一时期,高超声速空气动力学在航天飞机和机动弹头的驱动下也经历了蓬勃的发展。在 20 世纪 50~60 年代,确立了高超声速无黏流理论和气动力的工程计算方法;20 世纪 60 年代初,高超声速流动的数值模拟也得到了迅速的发展,通过研究发展了高温气体动力学、高速边界层理论和非平衡流动理论;由于高温条件下会引起飞行器表面的烧蚀和质量引射,所以发展了高温气体多相流。除了空气动力学学科本身的发展支撑了航天飞机和机动弹头的研究,还有颠覆性概念的提出,其中最为著名的就是哈维·艾伦钝头体概念的提出[40]。

哈维·艾伦钝头体概念使 20 世纪 50 年代开始进行的高超声速飞行成为可能。哈维·艾伦先后在 1932 年和 1936 年获得了斯坦福大学的学士学位和硕士学位,1936 年加入 NACA 兰利航空实验室,1940 年,他因偶然机会与其他同事一起被派往加利福尼亚州刚成立的 NACA 埃姆斯实验室,并于 1941 年成为埃姆斯研究中心理论空气动力学部的负责人。哈维·艾伦开始思考钝头体概念的准确时间已经无从考证,但他产生这种想法的背景很明确。1951 年,洲际弹道导弹开始成为重要的军事项目,NACA 启动了支持这个项目的高超声速研究。当时,洲际弹道导弹的设计师面临的主要问题就是限制载荷、匹配火箭发动机的推力。这个问题在很大程度上属于气动加热领域,因为防热结构质量每增加 1 kg,导弹的有效载荷就会减少 1 kg,减轻放热结构的质量就成了主要涉及目标。需求是创新的源泉,阿尔弗雷德·艾格斯是哈维·艾伦的同事,也是与他一起提出钝头体概念的研究人员。他回忆有一次与哈维·艾伦讨论弹道导弹再入体的设计问题时,哈维·艾伦随口说道,“你知道,它们的外形应该像加农炮弹丸”,钝头体的概念就此诞生。1953 年 8 月,哈维·艾伦和阿尔弗雷德·艾格斯联名发表了保密报告,这份报告包含对钝头体气动加热小于尖头体的相关分析。这份报告于 1957 年解密为 NACA 技术简报,最终完全解密公开的文档编号为 NACA TR1381,题为“高超声速大气层再入弹道导弹气动加热问题的研究”,这份报告时至今日依然是这个领域的重要参考文献。

尽管如此,但钝头体理论刚刚提出时,也并没有立即被接受。当时的传统观念认为洲际弹道导弹返回地表的速度约为马赫数 7,美国空军最初希望设计一种细长锥体,通过很低的阻力满足设计要求。当时,速度越快,外形就应该越修长是一种思维定式,用阿尔弗雷德·艾格斯的话说“钝头体的概念令人难以接受”。但气动加热是防热结构设计的重要影响因素，也是导弹有效载荷的决定性因素。各种研究都表明，钝头体外形可以有效减弱气动加热。哈维·艾伦和阿尔弗雷德·艾格斯在超声速自由飞风洞中的试验也证明了这一概念，通过超声速激波管和其他高超声速风洞试验获得的数据也都指向相同的结论。到 1955 年，哈维·艾伦的钝头体理论得到了认可，并在 1957 年被选为第 21 届莱特兄弟论坛演讲者，在这次大会上发表了题为“高超声速飞行和大气层再入问题”的论文，文中具体阐述了气动加热和高超声速钝头体的相关研究。

3.4　高温防隔热技术的发展与支撑作用

3.4.1　发展需求

天地往返飞行器和再入飞行器在防隔热、结构的轻质及可重复使用方面提出了明确的需求。单级入轨的空天飞机要求材料与结构的质量轻（要求结构质量与起飞质量的比值达到 0.15），并能够反复承受高温载荷。美国航天飞机特别对重复使用性能提出明确要求，设计要求系统重复使用 100 次。

在轻质和可重复使用需求的同时，这一时期对热防护系统及防热材料的耐温性能有着更高的要求。X-30A 机翼前缘的温度预计将达到 1 926℃；X-33 再入温度预计最高为 1 175℃，防热板预计会受超过 1 000℃ 的高温，头锥处的最高温度预计可达 1 200℃；美国航天飞机在发射和再入大气层时，要经受 1 648℃ 的高温；X-37B 在外形上与航天飞机很相似，但其气动外形几何尺寸更小（约是航天飞机的 1/4），再入速度高达马赫数 25，其气动加热更为严重。

为满足重返大气层的需要，飞行器在再入过程中需要面临更大的热挑战。必须采用强而有力的防热措施，只有开发能够作为热屏障的新型防热材料，才能确保飞行过程中飞行器的结构温度保持在可接受的范围内（176℃ 以下）。

在这一时期，对先进防热材料的研发是诸多项目面临的最大挑战之一，随着各型号项目的推进，先进耐热材料方面已经取得了重要的进展。

3.4.2　发展概况

传统的热沉式防热系统由于防热效率有限，难以满足新形势下航天飞机和再入飞行器任务的防热需求。因此，以碳/碳复合材料和碳/碳化硅复合材料为代表的热结构及以隔热瓦为代表的隔热防热系统得到了长足的发展（表 3.3）。

表 3.3 高超声速飞行器被动热防热系统分类

	防热系统类型	主要特点	最高工作温度和应用部位
	热沉式防热	利用材料自身的热容吸热来防热,结构简单,但效率较低	应用范围有限,曾用于美国X-15试验飞行器
热结构	C/C 热结构	利用材料的高辐射率散发热量,材料必须具有优良的高温强度,技术成熟,但成本较高	<1 650℃,已用于美国航天飞机端头帽、机翼前缘、尾翼,是多项航天计划的首选方案
	陶瓷基复合材料热结构	与 C/C 材料性能相似,高温下抗氧化性能更好,但尚不十分成熟,成本也更高	适用部位同 C/C 复合材料,是多种高超声速飞行器首选防热方案,但正式飞行尚少
隔热防热系统	陶瓷纤维毡	用高硅氧线将陶瓷隔热纤维缝合在陶瓷布之间,形成棉被状隔热层,成本低,重量轻	已用于美国和苏联航天飞机温度低于 600℃ 的背风面;当用于法国 Pre-X 飞行器时,使用温度已达 1 000℃
	陶瓷隔热瓦	将涂覆高辐射率涂层的耐高温陶瓷瓦,下衬应力隔离层后逐一黏接到飞行器表面,成本低,技术成熟,但保养困难	适用于飞行器大面积防热,工作温度达 1 260℃,已用于美国、苏联、日本的航天飞机
	金属隔热瓦	采用高温合金箔、高温合金蜂窝和陶瓷纤维制成多层壁、蜂窝夹层隔热瓦、微层板,强韧性好,连接简单可靠,易维护	适用于高超声速飞行器大面积迎风面,是美国 X-33、"猎鹰"飞行器的主防热设计,"猎鹰"的多层箔使用温度已达 1 650℃

此外,在 X-30A 研制过程中,对于在 982℃ 以上温度工作的结构,还考虑采用被动冷却或主动冷却。因此,研究了三种冷却方法,即热管冷却、对流冷却和发汗冷却。对头部与前缘研究了热管冷却的技术。热管在空间失重条件下的工作能力已在 1984 年航天飞机的飞行中得到了证实。普·惠公司已对头部整流罩模型进行了热管性能模拟试验。对空天飞机的某些部位研究了对流冷却,考虑用多层带孔薄板制成部件,在部件内部形成孔与通道的冷却网络。还研究了**氢浆发汗冷却**,对驾驶舱、机身结构部件及超声速燃烧冲压喷气发动机进行主动冷却。氢浆不需要在高压下贮存,密度较大,用作燃料有利于减小燃料箱的尺寸与质量,因此倾向于用氢浆而不用液氢作燃料。

热管结构中的工质在受热最严重的部位吸收热量,并汽化流向较冷端冷凝后排出热量,最后工质又依靠毛细作用渗过管壁,返回严重受热区循环使用,该结构适用于局部加热严重而相邻区域温度较低的部位。

对流冷却燃料(或冷却剂)在冷却结构的通道或管路中进行流动,将受热严重部位几乎全部的热量吸收并带走,仅有极少部分热量被辐射。如果冷却剂就是燃料本身,则吸收的热量将用于预热燃料,因此这种系统实质上是一种再生冷却系统。

在天地往返飞行器和再入飞行器领域,美国发展了以 X-30A、X-33、X-37B 和航天飞机为代表的飞行器。欧洲发展了以 IXV 为代表的飞行器。表 3.4 给出了代表性飞行器结构选材特点。

表 3.4　代表性飞行器结构选材特点

型号	任务特点	防隔热技术	突出贡献
X-30A	是国家空天飞机项目的硬件试验平台,是一种吸气式、单级入轨飞行器。其验证的技术可使美国开发出可在大气层中以高超声速飞行或者作为空间飞行器将有效载荷送入轨道的新型飞行器	开展了轻质耐高温材料的研制工作,通用动力公司着重发展难熔材料,主要是碳/碳复合材料;罗克韦尔国际公司和普·惠公司着重发展钛铝互化金属;麦克唐纳·道格拉斯公司的重点是碳化硅纤维增强的钛铝互化金属基复合材料;洛克达因公司的重点是高热导率复合材料,主要是石墨长纤维增强的铜基复合材料	虽然 X-30A 在真正制造出以前该项目就被取消了,但在先进耐热材料方面已经取得了重要的进展:非结构碳/碳复合材料的抗氧化涂层通过了 100 多次温度循环试验;钛铝互化金属的室温韧性可提高 20%;碳化硅纤维增强的钛铝互化金属基复合材料已进行了数百次温度循环试验,甚至在纤维表面的涂层上都没有发现有明显的裂纹
X-33	将通过设计、制造和试飞一架 50% 缩比亚轨道先进技术演示验证机来开发单级入轨技术。人们期待它能对可重复使用单级入轨运载器所需的技术进行飞行演示验证,包括防热系统、复合材料低温燃料储箱,以及混合塞式火箭发动机等	X-33 及覆盖其上的隔热瓦是用非常规材料制造的,隔热瓦的设计满足了 X-33 总体外形约束(共 1 309 块),包括单曲率上表面、圆筒形侧壁段、平整的下表面、平坦的尾部、简化的机身襟翼设计及球形头锥等,它的外形基于隔热瓦,最小曲率半径大于 0.304 8 m。头锥和翼面前缘覆盖以碳/碳隔热瓦,机身上表面覆盖的是 17 块	X-33 形成了通用关键性技术:耐久性防热系统

（续表）

型号	任务特点	防隔热技术	突出贡献
		FRSI 和 AFRSI 石英毡隔热壁板，镍基高温合金 Inconel-617（适用于 700～900℃）和钛合金 Ti-110（使用温度低于 700℃）壁板加隔热层对下表面提供热防护	
美国航天飞机	是世界上第一种往返于地面和宇宙空间、可重复使用的航天运载器。按设计要求每架轨道飞行器可重复使用 100 次，每次最多可将 29.5 t 有效载荷送入 185～1 110 km 近地轨道，将 14.5 t 有效载荷带回地面。轨道飞行器可载 3～7 人，在轨道上逗留 7～30 天，进行会合、对接、停靠，执行人员和货物运送、空间试验、卫星发射、检修和回收等任务	航天飞机使用了大量 SiO_2 纤维制成的可重复使用隔热瓦来抵御 320～1 450℃ 的高温环境。高温段（650～1 260℃）采用厚制隔热瓦并涂覆硼硅酸盐陶瓷涂层，用于前部机身、中部机身下表面、机翼下表面、垂直尾翼的前后缘等部位；低温段（370～650℃）采用较薄制隔热瓦，用于舱门和底部机身；在工作温度较低（低于 400℃）的部位，如中部机身和尾部机身侧面、上翼面等部位，采用柔性防热毡防护；对于端头帽和翼前缘等高热流部位（>1 250℃），采用增强 C/C 材料进行热防护	—
X-37B	是继航天飞机后美国发展最成功的跨大气层飞行器。其主要目标是研制一种高可靠性、可重复使用的无人空间机动飞行器（Space Maneuver Vehicle，SMV）的技术验证机	与航天飞机的热防护系统相比，X-37B 最突出的特点是采用了新型的热结构材料。包括飞行器的翼前缘首次使用了新型的更薄、更轻和韧性更强的增韧单体纤维抗氧化陶瓷瓦，可以承受再入大气层时超过 1 700℃ 的高温，其性能超过航天飞机机翼前缘使用的碳/碳材料；机身采用了轻质复合材料结构，其热防护能力更强，并且可重复性更好；还采用了强化单体纤维隔热瓦、先进的共形可重复使用防热毡等新型防热材料	—

（续表）

型号	任务特点	防隔热技术	突出贡献
IXV	欧洲空间局 IXV 项目的目的是验证欧洲升力体飞行器进行高超声速无动力机动再入飞行方面的能力，发展满足欧洲未来地球低轨道自主控制返回任务需要的飞行试验技术和关键系统。该飞行器同样可以作为一种用于飞行器子系统和系统飞行考核的测试平台，并为基础高超声速气动热现象提供另一种数据来源，用以确认工作、数据库和设计过程	IXV 防隔热系统由三个主要部分组成，即陶瓷基复合材料外壳、隔热材料、连接系统。防隔热系统的外壳由 C-SiC材料构成。迎风面有 30 个面板，由带有一体编织成型的筋和支架的薄外壳组成，鼻锥采用了带有一体编织成型的筋和支架的单块 C-SiC 部件。每块面板和鼻锥均装配隔热材料。根据材料的密度、最大使用温度和隔热效率，从靠近外表面的氧化铝毡到靠近冷结构的硅气凝胶，选择不同的材料	—

在实际应用于 X-33/RLV 之前，要制造出陶瓷和金属 TPS 试验件，并对其进行热试验和各种环境试验（声、风/雨、霜/冰、冲击等）。其实，早在 1999 年初，Inconel 合金瓦、先进可重复使用柔性隔热毡（AFRSI）及密封材料等已由古德里奇航天/航空材料公司开发并宣布可以投入使用，并安装在改装过的 F-15B 机腹上的飞行试验吊舱上，经历了 6 次最大飞行速度为马赫数 1.4、飞行高度为 10 972.8 m 的飞行试验。针对 X-33 飞行器，在 NASA 兰利研究中心、艾姆斯研究中心、约翰逊航天中心完成了 940 h 风洞补充试验，并在罗尔公司模拟了 X-33 再入时以马赫数 13 的速度在 91 440 m 高度飞行时的环境。此外，还进行了防热板配合试验，以检验能否方便地安装和拆卸防热板。在 1996 年 5 月 19 日发射的“奋进号”航天飞机第 77 次飞行期间，在其外表面搭载了两块分别由 Inconel-617 和 Ti-110 制成的壁板，并进行热、声学和振动试验。

3.4.3　航天飞机结构/防隔热设计

1. 防隔热方案

美国航天飞机[41-43]绝大部分主体结构采用各种规格的铝合金制成，少量为环氧基复合材料，它们的最高工作温度约为 175℃。因为航天飞机在发射升空和再入大气层过程中，表面不同部位分别要承受 320～1 450℃ 高温环境，所以各个受热部位要采取不同的隔热保护措施，以确保主体结构的温度保持在许可范围内。

美国航天飞机采用非金属型防热材料(图 3.16)。除高热流部位(>1 250℃),如端头帽和机翼前缘采用 C/C 防热系统材料外,绝大部分面积采用了中等或较低工作温度的陶瓷隔热瓦和柔性隔热毡进行防护,所用的陶瓷隔热瓦有 20 000 多块,柔性防热毡为 370 m^2,它们构成了航天飞机防热系统的主体。

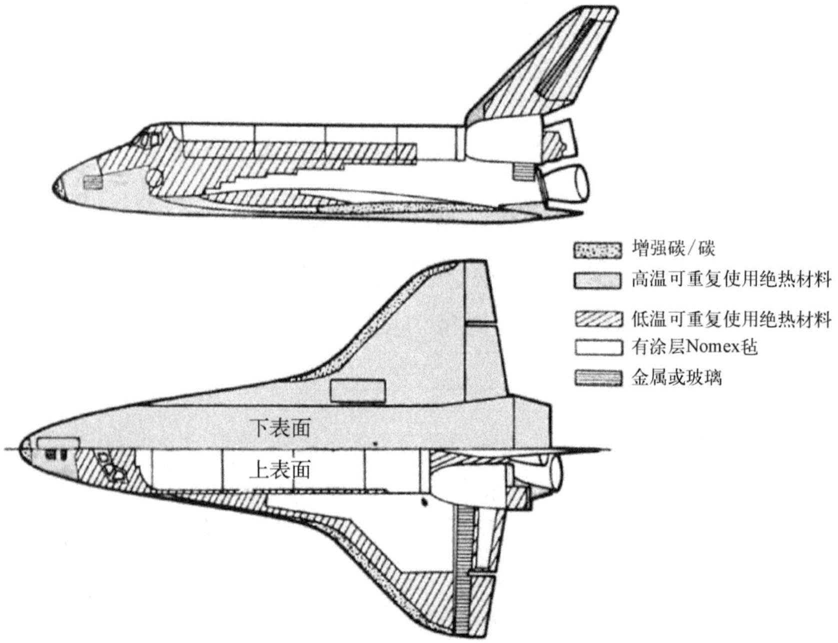

图 3.16　美国航天飞机的热防护系统

1) 陶瓷隔热瓦

陶瓷隔热瓦是美国航天飞机迎风面使用的热防护材料,被视为航天飞机取得的重大成就之一。陶瓷隔热瓦的主要成分为石英纤维,经高温烧结后,纤维之间相互搭接形成多孔结构,赋予陶瓷隔热瓦良好的隔热性能和力学性能。

LI-900 是美国航天飞机应用的标准型隔热瓦(图 3.17),用高纯度超细石英(SiO_2)纤维制成,其工作温度为 370~1 260℃。在载荷较集中的部位使用 LI-2200 隔热瓦,其在 LI-900 基础上加入了 3%的 SiC,因此强度更高。

在标准隔热瓦表面喷涂 400~460 μm 厚的硼硅酸盐陶瓷涂层,再涂防水硅树脂,形成高温(650~1 260℃)可重复使用的隔热材料。涂层呈现黑色,表面的辐射率为 0.85,有利于将热量散发到外界大气层中。HRSI 瓦的尺寸为 15.2 cm×15.2 cm,厚度为 2.54~12 cm,用于航天飞机机身前部、机身中部下表面、机翼下

(a) LI-900型　　(b) LI-2200型

图 3.17　航天飞机使用的陶瓷隔热瓦

表面、垂直尾翼的前后缘等部位。1978 年，美国研制出一种纤维增强复合材料 FRCI-12(fibrousrefractory composite insulation)，基本工艺和原先的瓦相同，表面仍为黑色，由于在 SiO_2 纤维中加入了 20% 氧化铝-硼硅酸盐纤维(NETEL/AB312)，所以其热导率更低、强度更高，而密度仅为 LI-2200 的 55%，适用于温度达 1 260℃ 的区域。从“挑战者号”起，对新建造的航天飞机逐步采用密度更低的 FRCI-12 代替原来的 LI 系列隔热瓦，隔热瓦性能如表 3.5 所示。

表 3.5　隔热瓦的性能

性能		代号		
		LI-900	LI-2200	FRCI-12
密度/(g·cm^{-3})		0.128~0.152	0.320~0.384	0.191~0.216
抗拉强度/MPa	厚度方向	0.165	0.503	0.558
	平面方向	0.462	1.241	1.772
抗压强度/MPa	厚度方向	0.193	0.896	0.91
	平面方向	0.483	1.586	1.827
热膨胀系数/(10^{-7}℃$^{-1}$)	厚度方向	7.2	7.2	12.6
	平面方向	7.2	7.2	12.6
热导率/[W/(m·K)]	厚度方向：21℃，10 Pa	0.014 4	0.031 7	0.0187
	532℃，10 Pa	0.040 4	0.059 1	0.049
	平面方向：21℃，10 Pa	0.063 5	0.105 3	0.076 4
	532℃，10 Pa	0.155 8	0.180 3	0.163
比热容/[J·(kg·K)$^{-1}$]		711.8	711.8	711.8

在防热表面仅涂白色防水涂层的称为低温(370~650℃)可重复使用隔热材料(LRSI),隔热瓦的结构、制造工艺和连接方式均和高温隔热瓦相同,但它的尺寸较大(20 cm×20 cm)、较薄(0.5~3.5 cm),在航天飞机上使用总数约7 000块。

隔热瓦和蒙皮之间设置一层4 mm厚的Nomex应力隔离垫,以防止陶瓷隔热瓦受结构拱曲、膨胀、声振等影响而损坏。每块瓦之间均留有间隙,也采用Nomex将隔热瓦隔离开。

2) 柔性防热毡

在工作温度较低(上升段低于370℃,再入段低于400℃)的部位,采用柔性防热毡(FRSI)防护。其包括上部有效载荷舱门,中部机身和尾部机身侧面、上翼面与轨道机动系统/反作用控制系统舱,约占轨道器表面积的50%,面积超过370 m^2。每块FRSI尺寸为0.9 m×1.2 m,厚为0.4~1.0 cm。毡片由一种名为Nomex的尼龙毡质柔性薄片交错搭接后压制而成,表面有白色硅橡胶涂层,用来防水并使之具有所需的光学性能和热性能,辐射率为0.8,太阳吸收率为0.32,毡片直接粘贴在蒙皮上。

先进可重复使用柔性隔热毡(AFRSI)由SiO_2和纯度为99.7%的非晶高硅氧纤维组成,放在2层高硅氧编织布中间,用高硅氧线缝制成棉被状,厚为1.1~2.4 cm,密度为0.128~0.144 g/cm^3,外表面涂硅质涂层,用室温固化硅树脂直接粘贴在蒙皮上。其从第三架航天飞机开始使用,取代了大部分低温隔热瓦。

采用陶瓷隔热瓦和柔性防热毡的优点是质量轻、成本低;缺点是作业和维护成本过高,每次飞行前这些陶瓷隔热瓦和柔性防热毡的准备工作要花费18 000个工时。

3) 增强碳-碳(RCC)

美国航天飞机再入大气层时,端头和机翼前缘的高热流部位(>1 250℃)温度峰值高达1 650℃,采用增强碳-碳材料板进行热防护,密度为1.66~1.86 g/cm^3,增强碳/碳材料性能如表3.6所示。为了提供氧化抵制并达到重复使用能力,RCC材料的外层换成了SiC,即在1 649℃的氩气气氛下,采用硅蒸气扩散进入RCC材料的外层织物增强体,直接反应生成SiC;为进一步提高抗氧化性,采用由正硅酸乙酯(TEOS)、硅酸钠和石墨纤维组成的密封剂对外SiC涂层进行密封。对于以SiC涂层为主要成分的C/C热防护材料,其耐热温度(也称抗氧化温度)是由SiC涂层承担。SiC材料的高温氧化存在主动氧化和被动氧化之分，在高温高压下生成 SiO_2 流动玻璃质，可实现氧化保护；但是，在 1 700℃以上的太空低压环境中会产生 SiO 气体，加速氧化刻蚀，因此 SiC 涂层抗氧化碳/碳材料的实际使用温度上限是 1 650℃。

端头帽是一片式的整体 RCC 结构，2 个机翼前缘则由 22 块 RCC 板构成。RCC 板的叠层轻而坚固，前缘驻点区的热流可以向温度较低的部位交叉辐射，降低了高热流部位的温度及它们和相邻区域的温度梯度。这些 RCC 板采用一系列浮式接头通过机械方式铰接到机翼前端。每块板上的 RCC 齿密封件可以横向移动，以适应温度不同导致的各种结构的热膨胀差异，还可以用来防止边界层的气流直接进入机翼前缘空腔。RCC 材料的隔热能力较差，和铝合金结构之间要采用 SiO_2 陶瓷纤维罩隔热，因此它并不是真正意义上的热结构材料。RCC 组件用 Inconel 718 高温合金及 A-286 紧固件连接到铝合金翼梁和机翼舱壁上，Inconel 718 高温合金上要采用 Dynaflex 隔热层防热。

这种 RCC 材料通过了 100 次飞行模拟试验，表明了它在 1 650℃下的良好使用能力。其性能列于表 3.6。

表 3.6　增强碳/碳材料的性能

性　　能	温度/℃		
	−157	室温	538
抗拉强度/MPa	58.6	51	52.4
抗拉模量/GPa	13.7	10	10.2
抗弯强度/MPa	103.5	89.6	89.6
热膨胀系数/(10^{-6}℃$^{-1}$)	1.3	1.3	2
热导率/(W/(m·K))	—	6.6	—

3.4.4　X-37B 结构/防隔热设计

1. 防热系统

X-37B[44–50] 的机翼前缘采用新一代耐高温材料（强化单体纤维抗氧化陶瓷瓦），其性能超过航天飞机机翼前缘使用的碳/碳材料。X-37B 端头和机翼前缘为高温区（>1 620℃），机头罩采用波音公司可重复使用陶瓷隔热瓦 BRI，机翼前缘采用强化单体纤维增强抗氧化陶瓷瓦（toughened uni-piece fibrous reinforced oxidization-resistant composite, TUFROC），是一种新型的防隔热一体化材料，可以承受 1 697℃高温。襟副翼、方向升降舵、机体襟翼等控制面，都采用 C/SiC 陶瓷隔热瓦。强化单体纤维的隔热瓦(toughened uni-piece fibrous insulation, TUFI),为X-37B的下表面和邻近下表面的部分侧表面提供大面积热防护。背风面和侧表面防/隔热层采用保形可重复使用隔热毡(conformal reusable insulation, CRI)。图3.18给出了X-37B的防热系统。

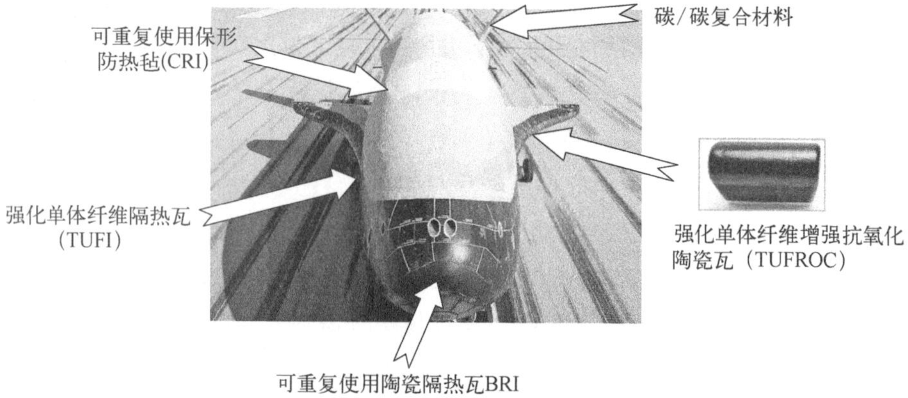

图 3.18　X-37B 的防热系统

1)石墨/聚酰胺一体化机身防热结构

X-37B机身采用一体化的石墨/双马来酰亚胺复合材料夹层结构(图3.19),上面覆盖热防护材料,相对于传统的金属(钢、钛、铝)构架,复合材料构架大大降低了飞行器的质量,也提高了飞行器结构构架的整体防热能力,因此隔热瓦和防热毡的使用量减少。

图 3.19　X-37B 一体化的石墨/双马来酰亚胺机身防热结构

2)强化单体纤维增强抗氧化陶瓷瓦(TUFROC)

与传统的高超飞行器相比,X-37B热防护系统最显著的特点是使用薄层轻质的强化单体纤维增强抗氧化陶瓷瓦(TUFROC),所能承受的最高温度可达1 700℃,但密度只是增强碳/碳材料的1/4。

1995~2005 年,艾姆斯研究中心研制出的强化单体纤维增强抗氧化复合结构材料(TUFROC),是一种双层结构,由两层轻质材料(密度为 400 kg/m^3)组成,内层采用低热导率的氧化铝增强型隔热层(alumina-enhanced thermal barrier, AETB)或航天飞机上使用的 FRCI,其表面涂覆了强化单体纤维隔热涂层,外层则采用含碳耐高温抗氧化陶瓷隔热材料(refractory oxidative resistant ceramics carbon insulation, ROCCI),内层作为过渡层可缓和涂层和基底的热膨胀不匹配,外层起到高辐射抗氧化、抗冲刷作用。

目前,TUFROC 翼前缘可承受的最高温度比表面覆有增韧单体纤维隔热涂层(TUFI)的氧化铝增强型隔热层可承受的最高温度高出 182℃。X-37B 使用的 TUFROC 陶瓷瓦(图 3.20),其含碳盖帽用耐高温抗氧化陶瓷隔热材料 ROCCI 渗渍,形成一个坚固的梯度表面。中间过渡区域采用成分为 $TaSi_2$、$MoSi_2$、WSi_2 等高辐射剂和含醇盐的有机硅组成的高效黏结剂,这种设计将隔热问题和防热问题耦合起来研究,真正实现了防隔热一体化的梯度设计理念。因此,外层盖帽保证了外层模型线的空间尺寸稳定,而内层低热导率的隔热层由可重复使用的隔热材料制成,保护飞行器的结构。

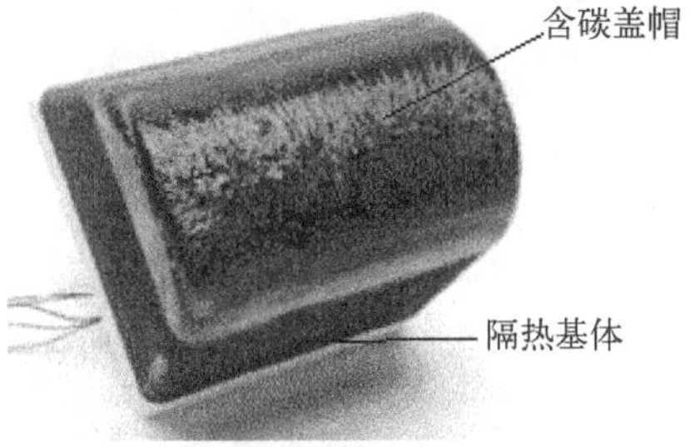

图 3.20　X-37B 翼前缘 TUFROC 陶瓷瓦

3) 新型强化单体纤维隔热涂层

新型强化单体纤维隔热涂层可运用在以 FRCI、AETB、BRI 为代表的陶瓷隔热瓦上。以高温结构材料 $MoSi_2$ 作为辐射剂,以硼硅酸盐玻璃作为黏结剂,以 SiB_6 作为烧结助剂,使涂层具有高的熔点、极好的高温抗氧化性。TUFI 为 X-37B 的大面积提供大部分热防护,比早期航天飞机使用的隔热瓦更加耐用。例如,X-37B 腹部就使用了涂覆 TUFI 的陶瓷瓦,并且在高动压、高温迎风面上配合使用了保形可重复使用隔热毡 CRI,保形可重复使用隔热毡 CRI 的最高可使用温度达 1 320℃,以应对更为严酷的热环境。

TUFI 的材料组成中 99.8%与高温重复使用表面隔热层的相同,密度仅为 0.128 g/cm^3,采用了将表面材料渗透隔热层的工艺,涂层可渗入基体达 30 mm,且在界面形成密度梯度,因此比高温重复使用表面隔热层涂层的性能更好、寿命更长,适用于对耐用性能要求更高的区域。这种渗透工艺还有助于支撑和强化外表面,使材料能够承受各种冲击。此外,与航天飞机上使用的氧化硅纤维复合隔热瓦相比,TUFI 隔热瓦具有多孔性,可以阻止裂缝进一步扩展。

4）陶瓷基热结构控制面

在飞行器控制面不同部位采用的热结构不同,体襟翼结构采用的是碳/碳化硅陶瓷基结构,襟副翼则采用碳/碳化硅和碳/碳陶瓷基结构,方向舵采用碳/碳陶瓷基结构(图 3.21)。X-37B 热结构控制面是下一代运载技术(next generation launch technology, NGLT)项目中的重要任务之一。

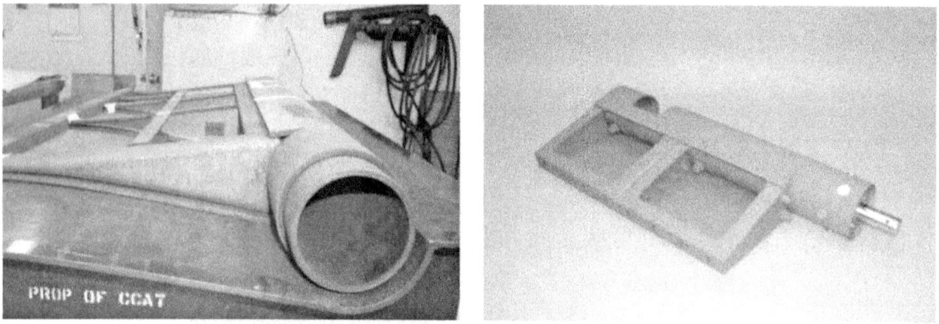

图 3.21　美国 X-37B 的碳化硅体襟翼和碳/碳方向舵

2. 检验先进材料技术

X-37B 所执行的另外一项试验是检验先进材料,即为 NASA 开展的太空中材料暴露与技术创新项目(METIS)测试新材料(图 3.22)。X-37B 将约 100 种材料样件带入空间环境超过 200 天。NASA 称,正在进行的 METIS 是基于国际空间站试验项目(MISSE)所开展的多项材料任务所获得的数据。2001～2013

图 3.22　国际空间站上正在进行的 MISSE 试验

年,MISSE 试验了超过 4 000 种样件。MISSE 和 METIS 将飞行试验多种小型样件,包括多种高分子材料、复合材料和涂层等。

同时参与 MISSE 试验和 METIS 的 NASA 马歇尔航天飞行中心的米里亚姆称,通过将材料暴露于空间环境并将样件带回地球,可获得材料承受所处操作环境的重要数据。航天器的设计者可利用这些数据选择最佳的材料用于特殊的应用,如防热系统、天线或其他空间硬件。

NASA 官员称,METIS 试验正在研究多种由 NASA、工业企业和其他政府机构研制的航天器所使用的材料。在空间中经过飞行试验的材料将逐步替代技术过时的材料。

马歇尔航天飞行中心的总工程师沃森·摩根称,国际空间站和 METIS 材料试验所获得的数据将改进未来 NASA 火星探测器的操作。

3.4.5 IXV 结构/防隔热设计

1. 烧蚀式防隔热系统

烧蚀式防隔热系统作为 IXV 的一部分,承担了从地面停放状态直至大气层再入和下降状态热环境条件下的结构防护。

烧蚀式防隔热系统提供地面停放和飞行状态时所需的隔热功能。

它起到保护 IXV 冷结构免受外界热环境的影响和大气成分侵蚀的作用。根据部件功能的特点采用了多种材料,主要的构成为一种名为 P50 的软木基材料,表面涂覆抗静电漆,防止静电积累,并在不遭受热烧蚀衰退时,保持表面“热-光”(thermo-optical)特性。

IXV[43]烧蚀式防隔热系统的主要组件如图 3.23 所示。

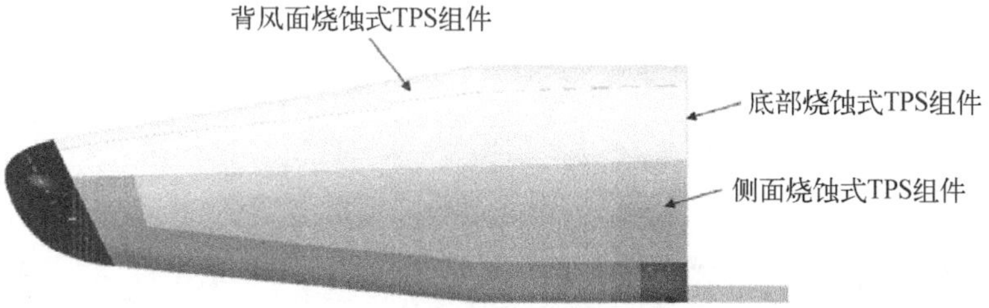

图 3.23 IXV 烧蚀式防隔热系统的主要组件

上述每个组件均由若干部件组成,实现不同的功能。整个烧蚀式防隔热系统由超过 700 片热防护材料组成(图 3.24)。

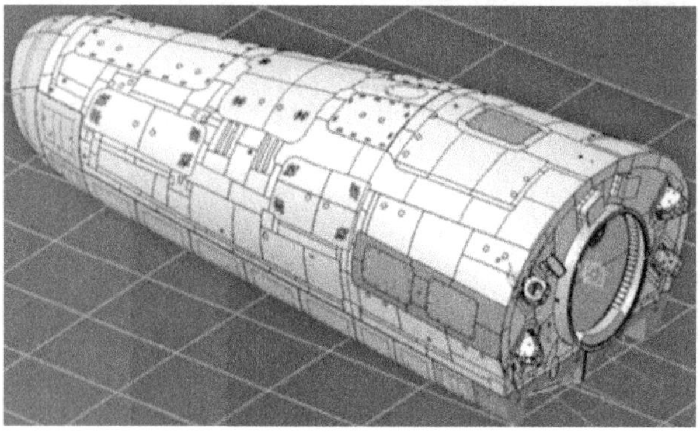

图 3.24 IXV 烧蚀式防隔热系统数模

烧蚀式防隔热系统用到了两种材料：① 具有高效隔热性能的软木基材料；② 硅基材料，保护天线和电子设备从而保证天地通信正常。

根据黏接面特性，采用不同的强力胶，将防隔热瓦片黏接在飞行器冷结构上。考虑到需要与防隔热瓦片黏接的冷结构由多种材料抛光和处理工艺制成(碳纤维增强复合材料、钛合金、铝合金)，超过 10 种黏接面需要测试和检验。

2. 热结构

对于 IXV 的结构，沿用了早期精细化设计时使用的最新技术。在试验飞行器发展计划过程中，保证“在热防护条件下外轮廓保持不变”。

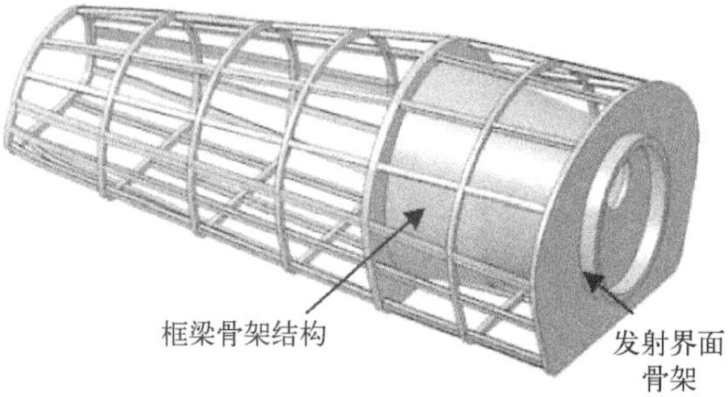

图 3.25 IXV 主要结构组件

AAS-I 设计的 IXV 主要结构组件(图 3.25)是一个针对常规载荷和防隔热组件的分界面的混合金属/复合结构，没有减速伞(即没有中间结构支撑热防护)。

IXV 结构组件主要包含：① 机身结构由一系列框梁和筋条组成，一个针对发射界面和机身面板的特殊框梁，机身面板在整个外表面保持刚度、紧固度，以及黏接支撑防隔热系统组件；② 针对在着陆和发射阶段力学承载的框梁骨架结构，剪切面板(图 3.25 中没有显示)围绕在框梁骨架结构周围。

3. 防隔热系统热结构技术分布

防隔热系统热结构技术分布如图 3.26 所示。根据名义弹道建立的热环境，要覆盖不确定性(如侧滑影响、控制点附近的局部偏差、不用于实际的最大热环境弹道),由热流导致的最大辐射平衡温度余量为 50℃,这个余量目的在于确保技术选择的正确性。与传统优化方法相比,所采用的兼顾设计与成本方法考虑了组件设计和布置的效率,得到了更平滑的布置模式。

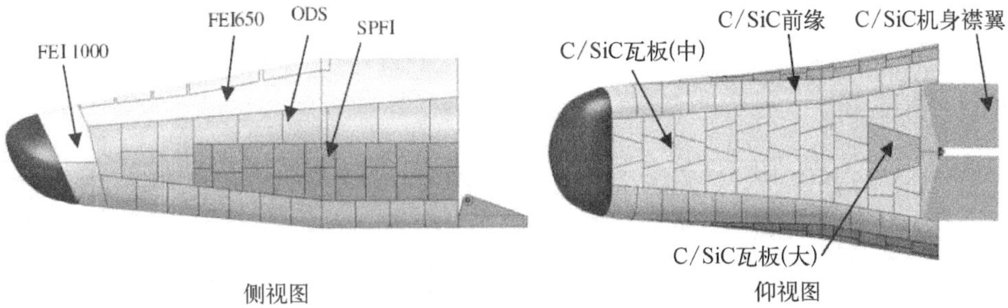

图 3.26　防隔热系统热结构技术分布

建立初步的排列形式以获得组件数量的预估,并且初始化设计循环。这个初始化设计对于选择的组件考虑可用的尺寸,典型状态下包括表面处理的柔性隔热层(surface protected flexible insulator, SPFI)平板 300 mm×300 mm,氧化散布增强(oxide dispersed strengthened, ODS)平板 500 mm×500 mm,C/SiC 中等瓦板 350 mm×350 mm,大尺度 C/SiC 瓦板类似于 Hermes 使用的可重复利用隔热层,为 600 mm×600 mm。这种处理可以保证流线和两个组件之间的缝隙不重合,以避免气流通过缝隙流动,尤其在迎风面。同时,从成本效率考量上,也可以优化 C/SiC 瓦板区域和 SPFI 区域上组件的潜在重复精度。

防隔热系统的关键设计特点如下:

(1) 鼻锥组件为一体化成型,且可以嵌入高超声速气动数据系统(hypersonic air data system, HADS)。下面板的增加可以使针对迎风面台阶和缝隙(主要关键点)的管理更加灵活。

(2) 陶瓷瓦板组件由 38 个中等瓦板、1 个大瓦板和肩部区域前缘类型的 22 个瓦板组成。可以在组件排列方面进行局部调整。由于结构的预先设计,对于机械安装的位置保留了部分灵活性,主要的关键点是台阶和缝隙的管理及安装和密封功能的优化工作。

(3) 现阶段在侧面的氧化散布增强金属防隔热系统组件对这个飞行器来说研究最少,在后续研究中需要重点考虑。

(4) 提出 flap 舵组件几何外形,包括激励原理。每个 flap 舵的热结构由不同部分组成。已识别的最关键点是动态热密封和热结构上会存在高温。

(5) 背风面的柔性外部隔热层(flexible external insulator, FEI)组件使用了成熟技术。因此,要求的厚度的计算和设计不是风险点,除了底部平面,热环境在这个复杂面上有较多的不确定因素(flap 舵、RCS 羽流等的众多影响)。

(6) 针对防隔热系统和气动热试验的传感器,以及样件的应用对于大部分区域是主要关注点。

4. 相容性

填充目前的区域,防隔热系统将适应相容性,需要在设计中尽可能早地考虑相容性,因为它会带来界面复杂性。防隔热系统相容性区域示意图如图 3.27 所示。① 在飞行器底部,防隔热系统与发射平台的力学界面和电路界面将产生相容性;② 天线窗的位置依赖飞行器的高度和地面遥感站位置;③ 防热窗口的存在允许最后检查仪器设备是否正常,窗口是为了加注 RCS 燃料;④ 防隔热系统允许降落窗口投放和降落伞的展开;⑤ 防热窗口允许降落系统展开(安全气袋和落地腿);⑥ RCS 推进器和尾气管路将从 IXV 的底部穿过防隔热系统,从而使喷管得到热防护;⑦ 对于防隔热系统和气动热试验,测量传感器将安装在防隔热系统内,高温窗口也将作为新型测量手段应用其中;⑧ 贯穿防隔热系统的通风系统是必需的,这样可以允许飞行器增压和泄压。

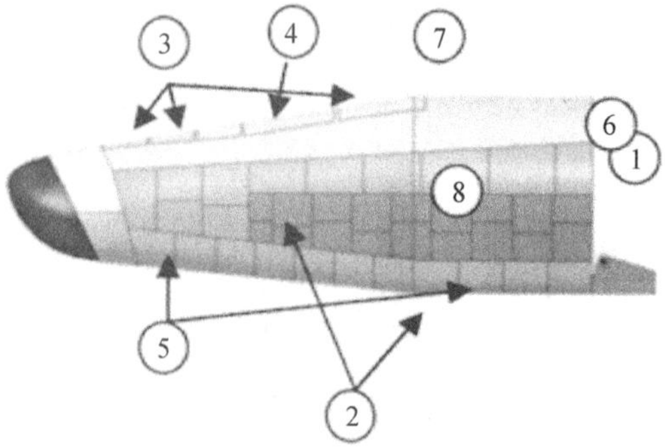

图 3.27 防隔热系统相容性区域

5. 尺寸和质量预算

在马赫数 25,攻角为 40°来流的热载荷条件下,防隔热系统区域初始温度设为 35℃,冷结构界面最高温度为 165℃。

基本厚度估计(不包括飞行器设计的余量等):基本和背风面 FEI 为 50 mm;金属 SPFI 为 70 mm;C/SiC 瓦(迎风和肩部区域)为 120 mm。

防隔热系统区域基本质量约为 340 kg。在考虑组件/成熟度的余量后,预计 TPS 重量为 390 kg。TPS 的预计重量为飞行器预计重量的 21%。

在防隔热系统区域内,厚度设计成定值以简化设计、降低成本。

3.4.6 借鉴与启示

目前,在航天飞机防热材料的开发、发展中,世界各国都是在吸取别国经验的基础上,充分发挥各自的技术优势,走独立发展的道路。

航天飞机的机头防热,法国没有采用美国经过考验的抗氧化 RCC 材料方案;法国航空航天公司在生产三向复合材料方面有居世界第一位的技术优势,因此其计划采用三向结构的碳-碳材料。美国航天飞机防热方案是不完全重复使用防热系统,采用了传统的防热设计,将防热技术的焦点集中在防热系统本身,因此可以独立地改进和发展防热系统。实践表明,隔热瓦在美国航天飞机上的应用是成功的。但是,刚性陶瓷瓦具有脆性和吸水性,并且存在与金属结构材料应力不匹配等问题,因此每次返回后须检测、修复、补缺和更换,如此带来飞行间歇时间较长的问题。例如,“哥伦比亚号”共用隔热瓦 30 922 块,1981 年 4 月 12 日首次飞行返回后更换了 1 872 块,占总数的 5.8%;第二次更换 471 块;第三次更换约 200 块。一旦隔热瓦的修复更换时间与允许的飞行间歇时间发生矛盾,防热系统整个寿命期成本对营运成本及支撑性成本的敏感性就会急剧增加。

随着通信卫星等商业需求继续迅速地增加,空间活动更加频繁,如何大幅度降低发射成本、减少空间运输及空间活动的费用等问题,将成为航天活动的关键。鉴于美国航天飞机发射费用、维护费用十分昂贵这一现状,研制完全可重复使用的空天飞机,发展一体化的永久性防热系统势在必行。

3.5 风云人物 · 大事记(发射大事记)

3.5.1 “挑战者号”失事事件及其影响

1986 年 1 月 28 日,在美国佛罗里达州的卡纳维拉尔角,“挑战者号”航天飞机发生了令世界震惊的悲剧[13]。当天早晨,成千上万名参观者聚集到肯尼迪航天中心,等待一睹“挑战者号”腾飞的壮丽景观。1986 年 1 月 28 日上午 11 时 38 分,耸立在发射架上的“挑战者号”点火升空,直飞天穹,看台上一片欢腾。但航天飞机飞行到 73 s 时,空中突然传来一声闷响,只见“挑战者号”顷刻间爆裂成一团橘红色火球,碎片拖着火焰和白烟四散飘飞,坠落到大西洋,“挑战者号”发生爆炸,全世界为之震惊。

根据原来计划,美国航天飞机同年要进行十五次发射,同比去年增加了一倍,相当于前年的三倍。但是,出师不利,同年的第二次发射就发生了不幸事件。

“挑战者号”的爆炸对美国航天计划的影响至少表现在商业、工业、科学、军事等方面。

（1）发射卫星的商业任务全部流产。根据计划，航天飞机要为美国国内的一些大企业及印度、印度尼西亚等国家发射一系列通信卫星。这批有利可图的交易绝大部分被美国国家航空航天局的主要竞争对手阿丽亚娜航天公司抢占。

（2）太空工业陷于停顿。利用太空中的失重、真空等独特条件制造地面上不能生产的新型材料和药物，是航天飞机的独特功能。利用航天飞机发展太空工业，获利拟达 500 亿美元。“挑战者号”爆炸无疑将使这种方兴未艾的新型工业蒙受重大损失。

（3）科学考察成为泡影。根据原计划，宇宙科学探测是航天飞机太空飞行的主要任务之一。预计要对哈雷彗星进行两次远距离观测；施放宇宙飞行器对木星进行近距离考察，并首次对太阳的南北极进行探测；施放一架价值 12 亿美元、能探测距地球 140 亿光年的宇宙深处奥秘的光学望远镜进入绕地球运行的轨道；等等。1986 年，这些激动人心的科学考察计划，有的成为空谈，有的要不定期推迟，使天文学的发展受到了不可弥补的损失。

（4）美国的军事计划受到严重影响。据报道，航天飞机在过去的 24 次太空飞行中，虽然执行的绝密军事任务只有两次，但美国军方对航天飞机的依赖与日俱增。按原计划，当年用于军事目的的航天飞机发射达四次之多。从 1986 年到 1995 年，航天飞机总飞行任务的 1/3 将被占为军用，其中，不少与里根总统提出的“星球大战”计划有关。美国目前绝密军事通信中，60%是通过卫星进行的，据称后续将增加到 90%。军事卫星的更新换旧任务十分迫切。据报道，有相当一部分军事卫星是根据航天飞机的货舱条件设计的，不能用运载火箭发射。美国空军的一位负责人甚至说，“在航天飞机重新起飞以前，将意味着美国处于紧急状态”。

3.5.2 “哥伦比亚号”失事事件及其影响

2003 年 2 月 1 日对美国乃至世界来说是一个灾难日[14]。美国时间 09:00 “哥伦比亚号”航天飞机于即将返回地面前的 16 min 在得克萨斯州上空爆炸解体，机上 7 名航天员全部遇难，他们为 5 男 2 女，其中 1 名是美籍印裔妇女，1 名是以色列人。航天员年龄在 41～48 岁。出事时，“哥伦比亚号”返回到了得克萨斯州中部上空，正向佛罗里达州卡纳维拉尔角方向飞行。“哥伦比亚号”航天飞机失事的消息迅速传遍了全美国、全世界。美国各家电视台、广播电台立刻打破正常节目秩序,完全聚焦于这一瞩目的事件。

“哥伦比亚号”航天飞机是 2003 年 1 月 16 日发射升空的,在这次为期 16 天的飞行中,航天飞机机组人员共进行了 80 多项科学实验。“哥伦比亚号”原定于 2003 年 2 月 1 日美国东部时间 09:16(北京时间 22:16)返回地面,但在 09:00 与地面控制中心失去了联系,当时的飞行高度是 60 km,时速为 20 000 km。出事前,航天飞机机组人员没有向地面控制中心报告任何反常情况。

“哥伦比亚号”的失事使得航天飞机为国际空间站运送宇航员和物资这一主要作用也暂时被搁置,太空和军事政策智囊团公司的主任约翰·佩克表示,航天飞机本来预计的使命并非仅仅是为国际空间站运送物资,这却成了主要任务,而且用航天飞机给国际空间站运货成本太高,合计下来每磅货物的运输成本高达 2 万美元。航天飞机本来的主要任务有三个,分别是 NASA 进行太空科学实验、发射间谍卫星并为军方测试设备及为私营企业提供卫星发射服务。当初 NASA 计划每年进行 24 次航天飞机发射,但是,NASA 实际上发射航天飞机的频率并没达到预计的目标,而且发射成本较之预想高得多。在这次事故之后,调查人员得出结论,每 78 次发射就有可能出现一次空难。

“挑战者号”航天飞机的爆炸使航天飞机的用途受到压缩。在“挑战者号”空难之后,美国军方重新恢复使用一次性火箭发射卫星。在商业领域,当时的美国总统里根下令 NASA 放弃商业卫星发射业务。这意味着,航天飞机可以执行的任务大大减少。虽然 NASA 后来选择用航天飞机发射自己的科研卫星,而且为哈勃空间望远镜提供太空服务,但是航天飞机在太空中进行各种科研实验的成本却格外高。如果 NASA 使用一次性火箭向国际空间站运送物资,不仅可以大大节约成本,而且更加安全。此外,航天飞机系统非常复杂,这注定了航天飞机的发射要冒风险。但是,一向以创新为荣的 NASA 并不愿意再使用一次性火箭将人送往太空。

两次航天飞机的失事说明对于航天飞机的改进均不理想。1986 年“挑战者号”航天飞机和 2003 年“哥伦比亚号”航天飞机失事后,美国对航天飞机进行了大规模改造,以提高其安全性。在“挑战者号”航天飞机升空时发生爆炸后,美国对剩余的“哥伦比亚号”“发现号”和“亚特兰蒂斯号”3 架航天飞机进行了 283 项改进,其中,最大的改进是吸取了血的教训,在轨道器上增添了航天员撤离滑梯,并配备了整套航天员逃逸系统,一旦发生意外,逃逸系统能在 90~100 s 内从空中弹射出去。在“哥伦比亚号”航天飞机失事后,美国又对航天飞机进行了近

300 处改进，主要是针对返回时可能出现的问题，防止“哥伦比亚号”灾难重演。为了安全，美国国家航空航天局根据“哥伦比亚号”事故调查委员会提出的 15 项建议，进行了一系列技术改进。尽管如此，在这次“发现号”航天飞机发射过程中，还是有一块 3.5 cm 见方的隔热瓦和一块 20 cm×50 cm 保温泡沫材料脱落，但幸运的是这块泡沫材料没有击中航天飞机轨道器。美国国家航空航天局已宣布，暂停后续的航天飞机发射计划。

3.5.3 X-37B 发射试验

截至 2017 年 5 月，两架 X-37B[17-20,49,50]已经完成四次轨道飞行任务，共计耗时 2 086 天（表 3.7）。

表 3.7 X-37B 发射任务简表

飞 行	发射日期	使 命	持续时间	备 注
OTV-1	2010.04.22	USA-212	224 d 9 h	首次 X-37B 飞行
OTV-2	2011.03.05	USA-226	468 d 14 h	第二架 X-37B 首飞
OTV-3	2012.12.11	USA-240	674 d 22 h	第一架 X-37B 第二次飞行
OTV-4	2015.05.20	USA-261	717 d 20 h	第二架 X-37B 第二次飞行
OTV-5	2017.09.07	USA-277	401 d 15 h	首次使用 SpaceX Falcon9 发射

1. X-37B OTV-1

X-37B OTV-1 主要进行三个方面的技术演示验证：一是检验 X-37B 自身性能，确保满足设计指标要求，进行 30 余项有关机体、推进及再入返回过程中的自主操作等技术的演示验证试验，并收集以马赫数 25 的速度进行大气再入的相关数据；二是将 X-37B 作为可重复使用的空间试验平台，开展包括卫星敏感器、分系统、部组件等技术的在轨验证；三是验证 X-37B 快速再次发射能力，减少地面维护工作量和时间、降低运行成本和维护成本。美国空军对该飞行器的轨道参数、具体任务严格保密，但国外航天爱好者经过持续的跟踪观测，确定 X-37B OTV-1 并未运行在原计划的椭圆轨道上，而是运行在高度 400～450 km、倾角为 40°的圆轨道上。

在整个轨道运行期间，X-37B OTV-1 共进行了四次轨道机动操作，其中，第一次发生在 2010 年 8 月 9 日，提升了轨道高度；后三次分别发生在 2010 年 10 月 6 日、2010 年 11 月 1 日和 2010 年 11 月 12 日，均降低了轨道高度。再入大气前，X-37B OTV-1 的轨道高度已经降低到 270～280 km，轨道倾角仍为 40°。美国空军对 X-37B OTV-1 搭载的有效载荷或试验设备及进行的在轨操作采取严格保密措施，国外媒体和航天爱好者根据运行轨道，猜测该飞行器搭载了美国国家侦察局的试验载荷。

2010 年 12 月初，美国空军宣布 X-37B OTV-1 将返回地面，再入返回时间是 2010 年 12 月 3 日～2010 年 12 月 6 日，主着陆机场选定美国范登堡空军基地（最长跑道长度为 4.5 km），备降机场是同样位于加利福尼亚州的爱德华兹空军基地（最长跑道长度为 11.8 km）。有国外媒体报道，范登堡空军基地现有的飞行跑道条件会损害 X-37B 的起落架轮胎，从而对安全着陆造成威胁，因此美国军方沿跑道中心线更换了 600 多块钢板，为 X-37B 的安全着陆做好了准备。根据设计方案，经过多次降轨的 X-37B OTV-1 首先收起太阳能电池阵，关闭有效载荷舱舱门，然后主发动机点火工作，进行再入前的减速制动，最后开始再入大气层。再入过程中，X-37B OTV-1 采用无动力滑翔方式，依靠控制舵面提供控制力，并不断减速，进场着陆过程中接地速度约为 480 km/h（通常战斗机接地速度为 200～300 km/h，航天飞机接地速度为 350～400 km/h）。最终 X-37B OTV-1 成功实现水平着陆，不过，在降落过程中仍然出现了险些引起重大事故的问题，即 X-37B 左起落架轮胎在接地瞬间爆胎，依靠可靠、有效的控制系统，才确保该飞行器在滑跑减速中没有偏离跑道。此外，经过地面的初步检查，X-37B OTV-1 的机体防热部分出现了 7 处破损。其中，爆胎后轮胎碎片对机体腹部造成了损害，还有一些则是空间碎片造成的，但是这些破损并没有直接影响到 X-37B 的首次再入返回任务。

2. X-37B OTV-2

美国空军曾表示将通过 OTV-2 飞行任务进一步评估 X-37B 的性能，包括扩展飞行包线、增强横向机动、在更强侧风条件下着陆等；同时，将对 X-37B 的先进防热系统、能源系统及自动着陆系统等开展持续的测试。此外，OTV-2 任务还将对应用于未来卫星的新技术进行测试，但具体任务载荷依旧保密。国外媒体猜测 OTV-2 搭载的任务载荷包括先进技术试验载荷、侦察卫星敏感器及其他研究测试载荷。

2012 年 4 月，美国空军航天司令部司令威廉・谢尔顿公开表示，“X-37B 取得了惊人的成果，对其工作非常满意”。OTV-2 在轨运行时间比设计时间超出了 2/3，其原因可能有：一是计划在轨实施的试验任务未能按期完成而拖延了进度，造成最终所需的在轨试验时间延长；二是长期在轨运行作为 OTV-2 的一项设计能力，在能源、控制等系统可支持的情况下适当延长运行时间是合情合理的。

3. X-37B OTV-3

OTV-3 是第一架 X-37B 的第二次任务飞行，原计划于 2012 年 10 月 25 日发射，但由于 Atlas V 运载火箭发动机故障而被推迟。X-37B OTV-3 任务于 2012 年 12 月 11 日从卡纳维拉尔角成功发射，发射被指定为 USA-240。X-378 OTV-3 任务于 2014 年 10 月 17 日在范登堡空军基地降落，在轨道运行总时间为 674 d 22 h。

4. X-37B OTV-4

2017 年 5 月 7 日，波音公司为美国空军研制的 X-37B 空天飞机完成了第 4 次“轨道试验飞行器（OTV-4）”自主返回地面，创造了 718 天飞行纪录。其任务是测试 XR-5A 霍尔效应推进器，以支持先进的极高频通信卫星计划。

5. X-37B OTV-5

2017 年 9 月 7 日，X-37B 空天飞机在肯尼迪航天中心由“猎鹰- 9”（Falcon-9）火箭发射入轨开始执行第 5 次在轨飞行任务（OTV-5）。美国空军共制造了 2 架 X-37B 且交替使用，因此推测 OTV-5 任务使用的是在 OTV-1 和 OTV-3 任务中返回的飞行器，即第 1 架飞行器的第 3 次使用。OTV-4 任务使用的是在 OTV-2 任务中返回的飞行器。此次任务轨道比以往的任务轨道更高，以进一步扩大 X-37B 的轨道包络线。

6. X-37B OTV-6

第 6 次在轨飞行任务（OTV-6）预计在 2019 年执行。

3.5.4 潘兴Ⅱ的销毁

1976 年 3 月，苏联开始在欧洲本土部署 SS-20 导弹。SS-20 导弹为二级固体机动地地中程弹道导弹，射程为 5 000 km，可以打击整个西欧的重要军事设施，并且具有增程潜力，一旦需要，可在数小时内装上第三级变成洲际导弹。SS-20 导弹命中精度圆公算偏差 400 m，每枚导弹携带 3 颗当量为 15 万吨 TNT 的分导式多弹头。1977 年，苏联部署了 SS-20 导弹 10 枚，弹头 30 颗；1978 年，SS-20 导弹部署数量增加到 70 枚，弹头增加到 210 颗。并且随着时间的推移，SS-20 导弹及其弹头的数量还在不断增加。面对这种形势，时任联邦德国总理施密特呼吁西方国家采取对策，以平衡苏联的 SS-20 导弹。

1979 年 1 月，西方国家召开首脑会议，一致同意在西欧部署尚在研制中的潘兴Ⅱ导弹和 BGM-109“战斧”陆射巡航导弹。1979 年，苏联部署的 SS-20 导弹增加到 140 枚，弹头增加到 420 颗。至此，欧洲的核力量对比是：战略核力量，美国和苏联大体均衡;战术核力量,苏联比美国拥有一倍的优势,即 7 000 颗对 3 500 颗。为扭转颓势,1979 年 12 月,北约外交部长和国防部长在比利时布鲁塞尔举行特别会议,做出了一个著名的“双重决定”,即: ① 建议美苏就限制欧洲中程核武器问题进行谈判;② 如美苏在 1983 年年底之前不能就限制欧洲中程核武器问题达成协议,美国将从 1983 年年底开始在西欧部署 108 枚潘兴Ⅱ导弹和 464 枚“战斧”陆射巡航导弹。其中,108 枚潘兴Ⅱ导弹全部部署在联邦德国,464 枚“战斧”陆射巡航导弹则分别部署在英国、意大利、联邦德国、荷兰和比利时。会议还决定,所有这些导弹,都将在 1986 年全部部署完毕。

与 SS-20 导弹(弹长为 16.5 m;弹径第一级为 1.7 m、第二级为 1.4 m)相比,潘兴Ⅱ导弹(弹长为 10 m,弹径为 1 m)不仅“个头”更小、精度更高(圆公算偏差 37 m),而且反应时间更短: 潘兴Ⅱ导弹反应时间为 5 min,SS-20 导弹反应时间约为 15 min(SS-20 导弹也可以部署在地下井中,当采用地下井发射方式时,反应时间约为 30 s)。此外,潘兴Ⅱ导弹只需 8 min 就可从联邦德国打到苏联本土。“战斧”陆射巡航导弹性能也十分优异,不仅可在离地 15~50 m 的高度飞行,使敌方难以探测跟踪,还可以按预定程度控制导弹的偏航角,实施转弯绕飞,以避开敌方的防空火力区和不利地形。这两样武器都是当时苏联防御体系难以对付的目标。因此,在北约做出“双重决定”半年后,苏联表示“愿意谈判欧洲中程核武器”问题。1980 年 10 月,美苏开始就限制欧洲中程核武器问题举行预备性会谈;1981 年 11 月 30 日,双方在瑞士日内瓦举行正式谈判。但由于各自立场迥异,会谈于 1983 年 11 月 23 日上午宣布中止。这期间,美苏共举行了 6 轮会谈、111 次全体会议,提出了一个又一个的裁减方案。

1983 年 11 月,英国议会率先通过了时任首相撒切尔夫人关于在年底部署美国巡航导弹的决议,随后,意大利、比利时、荷兰与联邦德国也相继通过执行北约“双重决定”的决议。1983 年 11 月 14 日,第一批 16 枚巡航导弹运抵英国格林汉康芒空军基地,并于同年 12 月中旬在英国、联邦德国和意大利安装完毕。针对这种情况,苏联也不甘示弱,采取了一系列反制措施。一时间,欧洲中程核武器竞赛愈演愈烈,几近失控。

经过一年之久的严重对峙后,时任美国国务卿舒尔茨和时任苏联外交部长葛罗米柯于 1985 年 1 月 7 日~1985 年 1 月 8 日举行会晤,经过 15 h 的讨价还价,双方做出了恢复裁军谈判的决定。1985 年 3 月 12 日,美苏双方有关战略武器、中程核武器和空间武器的谈判同时在日内瓦举行。

1985 年 3 月 11 日,米哈伊尔·谢尔盖耶维奇·戈尔巴乔夫当选为苏共中央总书记。同年4月,戈尔巴乔夫在苏共中央全会上提出了"加速国家社会经济发展战略",表示要实施全面改革,提升综合国力,为在21世纪与美国展开新的争夺进行准备。在对待核战争问题上,戈尔巴乔夫也具有"新思维",认为核战争意味着人类毁灭,否认在核战争中有胜利者,主张降低战略军事水平。戈尔巴乔夫指出:"在我们这个世纪,真正的同等安全不是由最高水平的战略平衡来保证,而是由必须排除核武器和其他种类大规模毁灭性武器的最低水平的战略平衡来保证的。"基于此,在裁减中程核武器问题上,苏联一再做出令美国和西欧始料未及的重大让步,于1987年2月、4月和7月相继提出"欧洲零点方案"、"欧洲双零点方案"和"全球零点方案"。事有凑巧,美国政府当时也由于"伊朗门"事件(主要指1985年美国政府以武器换人质引起国内外广泛指责一事)而处于困难时刻,加以里根政府又急于在任期的最后时刻在核武器控制方面有所作为,挽回声誉。最终双方达成一致,于1987年12月签定《美利坚合众国和苏维埃社会主义共和国联盟关于消除两国中程和中短程导弹条约》(简称《美苏中导条约》)。

《美苏中导条约》规定:双方在条约生效后的规定内,分别消除各自所有的射程在1 000~5 000 km的中程导弹和射程在500~1 000 km的中短程导弹及其发射装备、各类辅助设施等;双方均不生产任何中程导弹、中短程导弹及其任何一级和任何发射装置,也不进行其飞行试验。作为射程在160~1 800 km的中程弹道导弹,潘兴Ⅱ导弹赫然名列其中。为确保条约执行的有效性,美苏还规定了严格的核查措施:在3年销毁期内,一方都可对另一方进行每年20次的现场检查;之后5年,每年可进行15次的现场检查;再往后5年,每年可进行10次的现场检查。现场检查,是指双方互派检查人员常驻导弹生产设施、装配工厂进行的突击性检查。

1988年6月1日,美苏互换《美苏中导条约》的批准书,条约正式生效并无限期有效。在条约生效后,美国于1988年10月~1989年7月从欧洲撤回全部潘兴导弹,除弹头被改造成核炸弹外,所有的潘兴Ⅱ导弹弹体皆以火箭发动机静态燃烧的方式销毁。而为执行《美苏中导条约》,苏联还成立了由200名导弹专家和战略火箭军军官组成的减少核危险国家中心。

作为减少核危险国家中心的一员,时任苏联国防工业部导弹技术总设计师的阿纳托里·帕拉年科回忆了当年销毁潘兴Ⅱ导弹的场景。1988年,包括帕拉年科在内的10名苏联核查人员乘飞机来到美国科罗拉多州的普埃布洛,待销毁的那一批潘兴Ⅱ导弹就存放在普埃布洛试验场的地下掩体内。按照规定,10名核查人员必须在一天内完成核查作业。因此,苏联核查人员一下飞机便投入紧张的核查工作。然而,一方面,由于时差原因,核查人员都非常疲倦;另一方面,潘兴Ⅱ导弹是在作战前才将一级弹体、二级弹体和核弹头组装成一个整体,平时各部分则是单独存放,并置于集装箱内。当时,潘兴Ⅱ导弹的一级弹体、二级弹体均存放在111个集装箱里。很显然,要在人数少、人员又极度疲惫的情况下在一天之内完成全部集装箱的检查几乎是不可能的,最终苏联核查人员只抽查了其中20~30个集装箱,但在所有的集装箱上都签了字。不过,令人意想不到的是,待苏联核查人员后来去现场监督导弹销毁过程时,却发现有一些集装箱装的并不是导弹的弹体,而是试验留下的预制板、火药桶等废弃物。尽管明知"这并不是条约规定要销毁的物品",但已签字,苏联核查人员也只能"哑巴吃黄连,有苦说不出"。帕拉年科认为,美国这么做的目的,一是虚报其已被销毁的导弹数量,二是私藏一些关键的零部件,以便在需要时可迅速重新装到其他导弹上。考虑到当时美苏处于"冷战"状态,美国这么做似乎也情有可原。

另外,据报道,为现场检查SS-20导弹的销毁情况,美国在苏联沃特金斯制造SS-20导弹的工厂附近,专门修建了供核查人员长期居住的三栋两层楼房,并且被销毁的SS-20导弹的一级弹体与SS-25导弹(不在销毁之列)的二级弹体极其相似,因此每次SS-25导弹出厂,美国都要求苏联先将其运送至指定地点,并利用先进的X光透视机进行检查,以防止苏联偷梁换柱,将SS-20导弹运出。苏联也照此办理,在美国潘兴Ⅱ导弹的装配工厂附近进行同样的检查,但是,由于缺乏先进的仪器设备,苏联核查人员只能凭肉眼判断出厂的导弹中是否藏有潘兴Ⅱ导弹的弹体。

最后一枚潘兴Ⅱ导弹弹体于1991年5月被销毁。至此,潘兴Ⅱ导弹彻底退出了历史舞台。

美苏在20世纪50年代中后期就在核禁试问题上展开争斗,尽管从20世纪60年代末开始,美苏就进行了限制战略武器的谈判,但站在历史的角度,如果不是西方国家决定在西欧部署潘兴Ⅱ导弹和"战斧"陆射巡航导弹,苏联就不一定愿意谈判欧洲中程核武器问题。并且,在谈判过程中,苏联认为,英国、法国核力量是西方在欧洲中程核力量的组成部分,也应该列入谈判范围,但美国以英国、法国都是主权国家,美国无权代表其进行谈判为由予以拒绝。不过,至谈判后期苏联要求美国消除联邦德国的72枚潘兴IA导弹时,美国虽辩解说潘兴IA导弹是一个整体(72部发射架属联邦德国,72枚核弹头属美国),不能分开,且美苏中导谈判不应涉及第三国,但还是积极就潘兴IA导弹问题与联邦德国进行磋商，最终使联邦德国放弃了潘兴 IA 导弹。

从某种程度上讲，如果没有潘兴Ⅱ导弹的存在，或许就没有《美苏中导条约》的产生，而《美苏中导条约》消除的不仅是潘兴Ⅱ导弹。按照《美苏中导条约》的规定，美国、苏联两国应消除的中程导弹和中短程导弹共计 2 695 枚，其中，美国应消除 859 枚，包括中程导弹 689 枚（潘兴Ⅱ导弹和“战斧”陆射巡航导弹）、中短程导弹 170 枚（潘兴 IA 导弹）；苏联应消除 1 836 枚，包括中程导弹 910 枚（SS-4、SS-5、SS-20 导弹和 SSC-X-4 陆射巡航导弹）、中短程导弹 926 枚（SS-12、SS-23 导弹）。也正因为如此，所以成就了《美苏中导条约》世界上第一个条约签署方裁减整个一类武器条约的殊荣，该条约同时在不对称裁减和监督措施方面开创了积极的先例。因此，作为对苏联威慑的主要武器，在冷战时期，潘兴Ⅱ导弹为美国的全球战略立下了汗马功劳，也对缓和当时的国际形势和推动世界核裁军进程发挥了积极的作用。

约翰 · 约瑟夫 · 潘兴，是美国陆军中第一位获得军队最高军衔——五星上将的将领（历史上，美国一共只授予 10 位军人五星上将军衔）。然而，与美国陆军五星上将潘兴（潘兴卒年 89 岁，可谓高寿）不同的是，潘兴Ⅱ导弹很短命。其在未完成预定试验次数的情况下就进行生产，在美苏中导谈判破裂次月（1983 年 12 月）就开始在联邦德国部署，至 1991 年 5 月又被全部销毁，寿命不足 8 年。

3.5.5 IXV 飞行试验

2015 年 2 月 11 日，欧洲过渡试验飞行器（intermediate experimental vehicle，IXV）成功完成了飞行试验，并在太平洋安全降落。欧洲空间局（European Space Agency，ESA）局长将 IXV 任务称为一项“关键任务”，IXV 任务主要是验证大气再入技术，此次试飞成功，标志着欧洲在飞行器再入返回技术上实现了新的突破。在 20 世纪 80 年代法国赫尔墨斯、德国 Sanger 等航天飞机项目相继因各种问题冻结后，欧洲对于再入领域的探索相当谨慎，直到 1998 年才实现了大气再入验证器（atmospheric re-entry demonstrator，ARD）首次受控再入飞行，获得了用于再入技术研究的实际数据。此外，欧洲曾参与美国 X-38 空间站乘员返回飞行器项目，该项目在 2002 年被美国方面终止后，ESA 决定自主研究再入技术。为保证技术和经济资源的有效利用，ESA 制定了科学合理的发展规划，并启动了未来运载器预备工程（future launcher preparatory program，FLPP），包括一系列地面试验和飞行试验项目。在所有飞行试验项目中，IXV 项目被认为是最具挑战性的，因此法国国家空间研究中心与空中客车集团合作开展了作为 IXV 预先研究的 Pre-X 项目,用于探索可重复使用热防护技术的可行性和研究高超声速气动热力学规律,以降低正式任务的风险。

在 2015 年 2 月的飞行试验任务中,IXV 从库鲁发射场由织女星(Vega)火箭发射进入赤道附近的亚轨道,在距地面高度为 333 km 与火箭分离后沿弹道自由飞行,到达远地点高度为 412 km 后下降,在到达再入点(距地面高度为 120 km)时再入速度为 7.5 km/s,再入角为 -1.2°。在飞行器再入过程中峰值过载达 2.02g,再入航程达 7 300 km,在末段马赫数为 1.5 和高度为 26 km 的条件下触发下降与回收系统(decent and recover system, DRS),依次展开超声速减速伞、亚声速减速伞和主降落伞,最后在太平洋降落并回收。

IXV 作为欧洲第一个升力体再入返回飞行试验器,既充分利用了 ARD 项目已掌握的技术,又采用了大量新材料和新技术。这次飞行试验所获得的宝贵真实高空再入环境数据,将用于系统工程、气动热力学、导航制导与控制、热防护系统等多个领域的技术验证。2012 年 11 月,ESA 决定将新型空间飞行器(innovative space vehicle, ISV)作为 IXV 的后继项目,目标是发展一种经济可承受、可重复使用的无人小型轨道器,具备多用途货运舱,可以携带若干模块化载荷以满足多种任务需求。IXV 项目中获取的数据和掌握的技术将为 ISV 的研制提供有力支撑。

IXV 是欧洲掌握再入返回技术的关键。虽然欧洲对于再入返回飞行器的研究起步较晚,但是通过科学规划,ESA 制定了一条高效的发展路线,在技术上重视积累、合理规划、循序渐进,确保了欧洲再入返回飞行器领域研究的快速发展。同时,虽然欧洲的发展路线单一,但在技术上的跨度很大,这得益于其有预见性的 FLPP、完善的科研环境和试验设施,以及政府、企业和大学之间的紧密合作。欧洲发展再入返回飞行器的过程为我国发展升力体再入返回飞行器提供了宝贵借鉴。首先,制定科学的发展规划,并根据发展规划细化相应技术发展途径,而不能仅以孤立的型号项目作为牵引,这样才能实现系统优化和降低成本。其次,充分利用飞行试验器进行各种飞行试验,而不是简单地验证设计方案是否可行。欧洲通过 IXV 获得了大量飞行数据和设计经验,大幅提高了后续型号的研制能力。最后,应该重视基础研究,增加政府与企业、大学之间的合作,加大基础设施建设的投入,积累地面试验数据和经验。

参考文献

[1] 彭小波.美国航天飞机的设计与实现.北京:中国宇航出版社,2015:5-29.

[2] 王向阳.美国的航天飞机.国外导弹技术,1985,(7):45-66.

[3] 张鲁民.航天飞机空气动力学分析.北京:国防工业出版社,2009:1-8.

[4] 黄志澄.航天飞机的气动问题.空气动力学学报,1987,5(2):171-179.

[5] 黄志澄.空天飞机概念的山来与发展.远方科技,1988,(2):1-8.

[6] 黄志澄.新型航空航天飞行器概念研究的方法.航空学报,1989,10(1):1-9.

[7] 董月娟.航天飞机气动布局的方案研究.国外导弹技术,1991,(3):1-8.

[8] 余平,段毅,尘军.高超声速飞行的若干气动问题.航空学报,2015,36(1):7-23.

[9] Miller J. The X-Planes X-1 to X-45. Hillingdon: Midland Publishing, 2001.

[10] Axelson J A; Mellenthin. Hypersonic aerodynamic characteristics of the M2-F2 lifting entry configuration. NASA-TM-X-1690.

[11] Kempel R W, Painter W D. Development and flight testing of the HL-10 lifting body. NTRS, 1993.

[12] Painter W D. Sitterle G J. HL-10 lifting body flight control system characteristics and operational experience. NASA TM X-2956.

[13] 张福田.悲剧的起因剖析.世界科学,1988,(10):42-45.

[14] 张玉妥,李依依."哥伦比亚号"航天飞机空难原因及其材料分析.科技导报,2005,23(7):34-37.

[15] 杭飞.国外航天飞机分系统的关键技术和改进方向.国外导弹与宇航,1984,(9):1-14.

[16] 戚发轫.载人航天技术及其发展.中国工程科学,2001,2(1):1-6.

[17] 叶蕾,时兆峰.X-37 项目的发展历程.飞航导弹,2010:(9),14-19.

[18] 孙宗祥,唐志共,陈喜兰,等.X-37B 的发展现状及空气动力技术综述.实验流体力学,2015,29(1):1-174.

[19] 谭立忠,朱风云.美国 X-37B 轨道试验飞行器发展研究.飞航导弹,2011,(6):33-36.

[20] 郑雯.X-37B 轨道试飞器发展分析.飞航导弹,2012,(10):22-24,30.

[21] 朱广生.再入机动飞行器气动设计与实践.北京:中国宇航出版社,2015:1-9.

[22] 谢佐慰.美国机动弹头技术发展概况.国外导弹技术,1984,(3):1-24.

[23] 伍赣湘.国外机动弹头发展分析.北京:中国运载火箭技术研究院,2006:165-183.

[24] 张国瑞.美国弹头的制导与控制.国外导弹技术,1980,(12):1-14.

[25] 马瑞萍,岳瑞华,周凤钢.弹道导弹制导技术的发展过程和趋势.湖北航天科技,2000,(4):1-5.

[26] 刘隆和.发展中的精确制导技术.飞航导弹,2001,(6):61-65.

[27] 丑金玲,王永平.试论弹道导弹制导技术的发展途径.现代防御技术,2003,31(6):41-45.

[28] 谢春燕,李为民,娄寿春.反导系统拦截弹技术综述.飞航导弹,2004,(3):22-27.

[29] 张靖男,赵兴锋,郑志强.BTT 导弹的发展现状与趋势.飞航导弹,2006,(10):37-39,43.

[30] 贺孝思.国外战略导弹发展综述.世界导弹与航天,1998,(3):25-29.

[31] 黄品秋.弹道式导弹再入飞行器.国外航天运载与导弹技术,1986,(1):47-51.

[32] 叶名兰.固体洲际导弹技术发展分析.世界导弹与航天,1990,(3):37-42.

[33] 秦之瑾,伍赣湘.国外战略弹道导弹的发展现状.导弹与航天运载技术,2000,(5):48-54.

[34] 杨卫丽,夏东坤,陈升泽.国外洲际弹道导弹及其制导技术发展分析.战术导弹技术,2015,(3):7-11.
[35] 刘晓恩.俄罗斯白杨-M导弹的研制与装备,中国航天,1999,(3):42-45.
[36] 康家仁.潘兴Ⅱ精确末制导技术分析.国外航天运载与导弹技术,1991,(12):45-61.
[37] 黄品秋.潘兴Ⅱ导弹和弹头的初步分析.导弹与航天运载技术,1994,(1):7-15.
[38] 裴鸣远.潘兴Ⅱ导弹武器系统.国外航天运载与导弹技术,1986,(4):1-9.
[39] 谢武.潘兴Ⅱ机动式地地弹道导弹.国外导弹与宇航,1984,(10):1-18.
[40] John D. Anderson, Jr. 飞机:技术发展历程.宋笔锋,裴扬,钟小平,等,译.北京:航空工业出版社,2012.
[41] 曾昭焕.航天飞机热防护的技术现状及发展趋势.国外导弹与航天运载器,1988,5:49-56.
[42] 邹军锋,李文静,刘斌,等.飞行器用热防护材料发展趋势.宇航材料工艺,2015,45(4):10-15.
[43] Cioeta M, Vita G D, Maria T S, et al. Design, qualification, manufacturing and integration of IXV ablative thermal protection system. acta astronautica, 2016,124:90-101.
[44] 李文正.X系列飞行器从X-1到X-45.哈尔滨:哈尔滨工业大学出版社,2004.
[45] Valentine P G. Hot structure control surface progress for X-37 technology development program. NASA 20040086536.
[46] Hudson L D, Stephens C A. The X-37 hot structure control surface testing. NASA 20060056099.
[47] Grosveld F W, Rizzi S A. Dynamic response of X-37 hot structure control surfaces exposed to controlled reverberant acoustic excitation. NASA/TM-2005-213519.
[48] 鲁芹,姜贵庆.X-37B轨道飞行器热防护系统概况.飞航导弹,2011(3):91-95.
[49] 鲁芹,姜贵庆,罗晓光,等.X-37B空天飞行器轻质非烧蚀热防护新技术.现代防御技术,2012,40(1):15-20.
[50] Paez C A. The Development of the X-37 re-entry vehicle, the Boeing Company. AIAA 2004-4186.

第 4 章

持久经济的吸气式高超声速飞行

1964 年,美国 X-15 飞行器以火箭发动机为动力,创造了马赫数 6.7 的飞行速度,实现了高超声速飞行的"从无到有"。此后,以火箭发动机为动力的高超声速技术逐步成熟,广泛应用于各类战略/战术导弹和运载火箭。火箭发动机需要自身携带氧化剂和燃料,因此以火箭发动机为动力的高超声速飞行器经济性较差、综合性能较低且该类高超声速飞行器绝大多数是一次性的,飞行效率不高。直至超燃冲压发动机技术的突破,人类在包括天空和太空在内的人类活动空间内高效、高超声速飞行这一新梦想才显得不再遥远。

吸气式高超声速飞行器通常采用超燃冲压发动机等吸气式发动机,该类发动机可以直接从大气层中吸取氧气,而不需要像火箭发动机那样携带氧化剂,降低了燃料携带量,因此在同等发射质量的情况下能够增加有效载荷。其结构质量更小、性能更优,具有巨大的军事价值和民用价值。在军事方面,吸气式高超声速飞行器近期可发展为具有体积小、速度快、机动灵活、突防能力强和命中精度高等特点的高超声速巡航导弹;中期其可发展为可水平起降的高超声速飞机,在 1 h 内抵达全球任何地区执行实时打击/侦察、远程快速力量投送和战略打击等军事任务;远期其还可作为天地往返运输飞行器 TSTO 的可重复使用第一级,显著缩短航天周期,大幅降低航天发射费用。在民用方面,吸气式高超声速飞行器作为民用运输平台,有望实现货物和游客的 1 小时内全球到达,大幅缩短现有航空运输工具的飞行时间,为民用高速客运提供全新的技术解决方案,使"地球村"的概念进一步演变为"地球小屋"。

冲压发动机,通常是指亚燃冲压发动机,由进气道、燃烧室和喷管三部分组成,中间没有活塞也无须转子,构造简单、重量较轻。其工作原理(图 4.1)是:通过进气道将超声速来流减速增压,燃烧室入口气流为亚声速状态,确保气流在较低速度和较高压力条件下在燃烧室内与燃料燃烧,最终燃烧产物通过喷管喷出

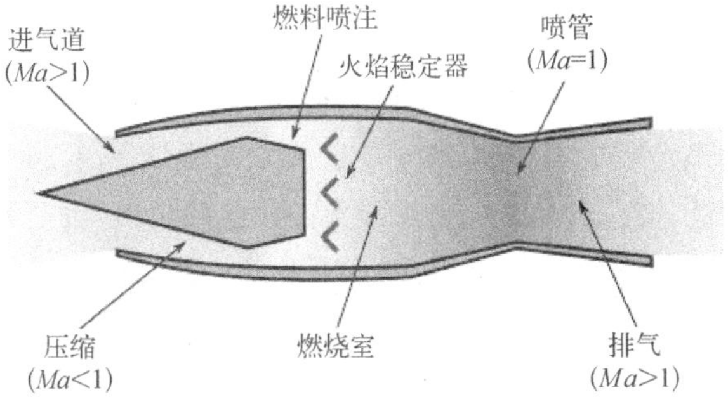

图 4.1 冲压发动机工作原理

产生向后的推力。

1913 年,法国工程师 Reine Lauren 首次提出了冲压发动机的概念。他认为,当飞行器进行超声速飞行时,流经进气道的空气会不断地增加压力,因此不用压气机就可以让发动机里的燃料持续燃烧并产生向后的推力。但限于当时的材料和工艺水平,直到去世,他始终没能制成原型机。

1949 年,由法国工程师 Reine Leduc 设计的 010 型飞机试飞成功,成为世界上首架以冲压发动机为动力的飞机(图 4.2)。但是在多年的探索之后,冲压发动机的一个致命缺陷就暴露出来,即无法在静止条件下产生足够的推力。这个缺陷使飞行器无法独立起飞,因此早期以冲压发动机为动力的飞机需要由载机驮在背上,随载机加速到一定速度后冲压发动机才能启动并工作。而驮载起飞方式限制了飞机的起飞重量,也增加了起飞风险(曾发生冲压喷气飞机与载机相撞的事故)。

图 4.2 世界上首架以冲压发动机为动力的飞机(010 型飞机)

冲压发动机在飞机上的应用可谓昙花一现,但是其重量轻、结构简单的特点非常明显,这足以引起导弹设计师的关注。以火箭发动机为动力的导弹需要自带氧化剂和燃料,而冲压发动机可以利用大气中的氧气,不需携带氧化剂,这将大幅降低导弹的重量和成本,且在相同的起飞重量限制下,以冲压发动机为动力的导弹具有更快的速度、更大的射程和更强的机动能力。冲压发动机简直是为导弹量身打造的。但是,怎样才能克服冲压发动机需要初始速度来启动这一不足呢?这是难不倒设计师的。20 世纪 50 年代,火箭发动机技术已较为成熟,设计师尝试将冲压发动机和火箭发动机串联,即将火箭发动机作为助推器把冲压发动机加速到可以启动的速度,没想到这一设计理念开启了冲压发动机的"黄金时代"。

图 4.3 "波马克"防空导弹

1951 年和 1959 年,美国相继研制了以冲压发动机为动力的"波马克"防空导弹(图 4.3)和"黄铜骑士"舰空导弹,其中,"黄铜骑士"舰空导弹能以马赫数 2.5 飞行,并在越南战争中击落了一架在 120 km 外的米格-21 战斗机。不过,人们逐渐发现了这种串联式布局的不足之处。"波马克"防空导弹长度接近 15 m,"黄铜骑士"舰空导弹也有 11.6 m,"黄铜骑士"舰空导弹比当时的米格-15 战斗机还要长 1.5 m。串联式布局使导弹长度大幅增加,不利于导弹在多种发射平台上的应用,例如,"黄铜骑士"舰空导弹只能在大型巡洋舰上使用,这限制了导弹的装备数量。苏联也意识到这个问题,改用并联式布局,把火箭助推器捆绑在冲压发动机导弹的四周。"萨姆-4"防空导弹和 SS-N-12"玄武岩"反舰导弹便采用了这样的布局。但是,并联式布局虽然缩短了导弹长度,却增加了导弹直径,导致气动阻力增加,对射程和速度都有不利影响。

除了串联式布局和并联式布局,还有怎样的方式能让火箭发动机和冲压发动机结合起来呢?1967 年服役的"萨姆-6"防空导弹给出了答案:冲压发动机内部有一个巨大的空腔!这给了设计师灵感。既然冲压发动机在低速的时候不能启动,那么把空腔填满燃料就可以当作火箭发动机来使用。设计师把固体火箭发动机埋藏在冲压发动机的腔体中，且固体火箭发动机能够将导弹加速到马赫数 1.5 以上。在固体燃料燃尽后，冲压发动机的燃烧室便呈现出来，此时导弹刚好达到能够让冲压发动机启动的速度要求。冲压发动机进行接力工作，将导弹的速度推进到马赫数 2.8。此后，苏联在“宝石”超声速反舰导弹（图 4.4）等巡航导弹上均沿用了这一设计思路。

图 4.4 “宝石”超声速反舰导弹（苏联）

对于冲压发动机，随着飞行速度的增大，来流空气通过进气道减速至亚声速后的温度迅速增大。例如，当飞行马赫数为 6 时，若燃烧室入口马赫数仍设计为亚声速流动状态（如马赫数为 0.2），气流温度约为 1 600 K；当飞行马赫数为 10 时，气流温度高达 3 600 K。燃烧室入口气流温度显著增大后，一方面燃料燃烧释放的热量中的相当一部分消耗在产物离解上，导致燃烧效率很低；另一方面空气在进气道中增压减速至亚声速时会产生巨大的总压损失与熵增，使发动机性能急剧下降。为了解决上述问题，超燃冲压发动机的概念应运而生。

超燃冲压发动机：构型与亚燃冲压发动机类似，由进气道、隔离段、燃烧室和喷管组成。这种发动机使进气道出口保持超声速流动，同时，使燃烧室的整个燃烧过程都在超声速条件下进行，因此能够有效减小进气道中的总压损失与燃烧产物离解造成的能量损失，确保在高超声速飞行时能够获得满意的性能。

根据燃烧组织方式的不同，超燃冲压发动机通常可分为两类，即双模态超燃冲压发动机（dual mode scramjet, DMSJ）和双燃烧室冲压发动机（dual combustor ramjet, DCR）。

双模态超燃冲压发动机具有几何尺寸固定、单通道、没有几何喉道等特点，能够利用一定的燃烧室横截面积变化及供油方式的不同，在燃烧室中实现亚声速燃烧、超声速燃烧等不同的燃烧状态，其工作原理见图 4.5。应用 DMSJ 的典型代表是美国的 X-43A 和 X-51A 计划。DCR 的工作速度一般为马赫数 4.0~6.0。

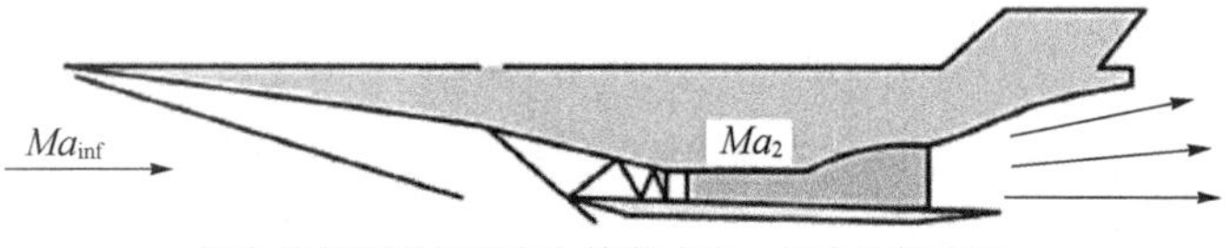

机身前部和进气道产生的激波系，将来流的速度
Ma_{inf}降低到Ma_2(Ma_2<1或Ma_2>1)

图 4.5　双模态超燃冲压发动机工作原理

双燃烧室冲压发动机概念首先由美国约翰·霍普金斯大学应用物理实验室于20世纪70年代初提出。这种发动机有两个燃烧室(图4.6),即亚燃燃烧室和超燃燃烧室。亚燃燃烧室主要进行亚声速燃烧,适合在较低飞行速度($Ma<3.5$)条件下工作,其作用相当于预先燃烧室或富油燃气发生器,在超燃燃烧室工作的情况下,亚燃燃烧室可以作为富油燃气发生器为超燃燃烧室提供稳定点火源和高温富油燃气,有助于超燃燃烧室的稳定燃烧、提高燃烧效率。超燃燃烧室主要完成超声速燃烧,适合在较高飞行速度条件下工作。该特点使得DCR的工作马赫数范围比较宽(马赫数3.5~6.5),具有较强的生命力。应用DCR的典型代表是2002年美国海军研究办公室和DARPA共同发起的HyFly计划(图4.7)。

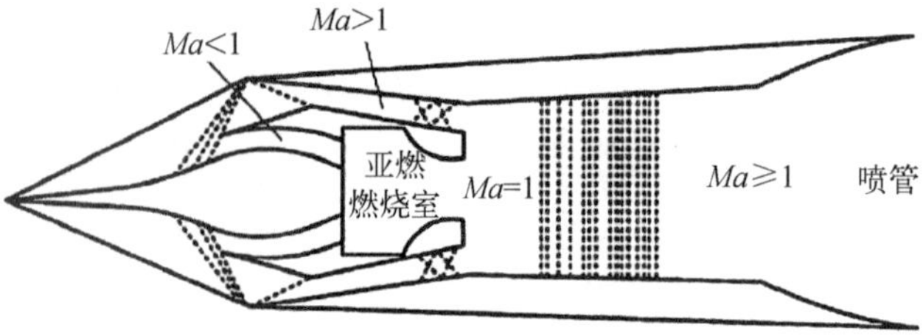

图 4.6　DCR 工作原理

自20世纪60年代超声速燃烧理论提出以后,世界各国围绕以超燃冲压发动机为动力的吸气式高超声速飞行器开展了大量研究工作[1],主要分为概念与基础研究阶段、关键技术攻关及飞行演示验证研究阶段。

1. 概念与基础研究阶段(20世纪60~80年代)

1958年,美籍意大利空气动力学家Anthony Ferry提出了超声速燃烧理论,并用试验证明了在$Ma3$超声速流动中能够实现稳定燃烧,标志着吸气式高超声速技术研究的开始,掀起了世界各国竞相开展超燃冲压发动机技术研究的第一次热潮。该阶段以美国提出的空天飞机(aerospace-plane)计划、高超声速研究发动机(hypersonic research engine,HRE)项目和超燃冲压发动机导弹(supersonic

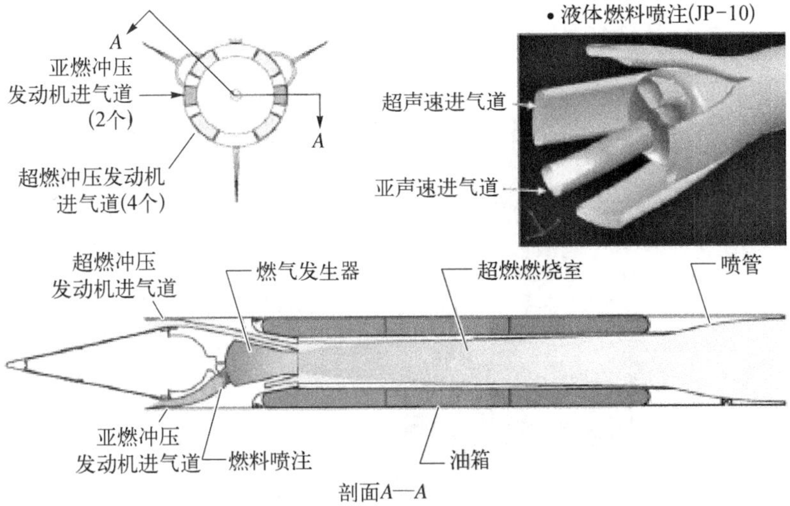

图 4.7　HyFly 计划采用的 DCR

combustion ramjet missile, SCRAM)为代表,主要以探索超燃冲压发动机基础问题为研究目标。

1955 年,美国空军在 NACA 超燃冲压发动机的基础上启动了空天飞机计划,提出了 SSTO 和 TSTO 方案。由于技术和费用问题,1968 年该项目被终止。

1962 年,美国海军资助约翰霍普金斯大学应用物理实验室开展超燃冲压发动机导弹计划(图 4.8),旨在研制防御轰炸机威胁的小型舰射导弹。SCRAM 计

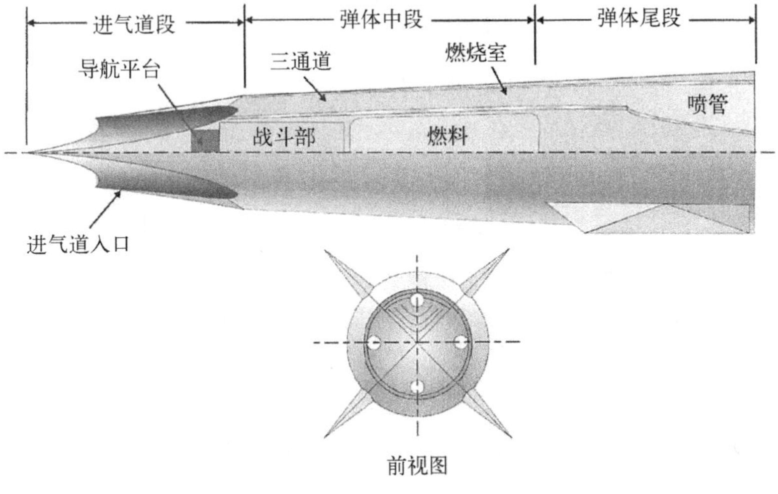

图 4.8　SCRAM 计划

划采用各种喷射方法、燃烧室结构和燃料进行了几百次试验。由于 SCRAM 计划所用的燃料易燃且有毒,最终未被用户采纳,SCARM 计划于 1977 年结束。

图 4.9 HRE

1964 年,NASA 启动了高超声速研究发动机项目(图 4.9),采用氢燃料冷却和水冷却等不同冷却方式,对马赫数 4~7 轴对称超燃冲压发动机进行了地面试验,验证了超燃冲压发动机技术的可行性。HRE 项目原计划在 X-15A 飞机上进行高超声速飞行挂载试验,由于 X-15 计划取消,该项目最终于 1974 年终止。

20 世纪 70 年代后期至 20 世纪 80 年代中期,对洲际导弹(以火箭发动机为动力)的研究占用了大量的经费和资源,使得对吸气式高超声速飞行器研究的投入减少,因此在这段时间内超燃冲压发动机的研究没有大的进步,对氢燃料超燃冲压发动机一直没有进行有动力的飞行试验,这种情况直到 NASP 计划的出现才得以改变。

2. 关键技术攻关及飞行演示验证研究阶段(20 世纪 80 年代至今)

该阶段典型代表为美国的 NASP 计划[2],主要开展超燃冲压发动机关键技术攻关工作。1986 年,美国政府宣布实施国家空天飞机计划,目标是发展以火箭基组合循环冲压发动机为动力的完全可重复使用、单级入轨、水平起降的空天飞机,以实现全球快速到达和廉价航天运输。在此期间针对马赫数 4~15 的氢燃料超燃冲压发动机开展了大量发动机设计与试验工作。

由于政治、经济和技术三方面原因,NASP 计划被迫于 1995 年终止,没有完成既定目标。从政治层面上看,NASP 计划提出时,美苏冷战尚未结束,该计划与"星球大战"计划相呼应,得到了美国国会的大力支持。但随着计划的开展,遇到的技术难度越来越大,同时苏联解体导致美国对该项目需求的迫切程度下降,最终该计划被终止。从经济层面上看,NASP 计划预算不足和试验费用高。从技术层面上看,高超声速技术基础薄弱,关键技术成熟度较低且目标太高,研制进度严重滞后。尽管如此,NASP 计划仍掀起了超燃冲压发动机技术的第二个研究热潮,在此期间多项关键技术得到了较为深入的研究,带动并建立了一大批地面试验设备,为吸气式高超声速技术的后续发展奠定了良好基础。

在超燃冲压发动机技术逐步得到地面试验验证之后,各国均大力开展超燃冲压发动机的飞行演示验证,以验证地面试验结果和设计、试验方法。该阶段的典型代表有俄罗斯的“冷”计划、GLL-VK、GLL-AP-02 和“锆石”计划,以及美国的 X-43A、X-51A[3]、HyFly 和 HAWC 计划等。

俄罗斯的“冷”计划研制的超燃冲压发动机试验飞行器(图 4.10),是在苏联 SA-5 防空导弹的基础上改装完成的。1991 年 11 月 27 日,苏联的“冷”计划完成了第一次飞行试验,实现了亚燃/超燃冲压发动机工况模态的转换。SA-5 导弹将验证发动机助推到 35 km 的高空后,超燃冲压发动机点火,在平直弹道末端,超燃冲压发动机燃烧了 27.5 s,其中马赫数 5 以上速度范围内工作了 5 s,飞行器最大速度达到马赫数 5.6。之后,俄罗斯分别与法国国家科学中心、美国 NASA 合作,完成了四次“冷”计划飞行试验,在这些试验过程中,超燃冲压发动机的工作时间越来越长,最长工作时间为 77 s,最大速度为马赫数 6.49。然而,“冷”计划完成的飞行试验为挂飞试验,并非超燃冲压发动机自主飞行试验。

图 4.10　俄罗斯“冷”计划超燃冲压发动机试验飞行器

GLL-VK 飞行器英文代号“IGLA”,采用翼身组合体构型(图 4.11),长为 8 m,重量为 2 200 kg,飞行马赫数可达 6~14,采用三模氢燃料超燃冲压发动机。在 2004 年、2005 年、2011 年和 2013 年,俄罗斯发射可能装有 GLL-VK 机动弹头的白杨- M 洲际弹道导弹。GLL-AP-02 由俄罗斯格罗莫夫试飞院进行研制(图 4.12),称为“俄罗斯版 X-51A”。该飞行器长为 3 m,重量仅为 550~600 kg,采用碳氢燃料超燃冲压发动机,由 IL-76 运输机投掷发射,最大速度为马赫数 6,具备军民两用前景。LII 计划在未来 3~4 年内完成全部飞行试验。“锆石”高超声速巡航导弹射程为 400~600 km,已于 2016 年 3 月完成首飞,预计 2020 年后进入批产。

图 4.11 GLL-VK 飞行器

图 4.12 GLL-AP-02 高超声速飞行器

X-43A 是目前进行得最为成功的超燃冲压发动机计划之一。2004 年 4 月和 11 月，美国 NASA 的 X-43A 两次成功的飞行试验速度分别达到了马赫数 6.7 和马赫数 9.8，创造了吸气式发动机新的飞行纪录，到现在仍然是高超声速飞行速度的纪录保持者。

HyFly 计划来源于 DARPA 制订的"经济上可承受的快速反应导弹演示弹"计划（图 4.13）。采用双燃烧室冲压发动机，飞行速度为马赫数 6，射程为 1 100 km。迄今，HyFly 共完成 5 次空中发射试验，前两次分别为无动力飞行试验和助推飞行试验，后三次为高超声速飞行试验均告失败。

X-51A 为美国经济上可承受的快速反应导弹演示弹（advanced rapid response missile demonstrator, ARRMD）计划的一部分，自 2010 年起共进行了四次飞行试验（图 4.14）。第一次飞行试验超燃冲压发动机正常工作 143 s，取得了较大成功；第二次、第三次飞行试验分别由于进气道及控制舵面出现故障，试验失败。2013 年 5 月 1 日，X-51A 进行了第四次飞行试验，超燃冲压发动机工作了 240 s，飞行速度达到马赫数 5.1，飞行距离约 426 km，飞行试验取得圆满成功，创造了高超声速飞行器飞行距离的纪录。

图 4.13 HyFly 导弹挂到 F-15 上

图 4.14 X-51A

2014 年,在 X-51A 的基础上,美国空军和 DARPA 联合提出了“高超声速吸气式武器概念”(hypersonic air-breathing weapon concept, HAWC)项目(图 4.15),该项目是美国重点实施的高超声速巡航导弹演示验证项目和下一代战术导弹背景型号。巡航马赫数为 5~6,射程约为 1 000 km,发射平台考虑与战斗机、轰炸机和海基通垂发射系统的兼容性,计划 2020 年完成武器化实弹试验技术验证测试。2016 年 9 月和 10 月,DARPA 已分别授予了洛克希德·马丁公司和雷声公司合计 3.75 亿美元的第二阶段合同,用于研制战术级高超声速巡航导弹演示验证弹。

图 4.15　HAWC 导弹概念图

俄罗斯的吸气式高超声速典型研究计划有“锆石”、“吸气式空射高超声速导弹”和“布拉莫斯-2”。“锆石”高超声速巡航导弹飞行速度为马赫数 6,射程为 400 km,已完成两次飞行试验,2018 年推出量产计划;“吸气式空射高超声速导弹”计划飞行速度为马赫数 6,射程为 1 500 km,适装图-95MS 和图-22M 轰炸机,已列入俄罗斯 2018~2025 年新版国家武器装备计划;“布拉莫斯-2”是俄印联合研制的高超声速巡航导弹(图 4.16),以煤油为燃料,射程为 290 km,飞行马赫数为 5~7[4]。2016 年 6 月,据“布拉莫斯-2”航宇公司透露,“布拉莫斯-2”将在 2022 年启动工程研制,预计 2024 年完成样弹研制。此外,欧洲空间局在 2015 年莫斯科航展上还展出了其最新研制的 Hexafly 高超声速试验型飞行器(图 4.17),该飞行器可从马赫数 5 加速到马赫数 8。

图 4.16　“布拉莫斯-2”

图 4.17　Hexafly 高超声速试验型飞行器

图 4.18 为吸气式高超声速飞行器的发展历程。

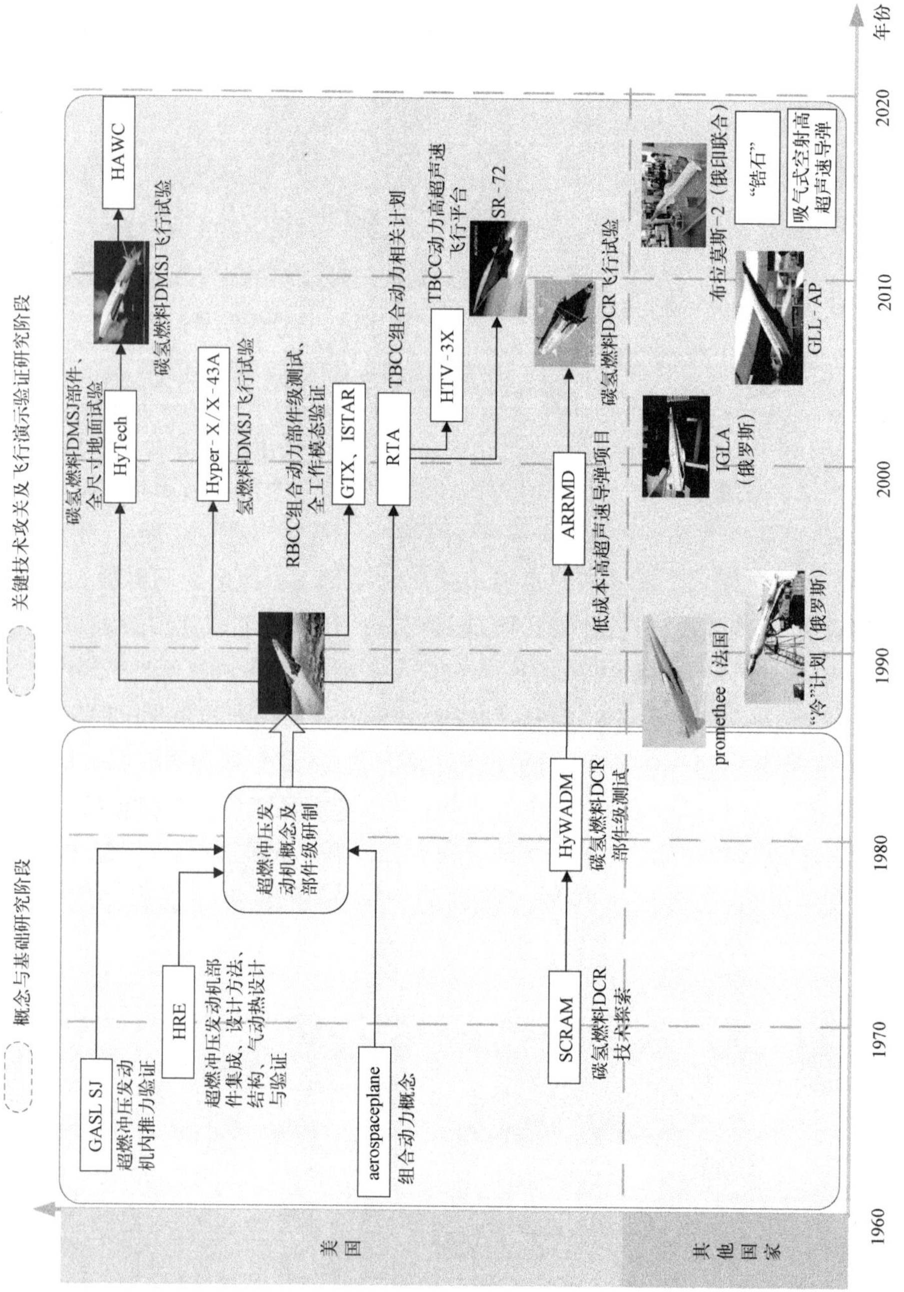

图 4.18 吸气式高超声速飞行器发展历程

4.1　吸气式高超声速飞行首次突破——X-43A

如果问两分钟的时间你能做些什么,相信对很多人而言,这还真是道难题。泡杯茶,时间不够,抽支烟,时间也不够,甚至连打个盹的时间都不够。可是美国国家航空航天局的科学家告诉你:两分钟,足以从北京到天津跑一个来回!这绝不是天方夜谭。2004 年 3 月 27 日,美国国家航空航天局的 X-43A 试飞成功,在高约 30 000 m 的高空,其飞行速度达到超乎想象的马赫数 6.8,创造了当时的吸气式高超声速飞行速度的吉尼斯世界纪录。美国科学家称 X-43A 的试飞成功是"莱特兄弟首次飞行以来航空技术的最重大突破"。

4.1.1　早期探索

国家空天飞机计划在 1995 年取消后,美国充分认识到吸气式单级入轨空天飞机巨大的技术难度,总结了经验教训,重新制定了稳妥的吸气式高超声速技术发展战略,明确提出了分三步走的思路:首先以研制高超声速巡航导弹为突破口;其次研制高超声速飞机;最后发展能执行天地往返运输任务的空天飞机。在此背景下,NASA 于 1996 年启动了高超声速飞机试验(Hyper-X)计划(图 4.19)验证超燃冲压发动机技术,成为 NASP 的延续。

Hyper-X 计划包括 X-43A、X-43C、X-43B 和 X-43D。X-43A 以气态氢为燃料,验证在马赫数 7 和马赫数 10 条件下的有动力和无动力飞行;X-43B 为可重复使用组合循环飞行验证机(RCCFD),验证由亚声速飞行到高超声速飞行的所有推进模式;X-43C 是采用烃燃料超燃冲压推进系统的验证机,验证从马赫数 5 加速到马赫数 7 时的自由飞行性能和超燃冲压发动机的性能;X-43D 是液态氢燃料双模态超燃冲压发动机验证机,飞行速度为 $Ma10\sim15$。

4.1.2　研制历程

X-43A 由 NASA 兰利研究中心牵头,德莱顿飞行研究中心提供飞行试验场地。NASA 负责整个项目的协调管理,包括试验飞行器设计、空气动力学与风洞试验、用于降低飞行试验风险的计算流体动力学技术支持、空气动力及推力数据库、飞行模拟、飞行器验证试验及飞行器总装、飞行准备与飞行试验。阿连特技术系统公司和波音公司负责 X-43A 及适配器的研制。波音公司鬼怪工程部负

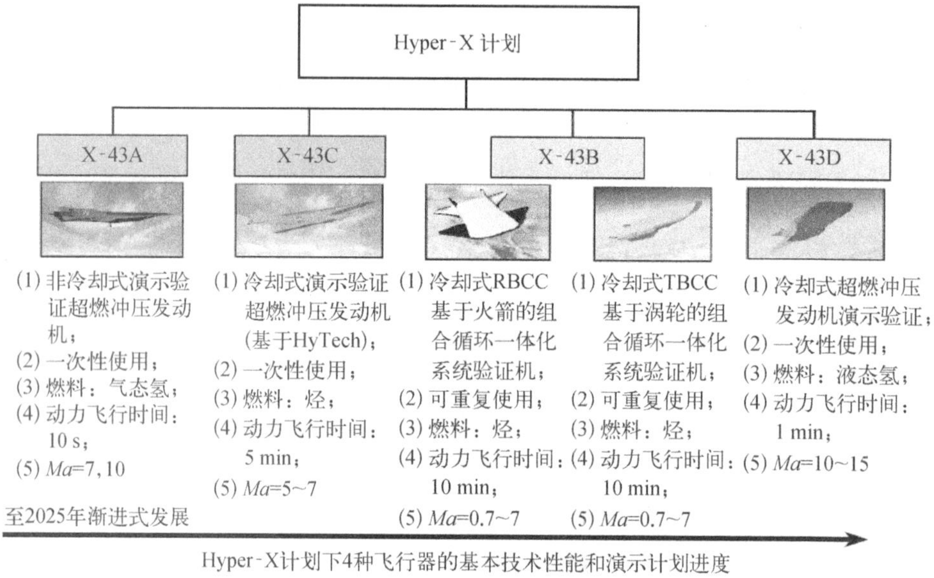

图 4.19　Hyper-X 计划

责设计飞行器的热防护系统和机上控制系统等。轨道科学公司负责 X-43A 空射助推火箭的设计、研究、制造和相关试验[5]。

X-43A 长为 3.7 m、宽为 1.5 m、高为 0.6 m 的升力体气动布局，质量为 1 362 kg。表 4.1 给出了 X-43A 的主要技术参数。

表 4.1　X-43A 主要技术参数

长	3.7 m	燃料	气态氢
宽	1.5 m	飞行高度	29 ~ 33.5 km
高	0.6 m	飞行马赫数	7, 10
最大质量	1 362 kg	动力飞行时间	5 ~ 10 s
发动机	超燃冲压发动机	助推火箭	改进的飞马座一子级

1. 巧妙的气动外形设计

波音公司负责 X-43A 空气动力学设计和结构设计。X-43A 采用了非常传统的升力体结构设计，在机身后部设计了控制面，包括全动式水平尾翼、双垂直尾翼与方向舵（图 4.20）。为了减小高超声速巡航飞行时的阻力，将 X-43A 前缘设计得很尖，同时控制面很薄。前机身下部的外形设计为超燃冲压发动机进气道压缩斜面，同时后机身下部的外形设计为单膨胀喷管面。机体上表面曲率变化缓和,机身前段包含大块的压舱段,从而使 X-43A 的重心足够靠前,以提供较好的纵向稳定性。

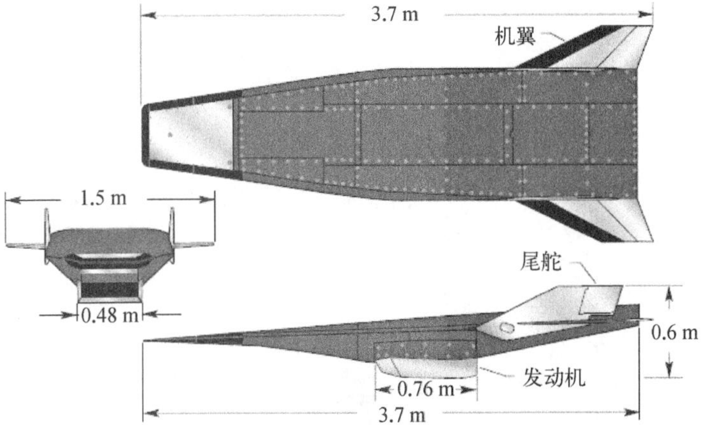

图 4.20　X-43A 气动外形

为了将气动阻力降至最小,X-43A 的前缘设计(图 4.21)采用非常小的曲率半径(约 0.8 mm),后来将这一指标要求放宽到 1.3 mm。即使这样,前缘碳-碳材料的制造和碳化硅层涂覆的难度也非常高。通过各承包商及子承包商 SAIC 和 NASA 专家的不懈努力,最终使这些薄型前缘达到满意的性能。

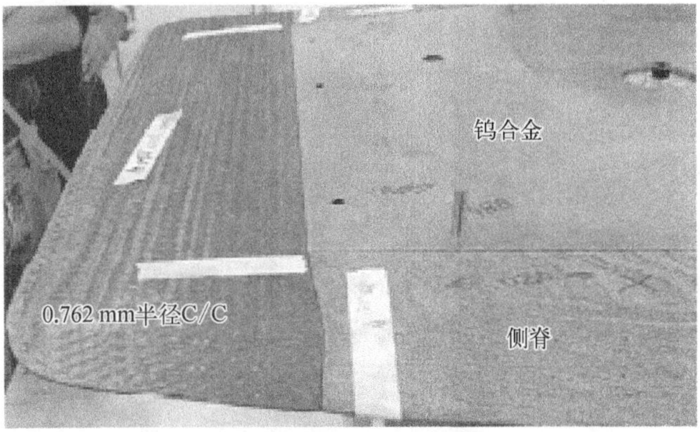

图 4.21　X-43A 前缘设计

2. 先进的热防护结构与材料

当 X-43A 在空气中高超声速飞行时,机体与大气剧烈摩擦,能够产生相当高的温度。当飞行速度达到马赫数 7 时,前缘最高温度可达 1 780℃;当飞行速度达到马赫数 10 时,前缘最高温度约可达 2 200℃,因此对机体的热防护系统(图 4.22)的要求十分苛刻。

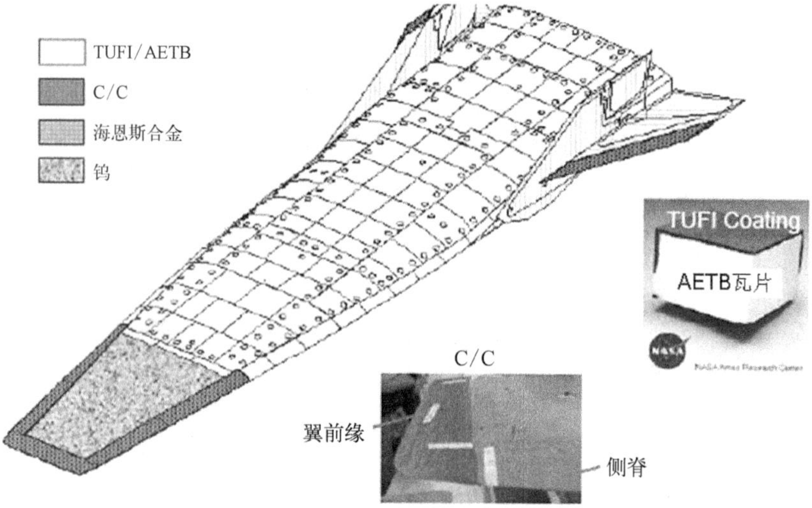

图 4.22　X-43A 热防护系统

X-43A 采用被动热防护方案。X-43A 机身前段大部分采用实体钨材料制成,以简化该区域的热防护设计。在钨制楔形头加热量最高的边缘采用碳-碳前缘和机身边条进行热防护,而相对短的飞行时间可以防止大部分钨制楔形头表面被加热。水平控制面和垂直控制面采用组合式焊接结构,其主体结构使用 Haynes 230 合金制备,机翼前缘使用碳-碳复合材料制备。飞行速度为马赫数 7 的 X-43A 水平机翼前缘采用类似各项同性的 K321 纤维碳/碳热防护材料,表面再涂覆一层碳化硅材料;机翼的边条采用针状碳/碳聚丙烯腈基纤维碳-碳热防护材料,并覆盖一层碳化硅。飞行速度为马赫数 10 的 X-43A 水平机翼表面和垂直机翼表面都采用碳-碳热防护材料,并在其表面涂覆碳化硅。

3. 超强功能的"心脏"——超燃冲压发动机

X-43A 创造极速神话的奥秘在于其独特的"心脏"——超燃冲压发动机。X-43A 的发动机(图 4.23)由 ATK GASL 公司负责设计制造。该发动机采用气态氢燃料和硅烷点火剂。发动机采用矩形流道、机身一体化设计,其前、后机身作为发动机内部压缩和膨胀面的外延,提供外部压缩和膨胀面。X-43A 发动机的主要特点之一是采用可调式进气道,能够在助推段关闭以保护超燃冲压发动机内流道,在发动机工作段进气道打开,确保提供超燃冲压发动机正常工作所需的空气,而在下降段进气道再次关闭。发动机的整流罩和垂直前缘都很尖锐,在助推段和发动机工作段采用水冷方式进行热防护,且在关键位置采用了氧化锆涂层以提供附加的热防护。X-43A 子系统还集成了氮气吹除系统,可以在飞行试验段冷却相应的 X-43A 子系统。

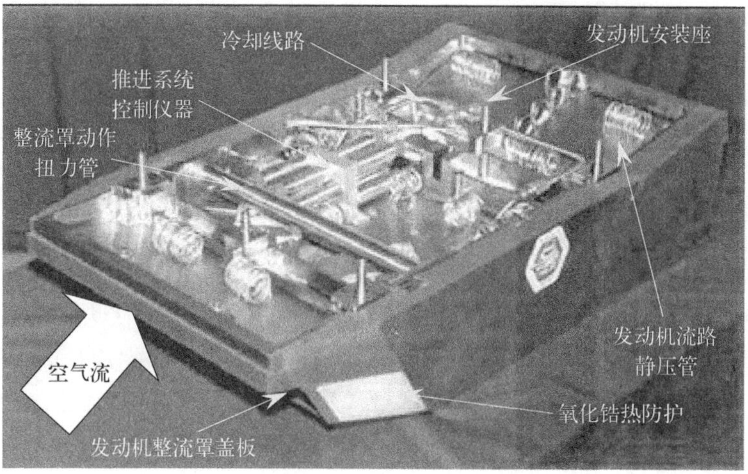

图 4.23　X-43A 发动机

在 X-43A 发动机的设计和试验过程中,研制团队发现发动机前缘及其导流板采用水冷方式,每冷却循环一次都会损失一定量的水,因此必须考虑携带的水量。同时,小型高压液压控制阀也是设计难点之一,而且由于其高压特性,必须对阀门进行多轮试验和重复设计,以获得所需的合格工艺和可靠性。

4. 独一无二的分离系统

在 X-43A 项目开始后,最担心的是 X-43A 与改进飞马座助推器的分离问题。在如此复杂的高超声速和高动压(分离动压约为 49 kPa)条件下,还没有任何两个飞行器能在马赫数 7 和马赫数 10 的飞行条件下成功分离。

一种分离方案是在亚轨道上实现助推器点火,即 X-43A 在零动压下实现分离后再入,降低至合适的速度和高度进行超燃冲压发动机飞行验证。该方案将导致 X-43A 承受剧烈的气动加热,必须采取非常先进的热防护措施。另一种方案是在飞马座助推器第一级上加装整流罩,使其外形近似为标准的三级运载火箭助推形式。X-43A 不是安装在整流罩头部,而是半嵌入或者安装在整流罩内下部。在分离时,X-43A 在飞马座助推器上仰过程中从飞马座助推器上自由脱落,超燃冲压发动机点火。由于未通过可行性分析,上述两种方案最终均被否定。

经过工程人员的努力，提出了如下解决方案，即在 X-43A 验证机和改装的飞马座助推器设计一种称为适配器的连接装置[6]。适配器在提供结构传力路线和稳定性的同时，实现 X-43A 后段机身、发动机出口截面与飞马座助推器圆柱形截面间的流线型气动过渡，适配器内安装级间分离机构，负责在飞马座助推器工作完毕后实现 X-43A 与飞马座助推器之间的安全分离。图 4.24 为适配器示意图[7]。

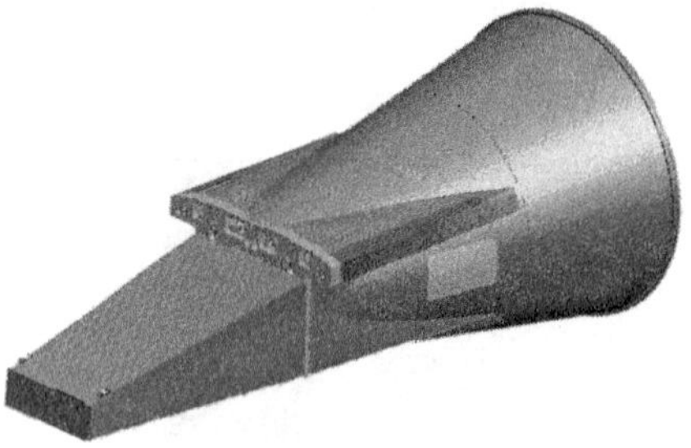

图 4.24 适配器示意图

5.飞行试验

X-43A 原本计划完成 4 次飞行试验(一次为马赫数 5，一次为马赫数 7，另外两次为马赫数 10)，其中首次飞行试验原计划在 1998 年初完成。然而，机身和动力系统的技术问题导致了重大延迟，第一架 X-43A 直到 1999 年 10 月才被正式交付给德莱登飞行研究中心。之后，由于软件问题、供应商没有及时交运设备，以及将系统集成到 X-43A 上遇到的困难等，计划在 2000 年 1 月完成的飞行试验再次被搁置，这些问题在 2000 年都没有得到解决。此外，由于预算问题和资金限制，取消了马赫数 5 的飞行试验，研制的 X-43A 由原来的 4 架减少为 3 架。

飞马座火箭是美国第一种由载机送到高空并从空中发射的运载火箭。飞马座火箭由一、二、三子级和整流罩组成。X-43A 飞行试验中的助推器采用了飞马座火箭的一级助推器并进行了改进。X-43A 及其适配器安装在飞马座助推器前端的顶部。试验中助推火箭使用了新型的热防护系统，用来避免火箭在较低海拔条件下高超声速飞行时受热负荷的破坏。此外，对一子级制导系统进行升级，重新配置电子设备，以确保高超声速飞行中的配重。X-43A 的助推火箭主要性能参数见表 4.2。

表 4.2 飞马座助推火箭主要性能参数

长度/m	15	分离点状态	飞行马赫数为 7~10，高度为 29~33 km
翼展/m	6.7	直径/m	1.27
发动机	Orion 50S 固体火箭发动机	质量/kg (包括 X-43A)	16 919

X-43A 的典型飞行过程为：首先 B-52 载机携带 X-43A 和助推火箭的组合体从德莱登飞行研究中心的爱德华兹空军基地起飞至海军空战中心武器系统部的海上靶场将组合体投放[图 4.25(a)]；其次飞马座助推火箭点火工作[图 4.25(b)]，加速爬升，当飞马座助推器将 X-43A 助推到一定高度(29～33 km)、飞行马赫数为 7～10 时，X-43A 与助推器分离[图 4.25(c)]；最后超燃冲压发动机进气道舱门打开，发动机点火并工作，X-43A 开始自主飞行[图 4.25(d)]。发动机关机后，进气道舱门关闭，X-43A 开始无动力飞行，最终溅落在太平洋。X-43A 溅落在太平洋之后不会回收。设计的飞行航迹经过严格的计算，任务可能产生的碎片都将坠入指定的试验区域，在试验过程中，该区域没有船舶行驶。图 4.26 为 X-43A 飞行试验的飞行剖面。

(a) B-52携带X-43A和助推器的组合体起飞

(b) 助推器点火工作

(c) *Ma*7/*Ma*10级间分离

(d) X-43A自主飞行

图 4.25 X-43A 飞行试验典型飞行工况

为了在既定试验区域发射飞行器，B-52 载机必须在 3 min 的发射窗口内投放 X-43A 组合体，此时 B-52 以马赫数 0.8 的速度飞行。为达到这一发射目标，

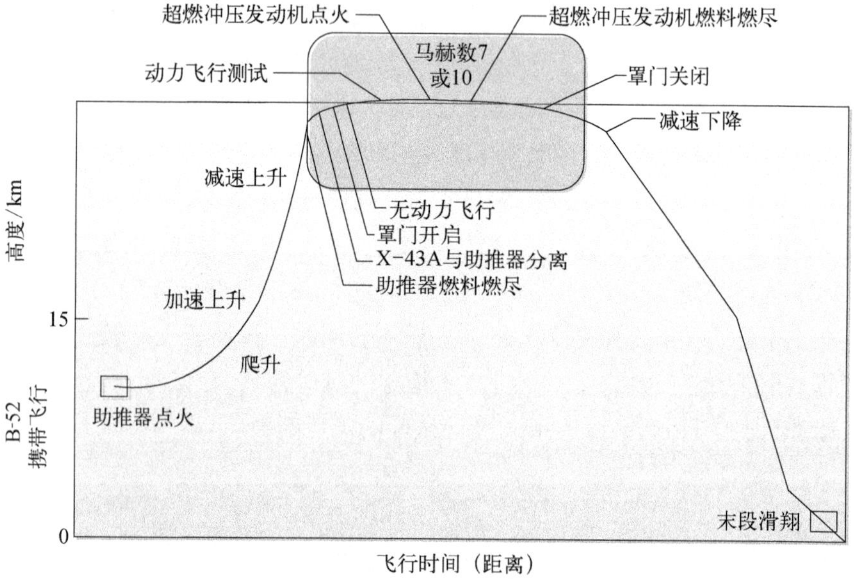

图 4.26　X-43A 飞行试验的飞行剖面

必须在 B-52 地面航迹上确定航路点的位置。DFRC 飞行操作工程部门的飞行任务设计师仔细定义 45 min 挂飞过程中的飞行活动，保证所有飞行器上的准备工作可按照既定的时间节点完成。图 4.27 给出这些航路点和 B-52 的地面航

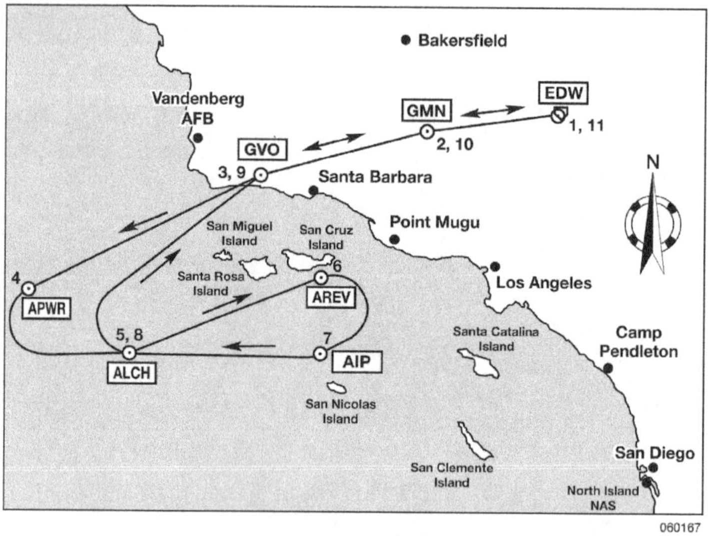

图 4.27　B-52 的地面航迹和发射验证机之前的航路点

注：EDW-爱德华兹；GMN-戈曼；GVO-Gaviota；APWR-电力切换点；ALCH-发射点；AREV-倒转点；AIP-初始点

迹。在飞行任务中,B-52 的起飞和降落均在爱德华兹空军基地完成。

表 4.3 总结了飞行过程中 B-52 的飞行任务描述和乘员职责。整个研究任务由 DFRC 任务控制中心的飞行研究团队控制和监测。

表 4.3 B-52 的飞行任务描述和乘员职责

航路点			任务时间	下一航路点前需执行的飞行活动
序号	标注	描述		
1	EDW	B-52 从爱德华兹空军基地起飞	00:25	B-52 飞行员执行航向调整机动
2	GMN	陆标	00:35	飞行监测从 WATR 的设备切换到 NAWC-WD 的设备
3	GVO	最后一个陆地点	00:44	助推火箭飞行终止系统加电 X-43A 加电,机内自检测,断电
4	APWR	动力转换点	00:56	助推火箭飞行终止系统动力转换 X-43A 系统检测
5	ALCH	发射点(反向)	01:04	稳态飞行,助推火箭的工程师监测是否到达发射窗口条件
6	AREV	倒转点	01:14	X-43A 系统检测
7	AIP	初始点	01:20 (L-9)	B-52 的速度和高度调整到理想的飞马座助推火箭发射条件 X-43A 系统状态验证 X-43A 和助推火箭转换到内部动力 X-43A 机内自检测 撤掉安全钓钩和销 助推火箭的舵执行系统加电并执行机内自检测 X-43A 的阀门激活 启动 X-43A 适配器的相机
8	ALCH	发射点	01:29	在 DFRC 任务控制中心监测站的提示下,B-52 飞行员发射助推火箭
9	GVO	飞过陆上点	01:42	飞行监测从 NAWC-WD 的设备切换到 WATR 的设备
10	GMN	陆标(反向)	01:51	
11	EDW	在爱德华兹空军基地着陆	01:58	发射后的任务列表

1）首飞失利

如何改进助推器使其适用于马赫数 7 飞行试验是 X-43A 首飞需要解决的问题之一。在正常情况下，HXLV 的关机速度为马赫数 10，超过了 X-43A 的分离速度马赫数 7，因此必须降低助推器能量。第一种解决方案是减少 590 kg 的固体推进剂，使 HXLV 在 B-52 上以 12 km 的高度、马赫数 0.8 的速度发射，最终使 X-43A 的速度达到马赫数 7，发动机关机，但是该解决方案会给发射带来一定的风险。第二种解决方案是采用低空/较慢速度的发射剖面，即发射高度为6 km、发射速度为马赫数 0.5。最终采用了第二种解决方案。

2001 年 6 月 2 日，加利福尼亚州爱德华兹空军基地一派繁忙景象。工程师小心翼翼地将 X-43A 绑到一枚改装过的飞马座火箭上，再将火箭装载到 B-52 机翼下将它搭载到高空。如果试验成功，美国国家航空航天局将再次创造飞行奇迹，因此这次飞行试验称为“革命之旅”。图 4.28 为第一次飞行试验前在进行地面测试的 X-43A。

图 4.28　第一次飞行试验前在进行地面测试的 X-43A

当地时间 2001 年 6 月 2 日下午 3 时 30 分，一架搭载 X-43A 和改装后的飞马座火箭组合体的 B-52 轰炸机从加利福尼亚州爱德华兹空军基地升空向西飞去，两架 F-18 战斗机在 B-52 轰炸机两侧飞行监视（图 4.29），以便让守在基地的专家及时掌握试验情况。B-52 很快就飞到约 7.3 km 高的预定地点上空。在 5.2 s后，飞马座火箭发动机点火，火箭像一条火龙从机翼下穿过。然而，很快飞马座助推器发生故障,组合体失去了控制,并没有爬升,而是螺旋式下降到云层下面。在离开飞机 48.6 s 后,控制人员被迫将 X-43A 和飞马座助推器的组合体引爆并坠入太平洋(图 4.30)。

图 4.29　挂载 X-43A/助推器组合体的 B-52 及伴飞的 F-18 战斗机

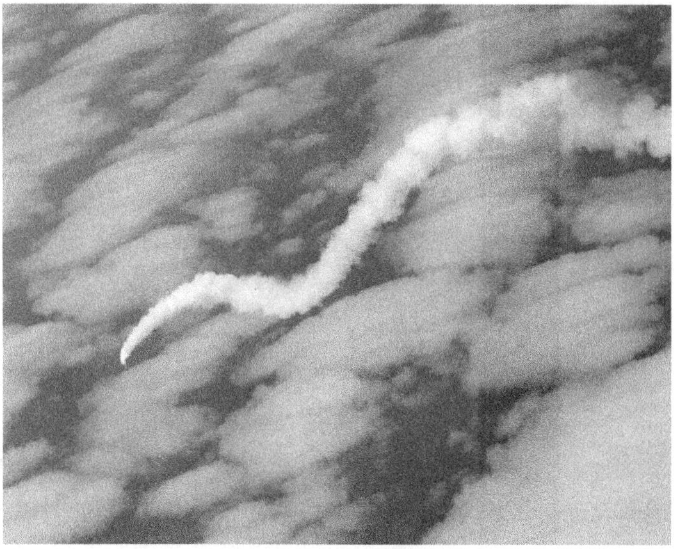

图 4.30　第一次飞行试验中 X-43A/飞马座助推器的组合体坠入太平洋

驾驶 F-18 NASA 846 的 Fullerton 后来回忆:"我看到尾焰中有点脉冲,像是某些东西进入尾焰中的闪光,当时我以为只是些离散的颗粒,实际上是某个翼面从火箭上脱落,然后是另一个翼面,很快所有的都结束了。火箭失去控制,沿着螺旋式下降轨迹冲向水面。”

Jim Ross 是 B-52 左边的 F-18 NASA 852 的摄影师,他后来回忆:“我看到它下降、加速,从那开始,我几乎拍光了所有带来的胶卷。然后我们发现它一会向左摇,一会又向我们飞来,但只是短短一瞬间,然后它开始螺旋下降。我们保持位置不变,我另外一个拍轰炸机的相机飞了出去,于是我抓住它并开始拍照。你可以看到它(火箭)飞向海洋时的烟迹。”

2001 年 6 月 5 日,根据 NASA 负责航天技术的副署长口头指示,事故调查委员会开始 X-43A 首飞失利的调查工作。马歇尔航天飞行中心的 Robert W Huges 担任委员会主席,其他成员包括戈达德航天飞行中心、马歇尔航天飞行中心、NASA 兰利研究中心、德莱顿飞行研究中心等的专家。经过漫长的调查和分析,2002 年 3 月 8 日,事故调查委员会对 X-43A 首飞失利给出了调查结论: HXLV 在跨声速区域飞行时存在不稳定因素,经改装的飞马座助推器在跨声速区域飞行时同样是不稳定的,但其是在高速/高空条件下发射,可以使飞马座助推器在失控之前完成跨声速转变。HXLV 在低速/低空条件下发射且其加速过程较慢,使得跨声速区域过长,发生不稳定现象,超出了伺服舵机的最大负载力矩范围,最终导致 X-43A 失去控制。

X-43A 首次飞行试验的失败使耗资 1.85 亿美元的项目灰飞烟灭,也给美国高超声速技术发展带来了一次严重的打击。慎重起见,原计划在 2002 年年底前完成的第二、第三次飞行试验不得不推迟 2 年进行。

2) 第二次飞行试验——凤凰涅槃

事故调查委员会 2002 年发布的调查报告,成为 X-43A 重返飞行的基础。事故调查委员会认为飞行器气动与控制系统存在问题。因此,研究团队在飞行器气动特性预示、舵面作动系统、自动驾驶仪控制模型、高可靠分离模型等方面做了大量工作,并选择更为稳妥的高空/高速发射剖面,即发射高度为 12 km,发射速度为马赫数 0.8。尽管如此,但数值模拟结果表明,舵机伺服系统提供的负载力矩仍然不够,必须增加舵机伺服系统的负载力矩。通过改进,最后将舵机伺服系统的负载力矩从 2 430 N·m 提高至 4 050 N·m。上述改进工作为 X-43A 的后续两次飞行试验的成功奠定了重要基础。

德莱登飞行研究中心的 Griff Corpening 是两次 X-43A 马赫数 7 飞行的总工程师,其回忆起第二次 X-43A 任务临近时的心情,“我们对第二次飞行有足够的信心,可以说是真金火炼的自信,自信中又夹杂着谦卑。我强烈地感觉到我们已经做了所有应该做的，以及所有想要做的。但是我们也意识到需要降低飞马座弹道，飞跃负攻角领域，我们仍将分离视为高风险的内容。没有人在马赫数 7 的自由飞行条件下飞行过这种形状的试验飞行器。我们对面前的道路非常重视，同时非常自信”。

2004 年 1 月 26 日，第二架 X-43A（图 4.31）完成了所有地面测试过程，结果表明其满足所有飞行任务目标。

图 4.31　X-43A#2 吊在爱德华兹空军基地的 B-52B 机翼下进行最后准备工作

2004 年 3 月 27 日，第二架安装在飞马座助推火箭上的 X-43A 由 B-52B 携带，从 NASA 德莱登飞行研究中心再次升空。飞机在南加利福尼亚州以西 80 km、海拔为 12 km 的位置将火箭释放。X-43A 被飞马座助推火箭加速并送到 29 km 的高空后，与飞马座助推火箭分离，10 s 后超燃冲压发动机点火，X-43A 开始靠自身动力并按预先编制的程序自主飞行。X-43A 的超燃冲压发动机工作了约 10 s，产生了正推力并获得了宝贵的飞行数据。完成超燃冲压发动机试验后，X-43A 进入高速机动滑翔阶段，此阶段收集了近 10 min 的高超声速气动数据，之后结束飞行任务，落入太平洋。此次飞行试验在跨声速时 X-43A 能稳定飞行，舵机伺服系统及其他分系统在发射段、助推段均非常成功，适配器与 X-43A 缝隙之间的高速气流未对试验产生影响。超燃冲压发动机点火将 X-43A 加速，发动机性能接近预期状态。X-43A 第二次飞行试验打破了以吸气式发动机为动力的飞行器最高飞行速度纪录，创造了当时的吉尼斯世界纪录（图 4.32）。

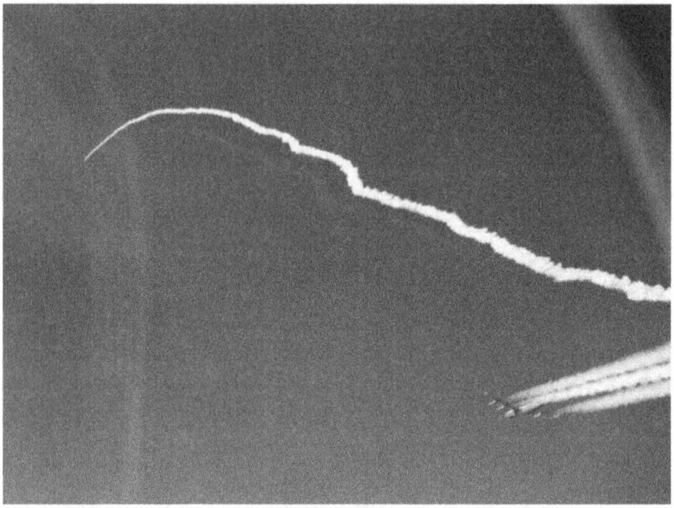

图 4.32 X-43A/助推器组合体从 B-52 发射后的轨迹

经过计算,超燃冲压发动机工作时的最高飞行速度为马赫数 6.83,X-43A 成为历史上最快的吸气式飞机(图 4.33)。之前的吸气式飞机速度纪录保持者为 SR-71,它于 1976 年达到了马赫数 3.32。X-43A 飞行速度是之前纪录的两倍。这是一条漫长的道路,距离 X-43A 首飞失败已经过去近 3 年。

图 4.33 X-43A 吉尼斯世界纪录证书

德莱登飞行研究中心人员 Linda 回忆道:"我们的情绪就像在坐过山车,一会儿欣喜若狂,一会儿焦虑不安,什么都混合在一起,还夹杂着浓浓的希望。刚开始发射、飞马座离开 B-52 时,每个人都看着表,说'好,通过了 7 s'。很平,很直,很棒。宣布达到超声速时,控制室里有人欢呼。分离顺利、发动机在超声速下点火时,到处是快乐,到处是狂喜。最后一切顺利,毫无差错,控制室里再也没有哪双眼睛不是湿润的。太奇妙了,我们成功了。我们经过了烈火的考验,走过了漫长的道路,终于站在清凉的水中。"

3）第三次飞行试验

2003 年 2 月 1 日，“哥伦比亚号”航天飞机返回再入时失事，引发了美国航天活动的重新审查，将美国对 Hyper-X 等航天项目的注意力转移到了人类重返月球和载人火星着陆之类的长期项目。项目周期比预计要长，导致成本增加，项目管理层也受到压力，被要求在 2004 年年底完成 X-43A 的第三次飞行试验。

第二次飞行试验数据的处理和分析一直持续到 2004 年 4 月。2004 年 5 月初，研究团队开始把注意力转移到第三次飞行试验。由于迫切需要在 2004 年年底完成第三次飞行试验，所以项目管理层决定将第二次飞行试验的数据分析加入飞行器系统的第三次飞行模型，确保飞行软件满足日程安排。与第二次飞行试验不同，第三次飞行试验尝试飞行的速度更高（马赫数 10），因此第三架 X-43A 采用了更厚的热防护层，包括在飞行器垂直尾翼前缘使用增强型 C/C 复合材料。

2004 年 11 月 16 日，飞行试验在 NASA 德莱登飞行研究中心进行。飞行前，NASA 的技术人员对第三架 X-43A 进行了最后的操作和检测（图 4.34）。B-52B 在 12 km 高的空中释放了飞马座助推火箭和 X-43A 的组合体，飞马座助推火箭将 X-43A 送到了 33.5 km 的高空，之后飞行器和飞马座助推火箭分离，接着超燃冲压发动机开始工作，X-43A 进行了 12 s 的自主动力飞行，飞行速度达到马赫数 9.8，动力飞行距离约为 33 km，在发动机停止工作后，飞行器又滑翔飞行了

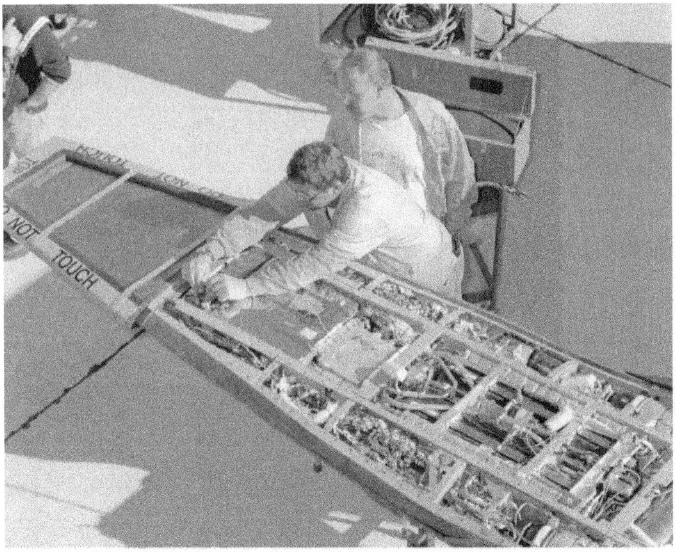

图 4.34　NASA 技术人员对 X-43A#3 进行飞行前操作和检测

10 min,落入太平洋。在整个 X-43A 飞行试验过程中,研究人员获得了充足的试验数据。第三架 X-43A 飞行速度达到了马赫数 10,打破了第二次飞行试验创造的飞行速度吉尼斯世界纪录。

4.1.3 后续发展

2001~2004 年,X-43A 总共完成了三次飞行试验,试验地点均在加利福尼亚州西靶场的爱德华兹空军基地,其中第一次飞行试验失败,后两次飞行试验成功。X-43A 飞行试验的成功验证了超燃冲压发动机高超声速自主飞行的可行性,但是其距离实际应用仍有较大差距:一是 X-43A 采用的是氢燃料,该燃料的优点是热值高,缺点是密度低,导致飞行器规模大,实用价值较低;碳氢燃料相对氢燃料热值低,但是密度大,具有更为广阔的应用前景;二是 X-43A 自主飞行时间较短,长时间自主飞行仍有待验证;在 X-43A 后,美国加大投入开展了以 X-51A 为代表的碳氢燃料超燃冲压发动机的关键技术攻关及飞行验证工作,保障其率先应用于高超声速巡航导弹、高超声速作战平台等军事装备。

4.1.4 历史意义

X-43A 是极受关注的吸气式高超声速研究项目,其凝聚了美国几十年来在超燃冲压发动机领域的心血和智慧,为世界高超声速技术的发展树立了两个重大里程碑:一是以超燃冲压发动机为动力的高超声速飞行器在大气层中实现了自主飞行;二是两个非对称的飞行器(飞马座助推火箭与 X-43A)在高超声速条件下成功实现分离。X-43A 的三次飞行试验为美国后续发展吸气式高超声速飞行器提供了宝贵经验,也对世界各国研究吸气式高超声速飞行器起到了巨大的推动作用。

4.2 吸气式高超声速飞行持续 240 s——X-51A

4.2.1 早期探索

X-51A 计划可以看作在美国"全球快速打击计划"战略推动下,国家空天飞机计划和 X-43A 计划的一个延续。

20 世纪 90 年代,美国提出了"全球快速打击计划",目的是让美军能在 1 h 内用常规武器打击地球上的任何目标。美国前总统肯尼迪曾预言,"谁控制了宇宙,谁就控制了地球;谁控制了空间,谁就控制了战争的主动权"。冷战结束之后,美国为了控制太空制高点,继续推行太空霸权主义。1998 年,美国空军航天司令部制定了“2020 规划构想”,明确提出四个空间作战概念,即控制空间、全球交战、全面力量集成、全球伙伴关系,以控制空间为首要和核心。2004 年,“美国空军转型飞行计划”明确提出,空军要具备空间优势、信息优势、全球打击、精确交战、快速全球机动、敏捷作战保障六方面的 16 种能力,实现空天一体化作战。

与此同时,在 NASP 计划因技术难度过大而被迫终止后,美国空军制定了高超声速超燃冲压发动机技术发展路线,并转而投资 HyTech 计划以延续其对高超声速技术的研究,HyTech 计划后来衍变为 HySet 计划。空军竭力推进 HyTech 项目的开发,并与美国国家航空航天局达成协议,利用在 Hyper-X 中的 X-43C 对 HyTech 发动机进行飞行试验,但在 2003 年,NASA 取消了 X-43C 计划。美国空军则用自己的经费继续进行此项研究,并启动了单一发动机演示验证器计划,对 HyTech 超燃冲压发动机进行飞行试验,恢复可负担快速响应导弹演示器中的乘波体方案,以保存和利用 NASP 计划中获得的特别是推进系统的有用成果。2004 年 1 月,美国空军研究实验室选择波音公司与普·惠公司共同制造 SED-WR 的验证机,2005 年,DARPA 与美国空军共同资助该计划,称为超燃冲压发动机演示器。2005 年 9 月 27 日,美国空军正式将该计划编号为 X-51A。X-51A 计划处于路线图的第二步(图 4.35)。

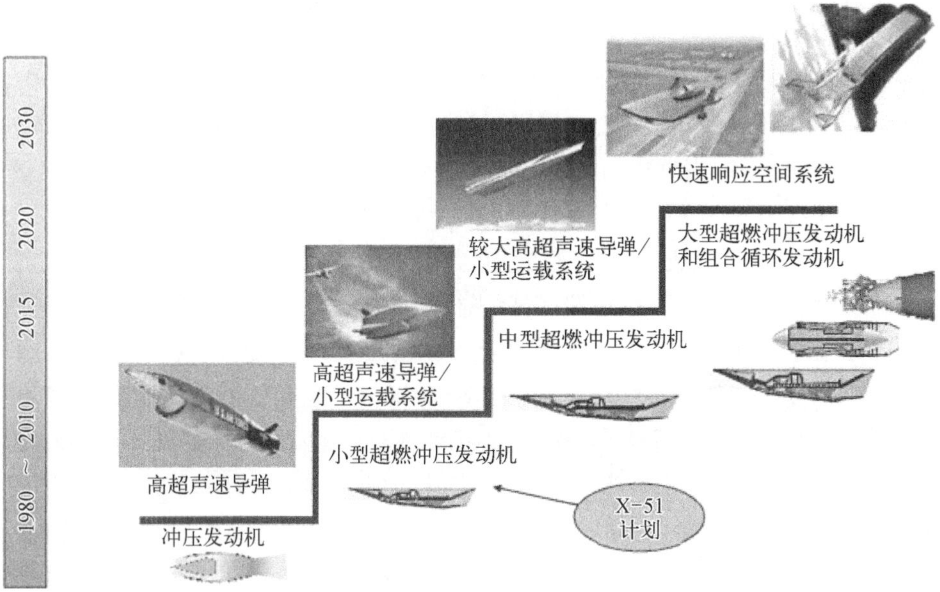

图 4.35　X-51A 计划处于美国吸气式高超声速技术发展的一个阶梯上

4.2.2 研制历程

X-51A 计划由美国空军和美国国防高级研究计划局共同出资，美国空军主持，项目负责人是 Charlie Brink。X-51A 计划的顺利开展得益于完善的组织管理、周密的计划安排和国家级研究团队的大力协同。该计划集结了美国多家政府机构和商业公司，由美国空军、DARPA、NASA、波音公司和普·惠公司联合实施，参与项目的这些单位都具有丰富的技术经验，他们由美国军方组织和管理，都对美国军方负责。X-51A 计划的组织管理模式见图 4.36。

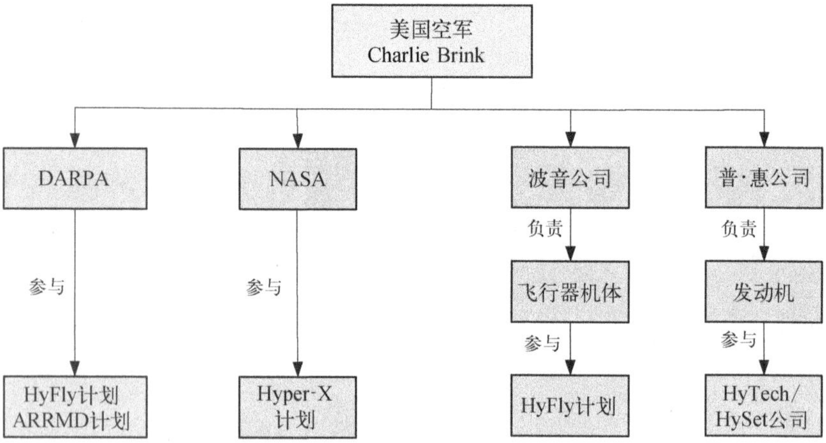

图 4.36 X-51A 计划的组织管理模式

X-51A 计划由两个关键环节组成，即超燃冲压发动机和乘波体飞行器。其中，普·惠公司负责超燃冲压发动机的研制；波音公司负责乘波体飞行器的研制及总装。对 X-51A 来说，发动机与机身一体化设计是关键问题之一。此外，用于投放 X-51A 的 B-52H 轰炸机必须与陆军战术导弹系统（army tactical missile system，ATACMS）的助推器集成为一个完整系统，ATACMS 的助推器将 X-51A 加速到适合超燃冲压发动机工作的飞行条件，包括飞行高度与飞行速度。所有的子系统与航电设备都必须满足设计要求，同时需要将发动机与 X-51A 的控制软件集成进去。

实际上，美国空军研究实验室早在 2003 年就已经开始着手研制试飞器，并在 2004 年 1 月决定采用普·惠公司的超燃冲压发动机验证机。2004 年 12 月，该计划完成了初始设计评审，并于 2005 年 1 月开始详细设计，2007 年 5 月通过关键设计评审，2009 年 12 月 9 日完成了首次携载系留飞行试验。2010 年 5 月～2013 年 5 月完成了 4 次自由飞行试验，尤其是第 4 次试验堪称圆满，标志着超燃冲压发动机技术取得了重大突破，整个计划的发展历程如图 4.37 所示。

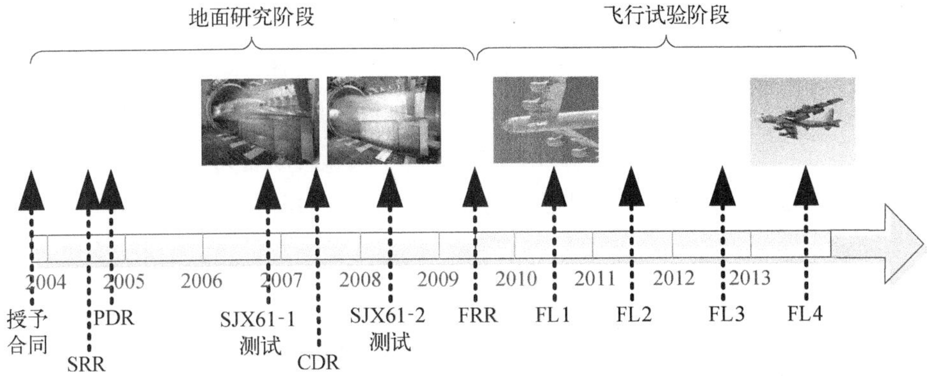

图 4.37 X-51A 计划的发展历程

注：SRR－系统需求评审；PDR－初步设计评审；CDR－关键设计评审；FRR－飞行准备状态评审；FL－飞行试验

X-51A 由巡航级、级间及助推器三部分组成，其中，助推器使用的是改进的陆军战术导弹系统，系统组成示意图见图 4.38。

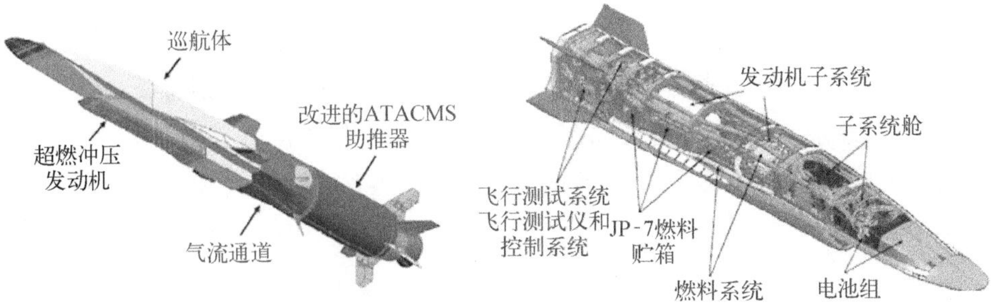

图 4.38 X-51A 系统组成示意图

X-51A 基本参数如表 4.4 所示。

表 4.4 X-51A 基本参数

总体	全长	7.62 m
	总质量	1 780 kg
	最大宽度	58.42 cm
巡航级	长度	4.27 m
	结构质量	671 kg
	发动机	SYJ61
	燃料名称	JP-7 碳氢燃料（军用航空煤油）
	燃料质量	120 kg

1. 先进的乘波体气动外形

当飞行器在大气中高超声速飞行时,将相继产生一系列激波,带来极大的波阻。X-51A 采用了一种乘波体气动外形,专门设计的尖锐头部可以按精确设计角度来分布和组织所需的激波系,使激波系产生的所有压力直接作用在机体下方,X-51A 就好像"骑乘"在激波上,从而提供升力。同时,乘波体气动外形可将高超声速下气流产生的激波聚集在腹部的矩形进气道入口,起到压缩空气的作用。这种设计思想可谓"一举两得"。

2. 工作时间更长的强大"心脏"——碳氢燃料超燃冲压发动机

X-51A 的动力系统采用一台 JP-7 碳氢燃料冷却式超燃冲压发动机(图 4.39)。与 X-43A 的氢燃料超燃冲压发动机相比,X-51A 的动力系统可工作时间更长。在工作时,液态的 JP-7 碳氢燃料由发动机前部注入热交换装置的两壁。在沿着热交换装置流动的过程中,JP-7 碳氢燃料吸收超燃冲压发动机燃烧所产生的热量,使燃烧室的壁面温度能保持在 1 400℃ 上下。通过调节 JP-7 燃料泵的压力,全权数字发动机控制系统保持一定的压强以防止碳氢燃料沸腾。碳氢燃料从热交换装置流出时处于一种超临界的热力学状态,它在流经燃料分配阀时膨胀为气态,紧接着气态碳氢燃料流入引射器。为了维持超燃冲压发动机的燃烧,需要将雾化的 JP-7 碳氢燃料预热,因此 X-51A 携带了另一种燃料——乙烯来为发动机点火并将 JP-7 碳氢燃料加热至可持续燃烧的温度。

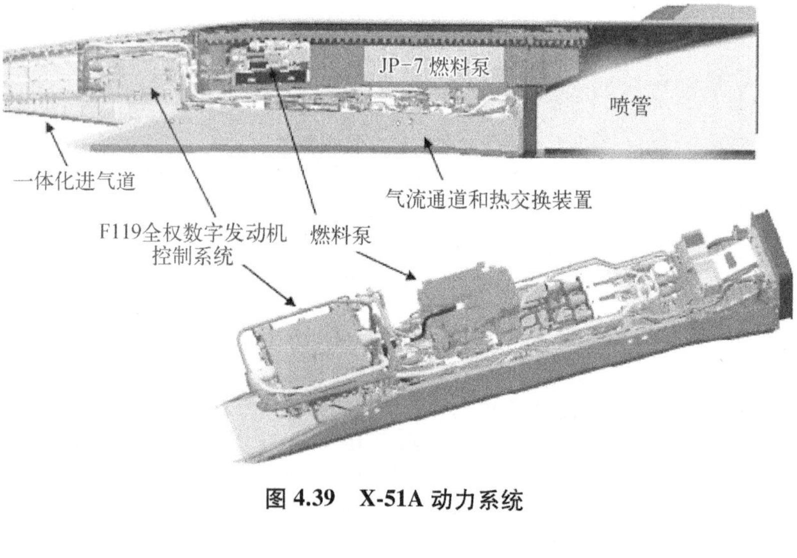

图 4.39　X-51A 动力系统

3. 先进的材料技术

X-51A 使用两种类型的热防护层——陶瓷和泡沫材料。其主体部分为金属材料的基本结构外覆盖轻质泡沫与陶瓷材料。其中,各部分的材料如下。

(1) 机体部分的框架板壁:金属铝;

(2) 巡航级与级间部分的蒙皮:金属铝;

(3) 固体助推器的全动尾翼、水平尾翼:金属铝;

(4) 级间部分的某些结构及助推器的尾锥:钛合金;

(5) 前鼻端:金属钨;

(6) 巡航级的四个可动小翼前缘:碳-碳复合材料;

(7) 超燃冲压发动机的舱壁:铬镍铁合金;

(8) 助推器:钢。

4. "命运多舛"的 X-51A 飞行试验

X-51A 团队计划完成 4 次高超声速飞行试验。飞行试验将在加利福尼亚州穆古角的海军作战中心——海上靶场上空进行。在设计的飞行试验方案中,X-51A 将由 B-52H 轰炸机携带从爱德华兹空军基地起飞。当 B-52H 抵达太平洋上空的发射点,一切投放条件都满足(飞行高度为 15 km,马赫数为 0.8)时,X-51A 便从 B-52H 挂架脱离。在助推器点火前,X-51A 做 4 s 的自由落体运动,确保与 B-52H 完全分离。随后助推器点火推动 X-51A 到达飞行高度 21.3 km、马赫数 4.5 时,助推器推力开始减小,在助推段最高点,X-51A 在自身制导控制装置和超燃冲压发动机数字式控制器的控制下,通过滚转实现倒置,使进气道朝上获得正攻角。之后,助推器燃料耗尽,在指定平面内,助推器连同中间级一起与巡航级分离。在助推段,超燃冲压发动机进气道始终处于敞开状态,流入进气道的高速气流通过级间段的排气孔排出。

在巡航级与助推器及中间级分离后,超燃冲压发动机开始点火工作,经过短暂飞行,巡航级将从倒置状态重新翻转过来。在超燃冲压发动机停止工作后,巡航级持续减速下降,最终以高超声速/超声速滑翔姿态坠入距离抛射点约 740 km 的海面,飞行试验后 X-51A 不回收(图 4.40)。

1) 第一次飞行试验

2010 年 5 月 26 日,X-51A 完成了第一次飞行试验。X-51A 在约 15 240 m 的高空被投放,ATACMS 助推器将 X-51A 加速到马赫数 4.8 的速度时,助推器分离,超燃冲压发动机启动,X-51A 在超燃冲压发动机的推动下完成了长达 143 s 的飞行,达到约 21 336 m 的高度,但随后遥测信号中断,飞行试验提前终止,

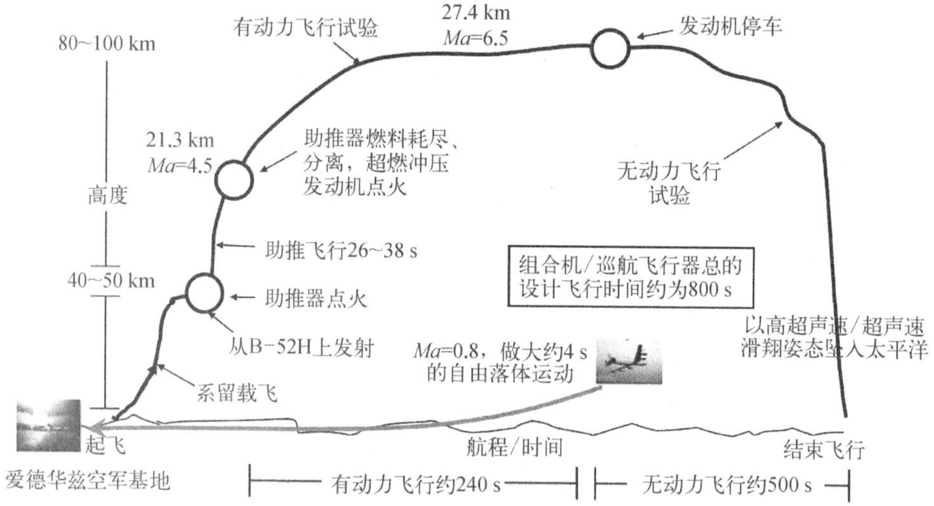

图 4.40 X-51A 飞行试验方案

X-51A 坠入太平洋。

在首次飞行试验结束后，X-51A 项目团队开展了深入的故障调查工作。研究人员经过调查认为，超燃冲压发动机和机身喷管之间的密封故障引起的热燃气泄漏，是导致飞行试验提前结束的主要原因。热密封失效导致热燃气泄漏，使热燃气进入机体，并使 X-51A 的加速慢于预期，还出现非计划的横滚和侧滑，最终使得 X-51A 的航电和线路出现问题，遥测信号丢失，飞行试验被迫提前终止。

对此，X-51A 项目团队将另外 3 架 X-51A 的超燃冲压发动机进行拆卸检查，也发现了热密封问题。根据故障诊断结果，X-51A 项目团队对剩余 3 架 X-51A 的发动机喷管连接进行了设计修改。在此过程中，调查人员还设计了一种对成品 X-51A 进行压力测试的方法，以检查发动机与喷管之间的密封是否存在泄漏。

2）第二次飞行试验

美国当地时间 2010 年 6 月 13 日（北京时间 2010 年 6 月 14 日），携带 X-51A 的 B-52H 轰炸机从爱德华兹空军基地起飞，飞行至穆古角海军作战中心海上靶场上方，在到达指定发射点后，将 X-51A 投放。固体助推器成功将 X-51A 加速至马赫数 5，超燃冲压发动机成功点火，但在乙烯燃料向 JP-7 碳氢燃料转换时，发动机进气道未能启动。美国空军研究实验室表示，在出现该问题后，超燃冲压发动机的进气道尝试重新启动，但是并未成功。X-51A 随后继续朝受控飞行方向前进,最后坠毁在试验范围内的加利福尼亚海岸。X-51A 第二次飞行试验以失败告终。图 4.41 为第二次飞行试验中的 X-51A。

图 4.41　X-51A 第二次飞行试验中的 X-51A

通过深入调查和分析,X-51A 项目经理将第二次飞行试验的进气道不启动归结为超燃冲压发动机与机身的一体化设计问题。在超燃冲压发动机设计中,位于燃烧室上游的隔离段可以承受燃烧产生的反压,防止激波系前移甚至被推出进气道,造成进气道不启动。飞行试验数据显示,在发动机启动过程中,燃烧压力已经超出地面风洞试验的测量值,达到隔离段所能承受的极限。

X-51A 项目团队认为,有三个因素造成燃烧室压力过高,从而导致进气道不启动: 一是在进气道启动过程中,气动载荷导致发动机结构变形,进气道激波角增加,激波强度增大,从而提高了进气道喉部压力;二是乙烯燃料和 JP-7 碳氢燃料混合后使发动机燃烧效率提高了 9%,导致燃烧室室压增加;三是在地面试验中为模拟超燃冲压发动机在高空高速条件下的飞行工况,采用经过燃烧加热获得的热气体作为试验工质,其中含有若干真实大气中并不存在或含量甚微的“污染组分”,这会降低发动机燃烧效率。超燃冲压发动机在实际飞行试验中的燃烧效率要高于地面试验,导致燃烧室反压高于预测值。

3）第三次飞行试验

2012 年 8 月 15 日,美国五角大楼发布消息称,X-51A 的第三次飞行试验失败,在太平洋坠毁。搭载 X-51A 的 B-52 从加利福尼亚海湾起飞,飞行速度达到马赫数 5,但只飞行了 16 s。官方称,尾翼问题导致飞行器在主发动机点燃前失衡,使得研发人员不得不提前将其摧毁。在前两次飞行试验中,尾翼在助推阶段都工作正常,X-51A 项目官员在开始这次飞行试验时原本信心满满,但最终一个控制翼故障导致第三架 X-51A 在发射仅 16 s 后就垂直坠入太平洋。

在 X-51A 第三次飞行试验的故障调查中,项目团队主要关注 X-51A 在助推阶段产生的机身振动,这诱发锁闭机构螺线管中的弹簧振动,导致控制舵解锁。布林克解释,X-51A 的次弯矩接近弹簧的二阶固有频率,在设计中,线性作动器螺旋传动的直径得到加大,但并未再次开展振动试验。针对第四次飞行试验,在 X-51A 从载机上被投放后的 1~2 s 就通电启动作动器,提前解锁控制舵,使飞行器在没有意外动压的情况下自由飞行。

4) 第四次飞行试验

2013 年 5 月 1 日,X-51A 完成了第四次也是最后一次飞行试验。X-51A 挂在 B-52H 轰炸机机翼上,从加利福尼亚州爱德华兹空军基地起飞,在约 15.2 km 高度释放,由固体火箭助推器在 26 s 内加速到马赫数 4.8。在与飞马座助推器分离后,X-51A 的超燃冲压发动机成功点火,并在约 18.3 km 高度加速至马赫数 5.1。超燃冲压发动机工作时间约 240 s,航程约 426 km。在超燃冲压发动机燃料耗尽后,X-51A 继续返回遥测数据,试验共收集了 370 s 的数据。此次动力飞行持续了 300 s,随后 X-51A 开始无动力滑行下降,在 500 s 左右,坠落于加利福尼亚州西太平洋试验场海域中。

尽管 X-51A 第四次飞行试验没有达到原定的马赫数 6 设计方案,但成功证明了先进一体化气动布局,以及超燃冲压发动机长时间稳定工作是有效的。这是自 20 世纪 50 年代中期开始探索高超声速技术以来,以超燃冲压发动机为动力的高超声速飞行器首次取得的重大突破,是具有划时代意义的里程碑事件。

4.2.3 后续发展

在 X-51A 计划的基础上,美国空军和 DARPA 于 2014 年联合提出了“高超声速吸气式武器概念”项目,该项目是美国重点实施的高超声速巡航导弹演示验证项目和下一代战术导弹背景型号,巡航马赫数为 5~6,射程约为 1 000 km。2016 年 9 月和 10 月,DARPA 分别授予洛马公司和雷声公司合计 3.75 亿美元的 HAWC 第二阶段合同,意味着波音公司(X-51A 主承包商)在 HAWC 项目中被淘汰出局,表明美国军方基本明确类轴对称布局/燃烧室为其高超声速巡航导弹的发展方向。

2017 年 7 月,美国空军高层宣布,美国空军即将制定首个面向实战化的高超声速武器装备发展路线图,涵盖高超声速导弹、高超声速作战平台等装备。与以往发布的技术发展路线图不同,该路线图立足于实战化。美国空军装备采办部门在 2017 年年底确定一家承包商,2018 年年初对其发布空基高超声速常规打击武器型号研制合同。美国已将高超声速武器装备的发展比喻为一项“曼哈顿”工程，表明美国已将其提升至国家战略高度。

4.2.4 历史意义

与X-43A相比，虽然X-51A在飞行速度上有所不及，但是在其他方面的超越是全方位的。一是X-43A为一体化、小型、氢燃料超燃冲压发动机的高超声速验证飞行器，其意义在于验证了超燃冲压发动机技术具有应用前景；而X-51A可以看作美国未来高超声速武器系统的一个雏形，其更接近实用化。二是X-51A采用的是液态碳氢燃料，并采用碳氢燃料主动冷却技术，将有动力飞行时间延长到了5 min，并实现了马赫数4.9~5.1的加速飞行。

X-51A开展了4次飞行试验，其中，2次取得了重大技术突破，证明了吸气式高超声速技术日趋成熟。尽管高超声速技术研发涉及基础研究技术、试验技术及相关基础设备等多学科、多技术领域，技术复杂、集成难度大，但从美国长期技术实践及当前发展进程来看，吸气式高超声速技术全面突破为期不远。X-51A既为世界各国展示了吸气式高超声速技术取得成功的光明前景，也掀起了世界主要军事强国高超声速技术新的一轮发展浪潮与竞赛。

4.3 超声速燃烧技术的发展与支撑作用

4.3.1 发展需求

传统的火箭发动机、涡轮喷气发动机和冲压发动机均为亚声速燃烧，即在亚声速气流中与燃料混合并燃烧。超燃冲压发动机要求发动机为超声速燃烧，即燃料在超声速气流中与燃料混合并燃烧，这与传统发动机的燃烧过程有着很大的区别。由于空气来流速度高，燃料在燃烧室驻留时间非常短（通常为毫秒级），燃烧室要在如此短的时间内完成燃料的喷射、雾化、蒸发、掺混、点火、稳定燃烧等一系列过程，还要能实现高效的能量转化和较小的压力损失，无异于在“龙卷风中点火”，还要实现火焰的稳定燃烧。这带来了一系列难题，包括可靠点火技术、火焰稳定技术、燃料技术等。

4.3.2 发展概况

1. 可靠点火技术发展概况

在超声速燃烧室中要实现燃料的点火是异常困难的，犹如在十二级大风中点燃一根火柴,可以想象难度有多大！首先必须有足够的点火能量,可燃混合物才能被点燃;其次必须满足火焰传播所需的热平衡条件,点燃后的火焰才能被传播。目前,常用的点火方式有引导火焰点火、等离子体火炬点火、火花塞点火、支板点火等。总体而言,它们通过提供低流速、高静温且富含活化分子的环境,从而实现燃料和氧化剂混合物的点火。

(1) 引导火焰点火技术是预先将易于反应的引导燃料注入来流中,产生引导火焰,用由引导火焰所创造的高温和活化分子将主燃料区域点燃。常用引导燃料有氟、硅烷(SiH_4)、氢气等。

(2) 等离子体火炬点火技术是通过电极对气体放电,将其激发至等离子态,这些等离子体将会通过一系列化学反应或直接生成活化分子,从而促进燃料点火。

(3) 火花塞点火技术通常在不需要非常高点火能量的位置使用,例如,凹腔的内部可燃混合物均匀且流动速度较低。但在超声速气流中,火花塞很难实现直接成功点火,原因在于在较短的驻留时间内,火花塞难以提供足够高的点火能量来使燃料分子活化。

(4) 支板点火技术是通过支板减速或滞止来流,以获得较高的静压和静温,从而促进燃料点火。

至今,在液体碳氢燃料方面,多种点火方式均已实现,但是,在超声速流场内液体燃料点火过程的研究仍处于探索阶段。

2. 火焰稳定技术发展概况

在超声速燃烧过程中,燃料与空气混合并被点燃后,火焰向整个主燃区传播,以维持主燃区的稳定燃烧。但是,在高速来流中,火焰往往在发展的初期被冲淡,这种作用在来流速度大于火焰传播速度的情况下尤为明显,火焰极易猝熄。因此,为了防止火焰猝熄,火焰稳定装置就起到了至关重要的作用。通常可通过提高火焰传播速度和降低来流速度两种途径来实现火焰的稳定。前者需要引入激光、电弧等巨大的外部能量而不具有实际应用价值,因此目前通过降低来流速度达到火焰稳定的方法得到广泛应用。该方法是通过在燃烧室内建立一个回流区,使气流在回流区中的速度降低,火焰能始终驻留在回流区中,以保证燃烧室中能持续存在火焰。常用的火焰稳定技术有支板火焰稳定技术和凹腔火焰稳定技术。

1) 支板火焰稳定

支板由于其增强混合和良好的火焰稳定的优点,在燃烧室结构的研究中占有重要的位置。在燃烧室向工程实用尺度发展的过程中，使用支板是实现燃料与主流均匀、高效混合的重要甚至是必不可少的手段。20 世纪 60～70 年代，美国 NASA 兰利研究中心率先将支板火焰稳定技术用于超燃冲压发动机。图 4.42 为 NASA 兰利研究中心首次提出的三支板发动机、无支板发动机和台阶-支板发动机。

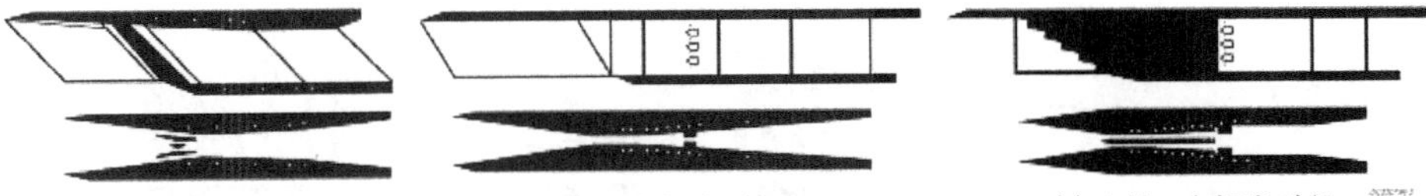

(a) 三支板发动机　　(b) 无支板发动机　　(c) 台阶-支板发动机

图 4.42　支板喷注器实验发动机构型图

20 世纪 80 年代中后期～90 年代中期，随着以美国国家空天飞机计划为代表的新一轮超燃冲压发动机研究热潮的兴起，支板火焰稳定技术再度受到了研究人员的重视，俄罗斯、法国、日本、印度、德国和澳大利亚等国家也开始研究支板火焰稳定构型。俄罗斯的 Semenov 等设计了一种新型支板（图 4.43）。试验表明，这种支板能够增强燃料的混合，提高燃烧效率，并且燃料可以通过支板内部吸取结构的热量，起到冷却的作用。

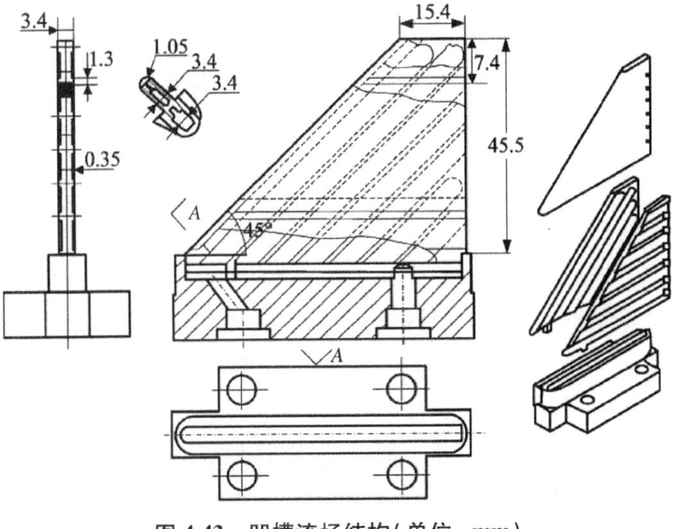

图 4.43　凹槽流场结构（单位：mm）

法国的 ONERA 发展和设计了多级支板（图 4.44），研究了支板尾部回流区的点火和火焰稳定机制。结果表明，多级支板具有很强的稳定火焰能力。

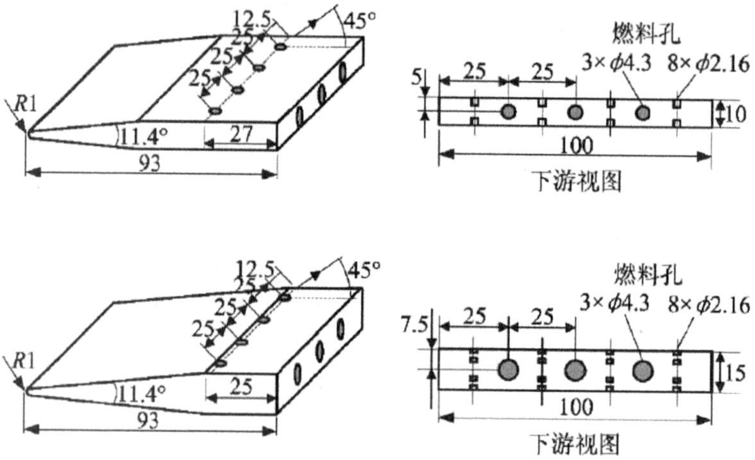

图 4.44　ONERA 多级支板(单位：mm)

目前,国外研究的焦点仍然在支板构型的流动、混合和燃烧特性上。之前的研究大都是对该构型的规律性研究,更加深入的定量研究将会陆续展开,支板构型离实际应用还有许多问题需要解决。

2）凹腔火焰稳定

凹腔火焰稳定器的发展可追溯至 1993 年,俄罗斯的中央航空发动机院第一次采用凹腔作为超燃冲压发动机的火焰稳定器,之后,又在地面和空中进行了一系列的稳定性试验,其结果均说明了凹腔具有非常优秀的火焰稳定能力。此后,凹腔火焰稳定技术受到研究人员的广泛关注。图 4.45 给出了不同喷注方式时液体煤油分布情况。

凹腔火焰稳定器由后向台阶和前向台阶组成,集燃料喷射、混合增强、火焰稳定等功能于一体,具有较宽的火焰稳定范围和较小的总压、摩擦损失。气流流过凹腔,会在凹腔内形成一个回流区,当超声速混合气流流经凹槽时,会在凹槽内部形成一个较大的回流区。

此后,研究人员逐步开始多凹腔构型研究,并通过试验证明多凹腔比单凹腔具有更大的优势,即多凹腔可同时实现火焰稳定燃烧和高效燃烧。尽管种种研究表明,多凹腔的综合性能要优于单凹腔,但是相比多凹腔表现出的明显优势,它的内部机制仍是一个黑箱,仍然有大量的机制问题有待解决。

3. 燃料技术发展概况

目前,应用于超燃冲压发动机的燃料主要有氢燃料和碳氢燃料。氢燃料反

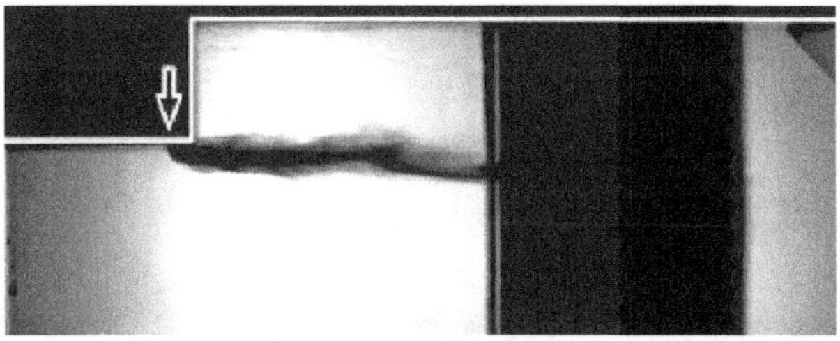

(a) 在凹腔上游喷注

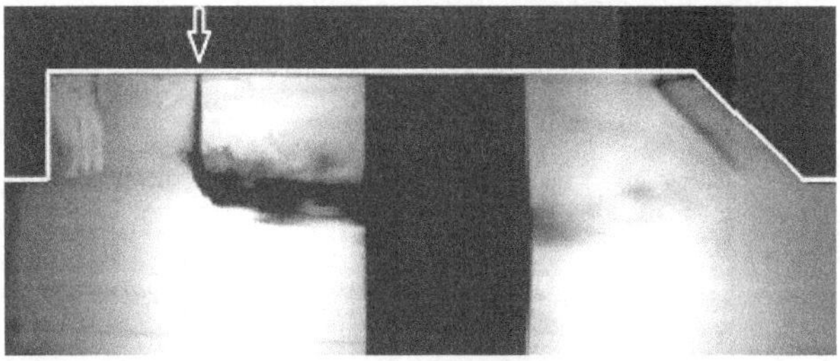

(b) 在凹腔底部喷注

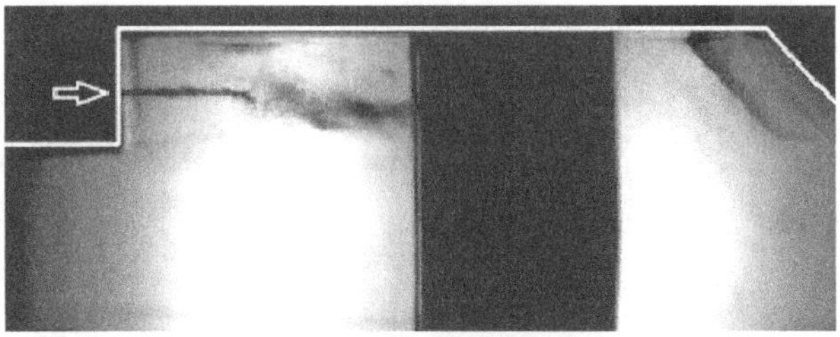

(c) 在凹腔前壁喷注

图 4.45　不同喷注方式时液体煤油喷流分布图像

应速度快、热值高、相关物理化学性质的研究比较成熟，因此成为超燃冲压发动机燃料的首选。对氢燃料超声速燃烧的研究可以追溯到 20 世纪 50 年代，经过 NASP 计划的发展，到 X-43A 飞行试验达到顶点。然而，氢燃料的密度比碳氢燃料小得多，在飞行器上使用导致体积很大，不但会增加飞行器的负载和气动阻力，而且氢燃料液化温度低，需要绝热保冷装置，将会产生难以克服的后勤问题和安全问题。因此，氢燃料并不适用于体积较小的高超声速巡航导弹等，而适用于体积较大的跨大气层飞行器。

碳氢燃料具有易于储存、易携带、便于实际应用的优点，但其燃烧特性远逊于氢燃料，其中化学反应速率比氢燃料慢 3～5 个数量级，单位质量的热值只有氢燃料的 1/3，单位质量热沉只有氢燃料的 1/6，特别是液体碳氢燃料与空气混合成可燃气体之前，还需要经过雾化和汽化过程，这些额外的液滴破碎过程和蒸发过程增加了燃料充分反应所需的时间。由于碳氢燃料的这些缺点,人们对其性能是否满足超燃冲压发动机的要求一直存有疑虑,直到 X-51A 的飞行试验才证明碳氢燃料的缺点在一定程度上是可以克服的。

一般认为,碳氢燃料能用于马赫数 4~8 的超燃冲压发动机,但是在速度更高的跨大气层飞行器研究中(马赫数 10 以上)将优先考虑氢燃料。

4.3.3 X-43A 超燃冲压发动机设计方案分析

X-43A 采用的超燃冲压发动机由 ATK GASL 公司负责设计制造。发动机采用全矩形流道一体化设计。X-43A 发动机的一个主要特点是采用可调进气道(图 4.46),该进气道能够在助推段关闭,避免了超燃冲压发动机内通道产生剧烈的气流压力振荡带来的气动阻力大、力矩特性变化等一系列问题,在助推段结束后进气道打开,从外界大气获取超燃冲压发动机燃烧所需的氧化剂,在下降段进气道再次关闭。

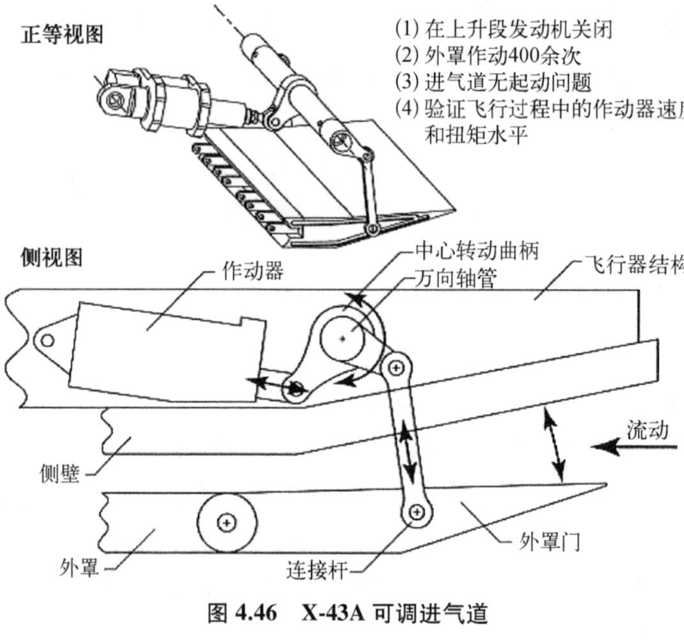

图 4.46 X-43A 可调进气道

为降低技术难度,X-43A 采用的是组织燃烧相对容易、燃烧机制研究成熟的氢燃料。为降低飞行器前缘、发动机关键部位的严酷热载荷,X-43A 在助推段采用适配器内的乙二醇和水的混合液体作为冷却剂,在发动机试验段采用自身携带的水作为冷却剂,并在关键部位采用氧化锆涂层提供附加的热防护。

4.3.4 X-51A 超燃冲压发动机设计方案分析

X-51A 采用了普·惠公司在 HyTech(hypersonic technology)和 HySet(hypersonic scramjet engine technology)项目中开发的发动机技术。X-51A 采用的就是 HyTech 计划的主要成果——SJX61 超燃冲压发动机(图 4.47)。

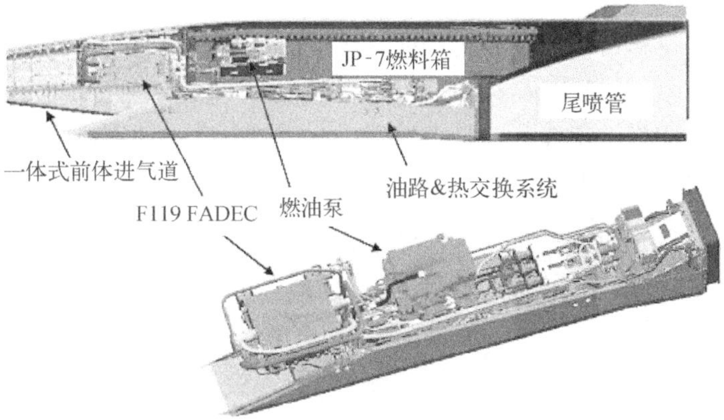

图 4.47 SJX61 超燃冲压发动机示意图

与 X-43A 的超燃冲压发动机相比,X-51A 采用的 SJX61 超燃冲压发动机具有以下特点:一是采用的冷却方式不同,SJX61 超燃冲压发动机采用主动冷却方式,即发动机壳体是热交换器结构,一方面可利用 JP-7 碳氢燃料实现发动机冷却,另一方面可利用碳氢燃料吸热后蒸发、催化裂解为易燃小分子提高燃烧效率。二是燃料不同,SJX61 超燃冲压发动机采用的是 SR-71"黑鸟"高空侦察机使用的吸热型碳氢燃料 JP-7,从维修保障角度看,与氢燃料相比,碳氢燃料易于维护且存储体积小,这也是超燃冲压发动机走向实用化的关键一步;此外,与普通碳氢燃料相比,吸热型碳氢燃料有助于对超燃冲压发动机进行主动冷却,可以在飞行过程中利用其燃料来自行冷却发动机的某些热部件。

4.4 气动/推进一体化技术的发展与支撑作用

4.4.1 发展需求

吸气式高超声速飞行器实现高超声速巡航飞行必须满足推阻平衡和升重平衡两个需求。由于超燃冲压发动机的氧化剂来自外界大气,且超燃冲压发动机工作特性对飞行器的飞行姿态、飞行高度和飞行速度等因素非常敏感,推力裕度较小,必须在保证超燃冲压发动机正常工作的前提下尽可能地降低飞行器阻力,实现飞行器阻力和发动机推力的平衡。升重平衡是指吸气式高超声速飞行器在稠密大气层飞行过程中必须通过气动设计使飞行器产生的升力与其重力平衡。上述需求,特别是发动机对流道、流场结构和流动条件的严格要求使得该类飞行器必须开展气动/推进一体化设计。一方面,飞行器前体既要对进入发动机的气流进行预压缩以满足发动机要求,同时利用飞行器前体提供一定升力;另一方面,要利用飞行器后体对发动机排出的燃气进行膨胀以产生有效推力及升力。这就需要在总体设计中综合考量和权衡飞行器外形设计和发动机结构设计的不同因素,这也进一步增加了一体化设计的难度。

气动/推进一体化技术主要涉及前体/进气道一体化设计、燃烧室外形设计、后体/尾喷管设计等方面。

4.4.2 发展概况

1. 前体/进气道一体化设计技术发展概况[8,9]

进气道的作用是将迎面的高速气流实现减速增压,从而满足超燃冲压发动机燃烧室的要求。迄今,研究的进气道主要有三类:一是轴对称进气道,该类进气道结构简单且重量轻,加工制造容易,具有较好的装载特性,适合外形受到限制的高超声速巡航导弹使用(图 4.48);二是二维矩形进气道(图 4.49),该类进气道常采用多级楔面的飞行器前体对来流进行预压缩,然后利用飞行器机体与外罩构成的矩形截面内压缩通道进一步压缩来流,其缺点为压缩效率偏低;三是 Busemann 进气道(图 4.50)等三维内收缩进气道,该类进气道综合性能良好,非常方便实现任意形状的飞行器前体和燃烧室内型面转换,便于进行一体化设计。

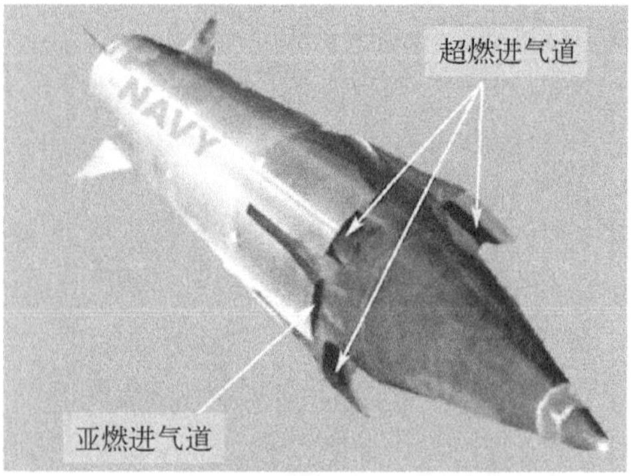

图 4.48 HyFly 采用的轴对称进气道

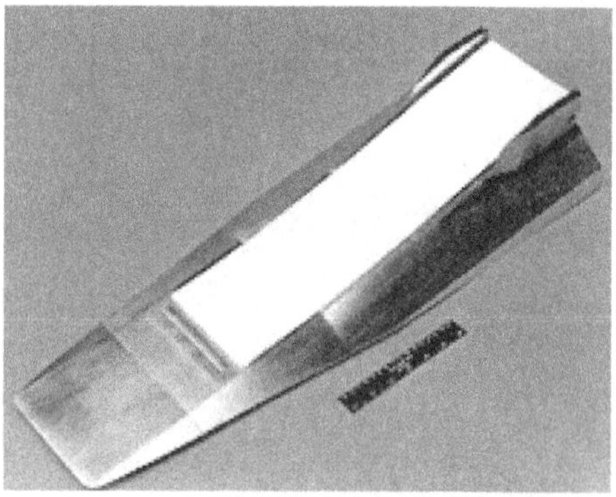

图 4.49 X-43A 采用的二维矩形进气道

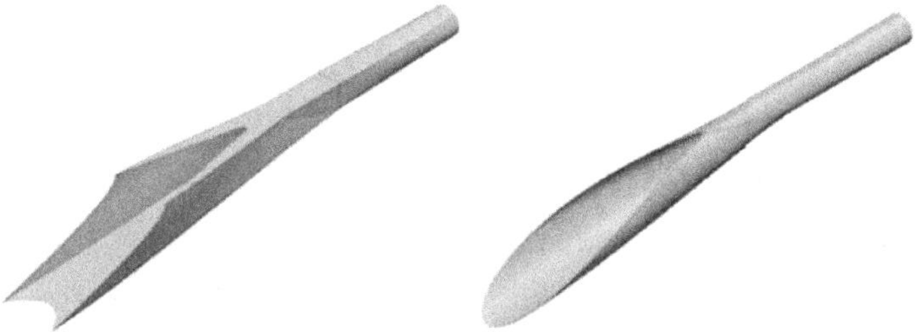

图 4.50　Busemann 进气道

轴对称气动外形是由一条母线围绕某轴回转而成的构型，特点是尖头部、大长细比、小展弦比。美国早在 20 世纪 60 年代就研究将轴对称气动外形与超燃冲压发动机结合，如美国海军在 20 世纪 60 年代的 SCRAM 计划中提出的高超声速巡航导弹，即采用传统巡航导弹的轴对称气动外形（图 4.51），进气道采用的是三维内收缩进气道。在 20 世纪 90 年代 DARPA 提出的 ARRMD 计划中，对一种弹用轴对称气动外形进行了研究，其研究成果后来转移给 HyFly 计划。2002 年，美国海军和 DARPA 提出 HyFly 计划，设计并制造了一种采用轴对称气动外形的高超声速巡航导弹，虽然其三次自由飞行试验均未成功，但都是由其他辅助系统故障导致的，并不能说明轴对称气动外形不适用于高超声速巡航导弹。

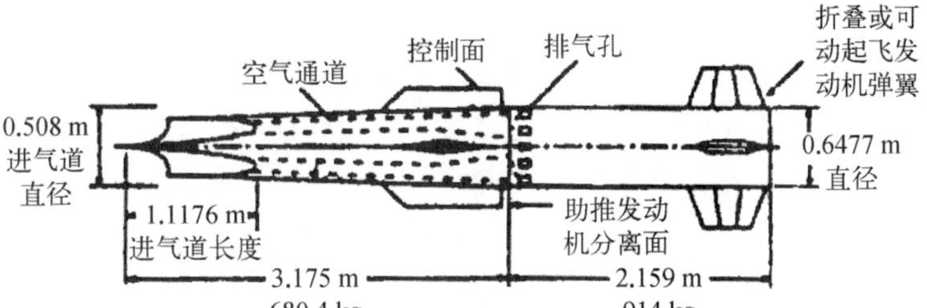

(a) 1型 SCRAM

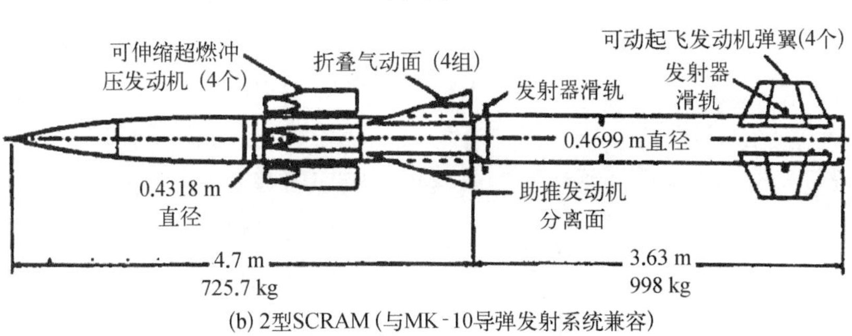

(b) 2型SCRAM（与MK-10导弹发射系统兼容）

图 4.51　SCRAM 计划的轴对称气动外形导弹

升力体是在没有产生升力的机翼等结构情况下仍然可以靠机身产生升力飞行的气动外形。在升力体方面,NASA 在 20 世纪 60 年代就开始了探索工作,提出了 M2-F2、HL-10、X-20 和 X-24 等升力体方案并开展了试飞研究,收集了不同结构升力体外形的气动力和气动热试验数据。20 世纪 90 年代,美国又相继开展了 X-33、X-34 等一系列空天飞行系统研究,虽然因故没能继续研发,但其间积累了设计升力体外形的经验。1996 年,NASA 在 Hyper-X 计划下研发的 X-43A 成功地将升力体外形与超燃冲压发动机结合成有动力飞行器,并成功进行了飞行试验。X-43A 外形整体采用非常传统的升力体结构,在机身后部设计了控制面,包括全动式水平尾翼和双垂尾与方向舵。

乘波体气动外形能够利用自身激波提高其整体性能,低阻力、高升力和大升阻比是其典型的气动特性。美国从 20 世纪 80 年代末期开始乘波体布局的相关研究,并投入了相当的人力和物力。在 20 世纪 90 年代 DARPA 提出的 ARRMD 计划中,对高超声速巡航导弹的两种乘波体外形进行了探索。2005 年,美国空军和 DARPA 联合开展了 X-51A 计划,设计的飞行器主要由前、中、后三段组成。前段为近似楔形头部,可以形成按一定角度分布的激波系,使激波系产生的所有压力直接作用在机体下方,从而为飞行器提供升力。同时,头部形成的激波系能起到压缩空气的作用,有助于 X-51A 发动机的燃烧。中段为近似方柱形机身,无机翼,机身中部下面有下凸铲形进气口,其整流罩向后一直延伸到机身尾部。X-51A 已经成功进行了飞行,产生了足够的升力,验证了基于乘波体构型的高超声速飞行器是以吸气式冲压发动机为动力的有前途的飞行器构型。

2. 燃烧室外形设计技术发展概况[10,12]

超燃冲压发动机燃烧室外形主要有轴对称环形燃烧室、轴对称圆形燃烧室和矩形燃烧室三类。早期,超燃冲压发动机燃烧室外形主要集中在轴对称环形燃烧室构型,如 NASA 著名的 HRE 项目(图 4.52)、美国的 SCRAM 发动机项目,以及法国的 ESOPE 发动机(图 4.53)。后来,研究者认识到为了达到燃烧所需的混合效率,轴对称环形燃烧室长度需要很长,同时供油系统的容积也限制了其长度不能太短,这也是轴对称环形燃烧室结构在超燃冲压发动机历史只在早期出现过的原因。

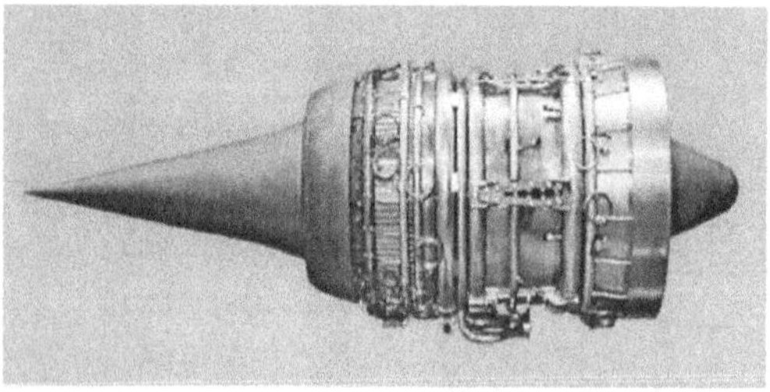

图 4.52 NASA HRE 结构模型

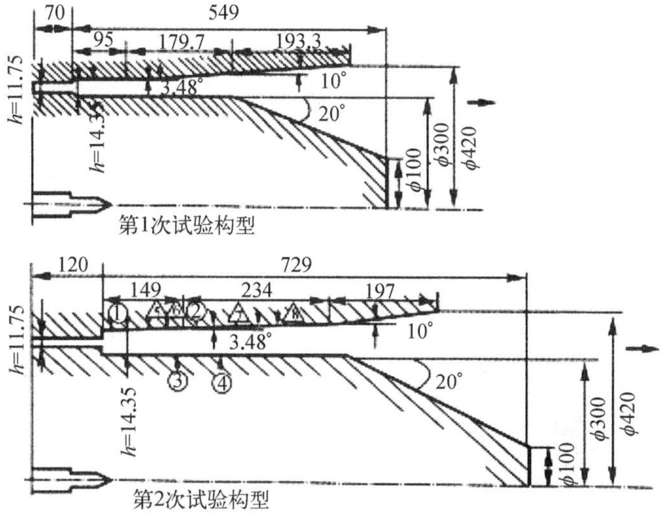

图 4.53　ESOPE 计划的燃烧室构型(单位：mm)

与矩形燃烧室相比,轴对称圆形燃烧室具有结构性强、易冷却、内阻小等优点,同时易于与飞行器构成一个整体,同时三维内收缩进气道向轴对称圆形燃烧室的过渡较为自然,而且其性能比二元进气道高。

尽管轴对称圆形燃烧室具有上述众多优点,但是为什么在 20 世纪 80 年代 NASA 抛弃了轴对称圆形燃烧室,而转向矩形燃烧室呢？这主要受技术条件约束,当时轴对称圆形燃烧室技术的发展面临如下三个突出的问题：一是 NASP 计划要求超燃冲压发动机具有宽广的飞行包线(即飞行马赫数范围变化大、飞行高度变化大),这就要求进气道几何可变,这对于二维矩形进气道较为容易;二是在大尺度的圆形截面上进行燃油喷射是一个挑战;三是 CFD 技术限制了圆形结构的发展。复杂的三维流场和飞行器一体化设计需要先进的计算工具,而对于当时这是不可能的。

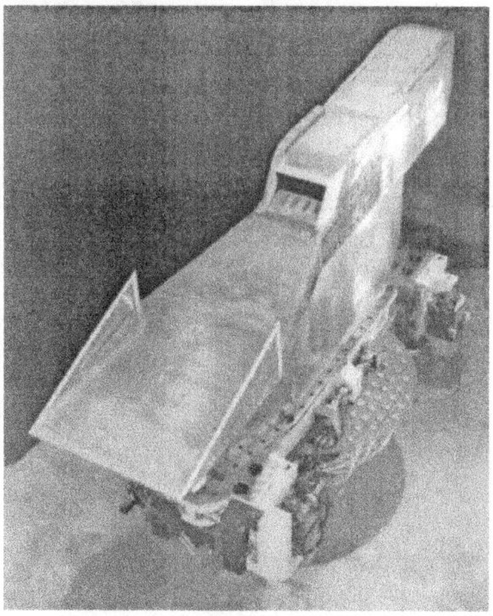

图 4.54　NASP 计划的矩形超燃冲压发动机

1986~1995 年,在 NASP 计划的推动下,矩形超燃冲压发动机(图 4.54)技术得到快速发展。随后的 Hyper-X、HyTech 和 X-51A 均采用的是矩形燃烧室。在 Hyper-X 和 X-51A 计划中,矩形燃烧室先于轴对称圆形燃烧室通过飞行试验验证。

2002年,美国海军支持开展了HyFly计划,其采用的超燃冲压发动机为JHU/APL的双燃烧室冲压发动机,大概75%的来流空气通过超燃冲压进气道进入轴对称圆形燃烧室。遗憾的是,伴随着HyFly计划的终止,轴对称圆形燃烧室并未通过飞行试验验证。此后,美国并未完全放弃轴对称圆形燃烧室超燃冲压发动机技术的研究,相继在Trijet(图4.55)、SR-72(图4.56)等超燃冲压发动机或组合动力项目研究计划中进行研究。

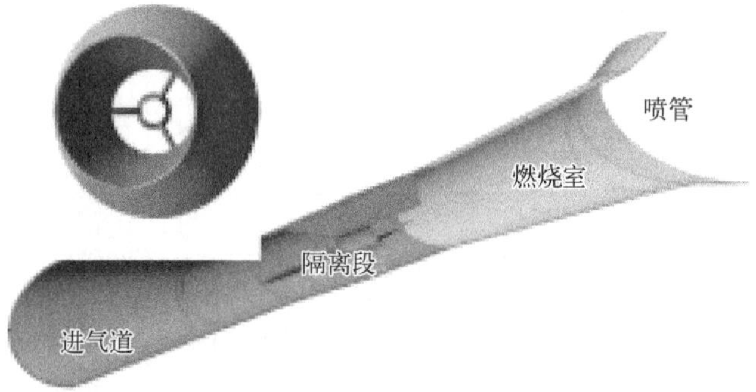

图4.55 Trijet计划采用的轴对称圆形燃烧室

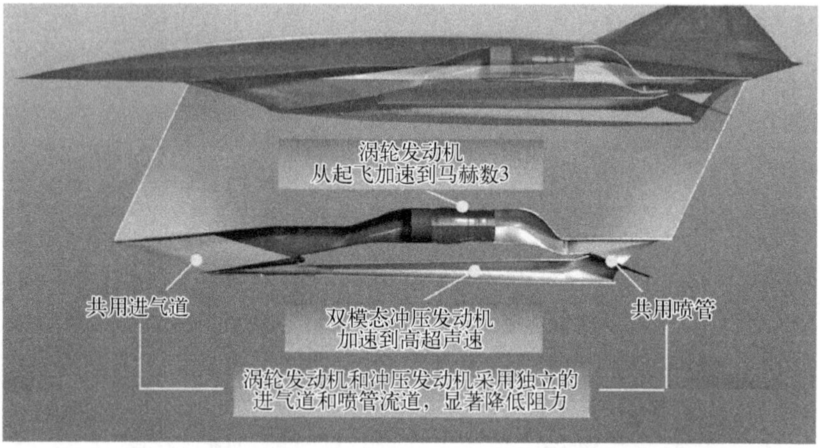

图4.56 SR-72计划采用的轴对称圆形燃烧室超燃冲压发动机

近十年来,人们再次认识到轴对称圆形燃烧室应用于超燃冲压发动机的优势。除了前面所说的结构性强、易冷却,内阻小、结构重量轻等优点外,还有如下原因:一是相比于NASP类型的单级入轨飞行器,吸气式高超声速飞行器的飞行马赫数范围要小,因此降低了几何可变的需求;二是燃油喷射的问题得以解决,对比了轴对称圆形燃烧室采用支板喷射和不采用支板喷射达到燃油有效混合时的燃烧室长度,采用支板喷射的轴对称圆形燃烧室的长度更短、浸湿面积更小;三是计算机及 CFD 技术已经得到长足的发展,使得超燃冲压发动机能进行三维设计;四是轴对称圆形燃烧室有利于和飞行器一体化设计。三维内收缩进气道可以较为容易地从任意形状的飞行器前缘过渡到轴对称圆形燃烧室,同样的方法可以应用到尾喷管设计中。

纵观美国超燃冲压发动机燃烧室外形发展历程(图 4.57)可以看出,超燃冲压发动机燃烧室由早期的环形燃烧室计划及轴对称圆形燃烧室计划,到矩形燃烧室(NASP、HyTech、Hyper-X),再发展到轴对称圆形燃烧室(HyCAUSE、SR-72)。

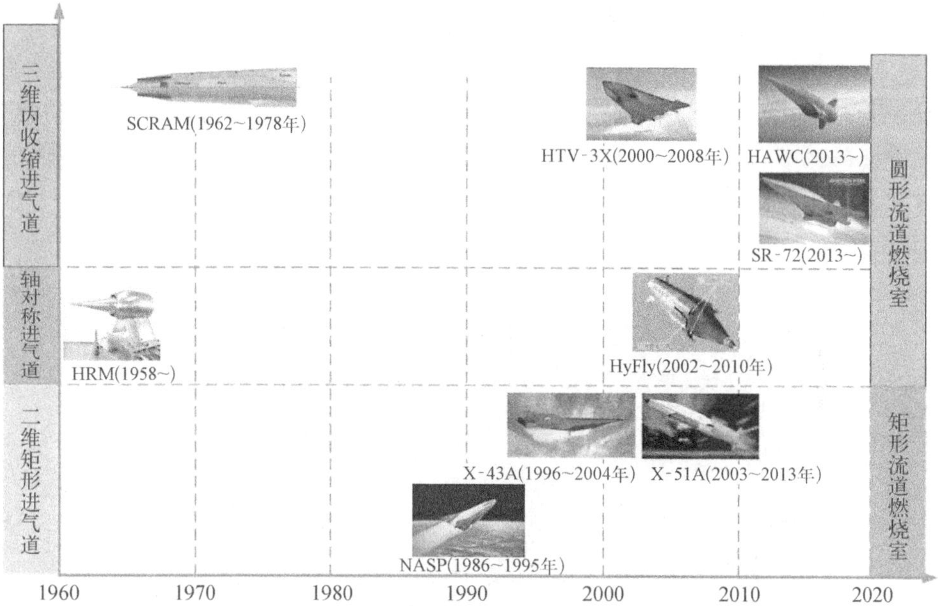

图 4.57　气动外形/燃烧室外形的发展历程

3. 后体/尾喷管设计技术发展概况

作为发动机的排气装置,尾喷管是燃烧室内高温、高压燃气的出口,其作用是将燃烧室出口高温、高压的燃气膨胀加速,使尾喷管排出的气流动量大于进气道捕获气流的动量,从而使发动机产生净推力,尾喷管对发动机的推力影响很大,例如,在飞行马赫数 6 时,尾喷管产生的推力可达到总推力的 70%。当高超声速飞行器在大空域、宽速域飞行时,喷管的膨胀比变化范围较大。为扩大喷管的工作范围,减轻结构重量,通常采用单边膨胀喷管(single expansion ramp nozzle,SERN),即将飞行器后机身下表面作为尾喷管的部分膨胀面,可以使发动机喷出的高压气流进一步膨胀，从而为飞行器产生附加的升力和推力，以适应大空域、宽速域飞行。超燃冲压发动机内通道为超声速气流，气流拐弯损失大，很难像亚燃冲压发动机采用完全对称的喷管，因此超燃冲压发动机一般采用非对称喷管。

4.4.3 X-43A 气动/推进一体化设计方案分析

X-43A 采用升力体气动布局，超燃冲压发动机的流道始于 X-43A 头部，整个 X-43A 前体就是超燃冲压发动机进气道的外压缩斜面，同时 X-43A 后体的下表面就是尾喷管的膨胀面。机身后部安装一对全动水平翼和一对有舵面的垂直尾翼。机身前段包含大块配重，确保飞行器重心足够靠前，以提供近似中立的纵向稳定性。

在高超声速飞行条件下，空气进入进气道内的流动状态非常关键。风洞试验表明，当进气道为层流状态时，在进气道的拐角处产生了较大的分离区，严重时进气道将不启动，从而导致飞行试验失败。X-43A 采用了后掠斜坡形强制转捩装置(图 4.58)，以确保进气道内的流动为湍流状态。X-43A 采用了非对称斜切喷管，整个 X-43A 后体的下表面就是尾喷管的膨胀面。

图 4.58 X-43A 采用的强制转捩装置

4.4.4 X-51A 气动/推进一体化设计方案分析

X-51A 的显著特点之一是采用了新颖的气动/推进一体化设计理念。X-51A的进气系统由 X-51A 前体和进气道组成，前体采用的是乘波体构型(图 4.59)，头部扁平近似楔形，一方面能够使激波系产生的所有压力直接作用在机体下方,从而为 X-51A 提供高超声速飞行时所需的足够升力;另一方面乘波体构型还可将高超声速气流形成的激波聚集在矩形进气道唇口,起到对空气减速增压的作用。X-51A 进气道进口形状为矩形,后部侧板形成侧扩面,这样可以减少溢流,使进气道更容易启动和再启动,保证了超燃冲压发动机工作的稳定性。

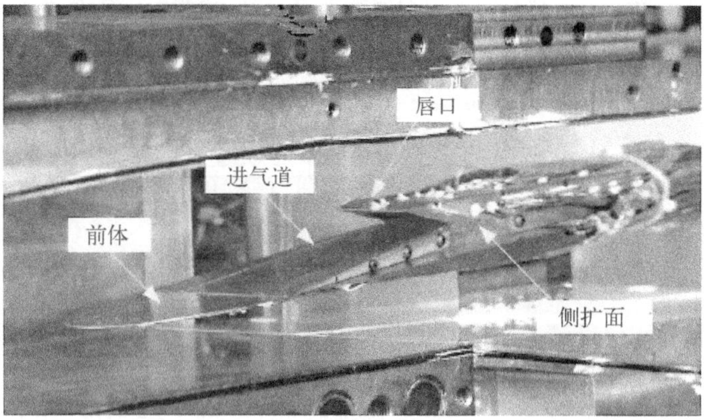

图 4.59　风洞中的 X-51A

与 X-43A 类似,X-51A 在进气道表面安装了金属扰流器,实现层流到湍流的强制转捩(图 4.60),确保在隔离段入口流动为湍流,从而保证超燃冲压发动机的持续稳定燃烧。与 X-43A 不同,X-51A 采用了与尾部齐平的非对称喷管。

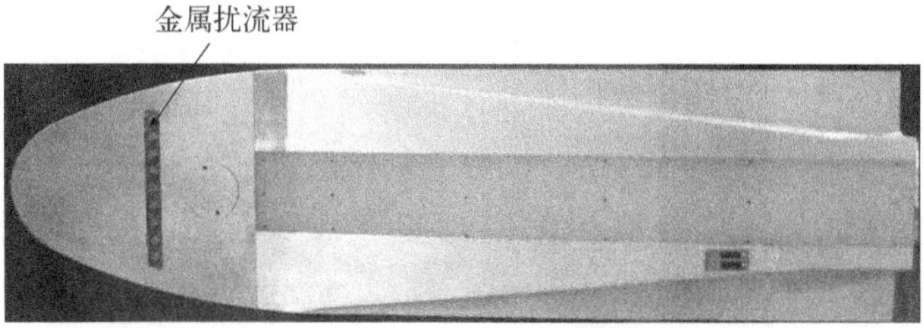

图 4.60　X-51A 前体/进气道上安装的强制转捩装置

4.5　高温防隔热技术的发展与支撑作用

4.5.1　发展需求

1. 尖前缘材料的发展需求

为发展以吸气式发动机为动力的升力体外形高超声速飞行器,美国于 20 世纪 90 年代提出了 HyTech、X-43A 及 NGLT 等一系列研究项目。不同于多次往返重复使用的航天飞机,吸气式发动机飞行器在中低空飞行,为了保证发动机正常点火及产生大推力,其前缘必须尖化且保持形状不变,这对防热材料提出了更高要求[13]。

首先,前缘尖化使得前缘的热环境更加严酷。图 4.61 给出了前缘的热环境特点,由图 4.61 可以看出尖前缘与航天飞机钝前缘相比,其热流峰值更高,传统的防热材料(包括航天飞机头部及翼前缘使用的增强碳/碳防热材料)均不能满足使用要求。其次,保形需求要求前缘材料在长时间使用下非烧蚀或微烧蚀,并且尖前缘使得热管技术等无法很好使用,发展高温难熔、被动防热材料成为必然选择[14]。

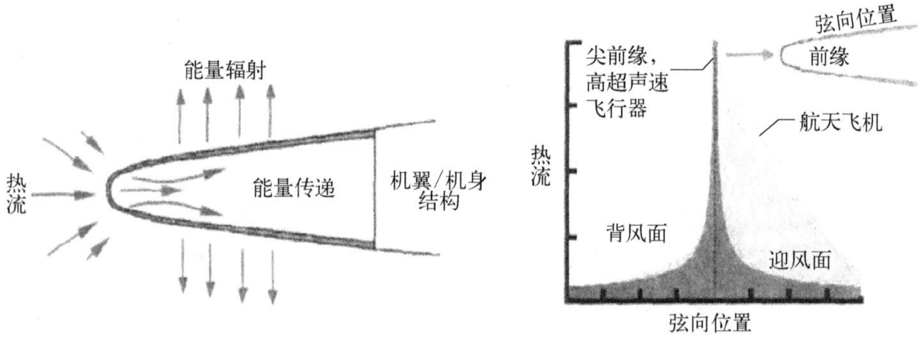

图 4.61　前缘热环境特点比较图

2. 超燃冲压发动机的热防护需求

高超声速飞行中飞行器和发动机所要承受的热环境是非常恶劣的,特别是在燃烧室内的热环境。当高超声速飞行器以马赫数 4~12 飞行时,超燃冲压发动机将承受 10~100 kPa 的气动压力,燃烧室内的温度可高达 3 300℃。当高温燃气高速流动时,很容易使燃烧室局部热流密度过大,局部壁面温度过高,很短的时间就可能将燃烧室壁面烧毁。因此,要使超燃冲压发动机的各部分结构能承受飞行器高超声速飞行时的高温和高热流,发展发动机热结构/热防护设计很关键[15]。

(1) 耐高温。在马赫数 6~8 状态下,发动机流道中的热气流温度为 1 700~2 700℃;在马赫数 12 时,燃烧室燃气温度将高达 3 300℃。另外,发动机内部的复杂激波波系、燃烧脉动和振荡很容易使燃烧室局部壁面温度过高,而且过热的部位随着工况的变化可能遍历燃烧室。若全部使用冷却结构将会导致结构复杂和重量增加,降低发动机性能。而且,超燃冲压发动机特殊的结构和工况致使一些冷却模式无法适用，也很难大面积使用冷却模式。因此，从简化结构和提高发动机性能的角度出发，希望热防护材料能承受尽可能高的温度。

（2）抗氧化。超燃冲压发动机的特点是充分吸收大气中的氧气进行富氧燃烧，燃烧产物中有浓度较高的 $H_2O/CO_2/CO$。在高速气流中还可能含有因激波而产生的原子氧。这些会使氧化变得复杂和严重，对材料的抗氧化性能提出了更高的要求。

（3）承受复杂、苛刻的热-机械载荷。发动机流道材料要承受热流分布不均匀而产生的热应力、气流速度快而产生的冲刷和噪声载荷、发动机/机身一体化而导致的气动力载荷。超燃冲压发动机的性能对流道形状和尺寸很敏感，因此在复杂热-机械载荷作用下，材料不变形或者变形量不足以影响发动机性能。

（4）耐烧蚀。超燃冲压发动机的性能对流道形状和尺寸很敏感，因此在使用过程中，热防护材料要具备零（微）烧蚀特性。对于长时间乃至可重复使用，还要求热防护材料在高温—气化—载荷的耦合条件下具备高度的性能稳定性、优异的抗疲劳特性。

（5）有效可靠的制备技术。高超声速飞行器的发动机与机身高度一体化，导致结构紧凑，具备尖锐前缘、不对称、型面突变等几何特征，系统复杂度高，对零部件制备技术提出了更高的要求。

（6）轻质。这是航空航天飞行器永恒的追求，以满足飞行重量要求和提高有效载荷。

总之，超燃冲压发动机的热环境是吸气式发动机中最恶劣的，要想实现长时间乃至可重复使用，迫切需要发展新的热防护材料技术。

4.5.2　发展概况：集热结构、隔热、主动冷却于一体

历经几十年的发展，高超声速飞行器建立了多种热防护系统及相应的防热材料体系，如 Apollo/Cev 的烧蚀防热系统、X-15A 的热沉式防热系统、SR-71 的热结构系统或航天飞机的隔热系统，以吸气式发动机为动力的升力体外形高超声速飞行器的热防护系统不同于以往的防热系统，而是集热结构、隔热及主动冷却于一体的新型热防护体系，其防热性质决定了与以往高超声速飞行器相比具有更加复杂的防热设计和试验考核需求。

1. 尖前缘材料开发：涂层式抗氧化碳/碳复合材料的研制

从 1990 年以来，在 HyTech、Hyper-X 等项目中，在航天飞机增强碳/碳可重复使用的成功基础上，美国对高超声速飞行器新型热防护材料的研究都是改性，

而非重新开发新材料。改性主要是从基材(substrate)、基体抑制剂和涂层 3 个方面入手,尤以抗氧化涂层的研究最多并得到了成功的工程应用[13]。

以 HyTech 项目为研究基础,X-43A 马赫数 7 的前缘设计相对容易,使用了古德里奇公司的高导碳/碳(5∶1,K321 织物),以 4∶1 方式平织为基体,外加 SiC 涂层,顺利通过马赫数 7 的飞行试验考核[17]。

对于 X-43A 马赫数 10 高超声速飞行器,热分析表明半径为 0.762 mm 的鼻锥尖温度接近 2 200℃,如此高温即使在短时间的单次飞行状态下,也大大超过了 SiC 涂层系统的使用温度。因此,需开发以 2 200℃ 和有氧环境为目标的抗氧化涂层结构碳/碳复合材料,但马赫数 10 的前缘研制曲折。

为了确定适用于马赫数 10 超声速飞行器鼻锥端材料,美国阿诺德工程发展中心在 2000 年早期采用 H2 电弧风洞,对 13 种材料系统制备的鼻锥部件进行了电弧-喷射试验评价。材料以高导 C/C 为基体,辅以不同的涂层材料(含 Hf、Zr、Si 及 Ir)及不同的涂层工艺(CVI、CVD、CVR、等离子喷涂、热压等),通过模拟马赫数 10,32 km,前缘头部热流 14 764 kW/m^{2}的飞行热环境,评价了单次使用条件下复合材料表面潜在的涂层系统安全性。

图 4.62 给出了 2000 年尖前缘在 H2 电弧风洞试验照片。

图 4.62　2000 年尖前缘在 H_2电弧-喷射试验照片[14]

试验后选择了 MER 公司作为马赫数 10 前缘部件的生产商。MER 公司使用型号为 P-30X 的高导纤维,涂层分三层,底层为高导 C/C 基材上表面的 SiC 转化涂层,第二层为 CVD 工艺的 SiC 涂层,第三层为 CVD 工艺的 HfC 涂层。项目组成立了马赫数 10 前缘顾问委员会,负责 MER 公司研制过程中的监督及技术支持。

NASA Langley 进行了气动热及热结构响应计算,确定了使用 3∶1 非平衡编制及 2D 斜铺层压工艺,以增强前缘头部区域高热梯度下的压缩强度。经过激光加热试验及 4 点弯曲强度试验，初步解决了高热应力下基材失稳、涂层变形或脱落等问题。马赫数 10 前缘长达 457.2 mm，模具的变化导致涂层工艺有所区别，且在编制工艺及热处理温度上与 2000 年试验件制作时均有所不同，为慎重起见，确定恢复 2000 年的试验状态，模拟马赫数 10 气动热环境，在 AEDC 的 H2 电弧加热风洞中进行试验。试验件展宽扩大到 149.6 mm。试验后发现试验件头部呈锯齿状，由于展向长度限制，未观察到变形或剪切失效，但所有试验件前缘头部均有剥蚀。图 4.63 给出了 2004 年尖前缘在 H2 电弧风洞试验后的照片。

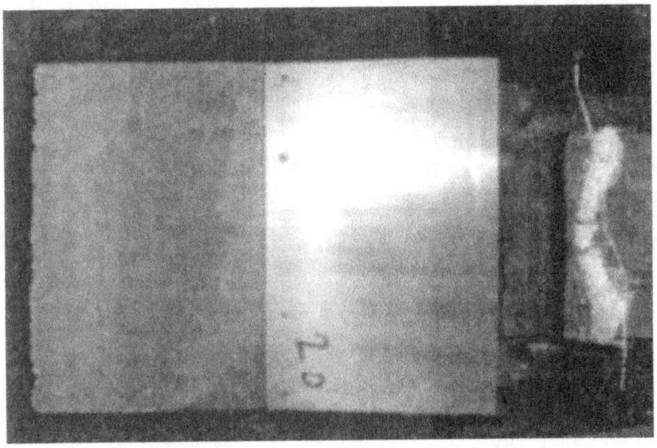

图 4.63　2004 年尖前缘在 H2 电弧射流加热试验后的照片

试验件前缘头部的剥蚀引起了项目组的重视，项目组分析了 2000 年、2004 年试验件的区别，发现除试验件尺度外，基本的两处差别是编织工艺及热处理温度。MER 公司有 3∶1 非平衡编制未经热处理的原材料，但没有 4∶1 非平衡编制原材料，因此编织工艺的比较无法进行。分析剥蚀的第一个可能原因是垂直前缘的高导碳纤维过少，而且较低的热处理温度使得这些纤维的热导率较低导致试验件头部过热；第二个可能原因是较低的热处理温度使得高导碳纤维石墨化程度较低，在最初的涂层工艺过程中反应生成更多的 SiC，试验件头部有可能全是 SiC，在更大程度上降低了头部的导热能力。基于上述分析，MER 公司重新生产了马赫数 10 的前缘部件，一方面将头部半径改为 1.27 mm，进一步增强头部强度并降低热流；另一方面马赫数 10 前缘顾问委员会负责对 2000 年、2004 年两次对热处理温度下材料的热导率、沿展向的抗压强度、模量及石墨化程度等进行调查分析及相关试验，结果表明，在前缘最高使用温度下，热导率差别不大，2000 年略高；抗压强度 2000 年略低；抗压模量基本相同。2000 年纤维的石墨化程度较高，在初始涂层工艺下纤维转化为 SiC 的比例较低，前缘头部有更多的纤维将热量传递到低温区域。在上述结果的基础上,马赫数 10 前缘顾问委员会做出决定,在前缘部件的研制中选用 2000 年较高的热处理温度。2004 年 11 月,X-43A 的马赫数 10 飞行试验成功,马赫数 10 前缘部件成功经受住了考核。

在 2007 年的 NASA 的下一代运载技术项目 NGLT 中,要求开发的被动式难熔复合材料前缘具有在高达 1 982℃ 以上的多次重复使用能力。在 2000 年的 X-43A马赫数 10 电弧-喷射材料筛选中,其中 6 种材料经过了每个循环周期 130 s,共 3 个循环周期的试验。在 NGLT 项目材料评价中,NASA 约翰逊航天中心(Johnson Space Center, JSC)对 8 个厂家提供的试样进行了大气再入材料和结构测试(表 4.5),其中前 6 个试样在 2000 年通过了马赫数 10 电弧-喷射材料的考核,其基材是 C/C 复合材料,后增加的两家基材是 C/SiC 复合材料。

表 4.5　X-43A 马赫数 10 高超声速飞行器鼻锥端部分材料体系[18]

编号	制造商	基材(厂家)	涂　层
1	通用原子公司	刹车 C/C(BF Goodrich)	质量分数 70% HfC/30% HfB_2
2	MER	C/C(MER)	CVD-SiC/CVD-HfC
3	Engelhard	C/C(Hicto)	Ir/HfO_2
4	合成材料公司	C/C(CCAT、1k 碳纤维)	Si_3N_4
5	Starfire	C/HfB_2(Pan X33、预陶瓷聚合物(PCP)-HfB_2/SiC	PCP-HfB_2/SiC
6	难熔复合材料公司	C/HfB_2(K321 碳纤维 4∶1 结构)	HfC
7	General Electric Power System(GEPS)	C/SiC(GEPS)	CVI-SiC
8	Ultramet	C/SiC(GEPS)	Ultra 2000

2. 发动机用被动热防护

传统的喷气式发动机,可以用空气来冷却发动机。对超燃冲压发动机来说,由于高速气流滞止后的气体温度非常高,来流空气不能用来冷却发动机。

被动热防护是采用轻质的耐烧蚀隔热材料对结构进行热防护。航天飞机的大多数迎风表面由隔热瓦进行热保护。从安全的角度看,在工作期限内是可靠的,但易碎,雨、雪等天气很容易被损坏,而且需要经常重新喷涂和维护,在快速反应的要求下不适合。因此,隔热瓦不能用于超燃冲压发动机燃烧室。超燃冲压发动机的性能对其流道型面变化非常敏感,使得烧蚀涂层也不能用于超燃冲压发动机燃烧室。热沉式的超燃冲压发动机用实心的铜壁或者不锈钢壁来吸热,但这种结构的重量大、运行时间很短,将它用于持续的飞行显然是不切实际的。

在 1996 年启动的 HyTech 计划中,美国空军实验室在马赫数 8/600 s 条件下进行了被动防热材料筛选。除了可耐 1 647℃的高温外,还要求没有明显的线烧蚀,这对于进气道入口十分重要,因为其尺寸变化及前缘钝化会影响工作效能。试验分别在进气道唇口、侧壁和燃烧室环境下测试了带 CVD-SiC 涂层的 C/SiC 复合材料。进气道唇口(前缘半径为 0.75 mm)在前 7 min 无任何变化,10 min 后仅有有限的氧化和涂层损失,其表现优于带涂层 C/C 复合材料和热压烧结 ZrB_2/SiC 复相陶瓷。进气道侧壁板在考核中的实测温度为 1 427~1 537℃,考核 10 min 后无明显烧蚀。在含有较高浓度 H_2O/CO_2/CO 的燃烧室环境下考核时,带 CVD-SiC 涂层的 C/SiC 复合材料考核 1.1 min 后完好,但没有更长时间的考核结果,带 CVD-(HfC-SiC)涂层的 C/SiC 复合材料通过了 10.25 min 的考核。但用液相硅浸渍反应方法制备的 C/SiC 复合材料(无涂层)在 4 min 后完全烧蚀,说明超燃冲压发动机中的氧化环境是复杂而苛刻的。HyTech 计划的研究表明,带 CVD-SiC 涂层或者 CVD-(HfC-SiC)涂层的 C/SiC 复合材料可以用于马赫数 8/600 s的被动热防护,但长寿命服役行为还需要更长时间的考核来验证[19]。

在 HyTech 计划中,美国空军实验室还资助 Aerojet 公司发展了一种基于喷射支板的马赫数 4~8 的双模态超燃冲压发动机。为保证燃烧室结构的完整性和耐久性,喷射支板和壳体采用被动防热 C/SiC 复合材料。C/SiC 复合材料的结构完整性和在 1 647℃下的性能已得到验证,正在验证 1 927℃下的性能水平。在一些无法将热量散发出去的位置,为避免复合材料过热,利用安置在喷射支板内的鱼鳞片和热沉板吸收热量。

1996 年后期,美国空军实验室启动 HySet 计划,针对一次性马赫数 4~8 的加速飞行,设计具有飞行重量的超燃冲压发动机。其主体方案为带冷却流道的镍合金,但尖锐前缘使用主动冷却太复杂,因此开展了被动防热 C/SiC 复合材料进气道整流罩前缘研究(图 4.64)。带有抗氧化涂层的 C/SiC 复合材料前缘通

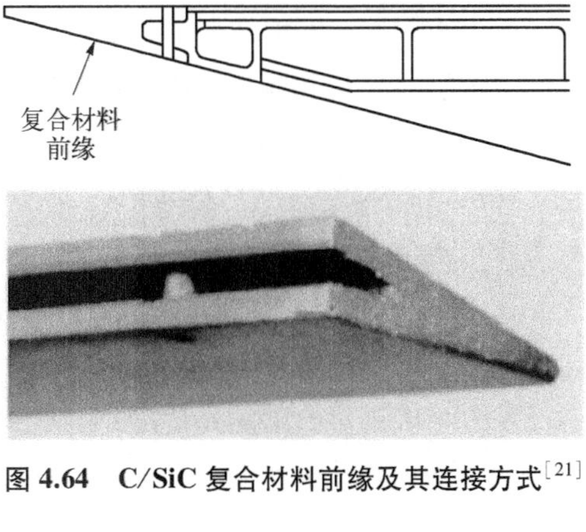

图 4.64　C/SiC 复合材料前缘及其连接方式[21]

过了马赫数 6/10 min+马赫数8/3 min的考核(前缘滞止温度为1 647℃),材料退化程度很小,连接方法可行[20]。

3. 发动机用主动冷却结构

被动热防护的研究表明,C/SiC 复合材料可用作马赫数 8 状态一次性使用(<20 min)的超燃冲压发动机被动防热材料,要想更长时间乃至重复使用或者在更高马赫数下服役,必须发展主动冷却结构。发动机主动冷却的方式是利用从进气道进入发动机的“低温”流体进行冷却。从冷却原理上区分冷却方式,主动冷却方式主要分为发汗冷却、对流冷却(含冲击冷却)和气膜冷却。其他多种新型冷却技术是它们的复合形式,如多孔层板冷却就是集冲击冷却、对流冷却、气膜冷却为一体的新型冷却方式。马赫数在 7 以下的多采用被动热防护;马赫数 7 以上的则必须使用主动冷却。

由于超燃冲压发动机工作环境的特殊性,目前已经提出了多种热防护方法,如再生主动冷却、采用耐高温材料的被动冷却、发汗冷却、气膜冷却等。其中,再生主动冷却是经常采用的方法。采用再生主动冷却,一方面,可以减少热防护材料的使用量,降低高超声速飞行器结构质量;另一方面,燃料吸收一部分热量,能提升燃料喷射温度,提高能量的利用率。当超燃冲压发动机采用再生主动冷却时,冷却剂流经冷却套,对内壁冷却,自身受热升温后经喷注器进入燃烧室,使得通过内壁传出的热量又回到燃烧室,得以“再生”。

从美国 NASA 制定的发展路线图(图 4.65)可以看出,主动冷却结构的发展路线是从金属管与复合材料面板的组合向全复合材料冷却结构进步,而 C/SiC 复合材料是贯穿整个路线的材料体系。

4.5.3 X-43A 结构/防隔热设计

X-43A[22,23]飞行器结构、热管理系统和热防护瓦都由波音公司负责研发。X-43A 的机身桁梁和隔板由钢、钛、铝等材料制成,其上覆盖有钢、铝蒙皮,这些材料是由 X-43A 的硬度需求确定的,而尾舱选用钛金属是出于热防护的需求。当 X-43A 飞行速度达到马赫数 7 时,前缘最高温度可达 1 800℃;当速度达到马赫数 10 时,前缘最高温度可达 2 200℃,因此对机体的热防护系统要求十分苛刻。

1. 结构方案

X-43A 的机身桁梁和隔板由钢、钛、铝等材料制成,其上覆盖有钢、铝蒙皮。这些材料是由 X-43A 的硬度需求确定的,出于热防护的需求,尾舱选用钛金属。

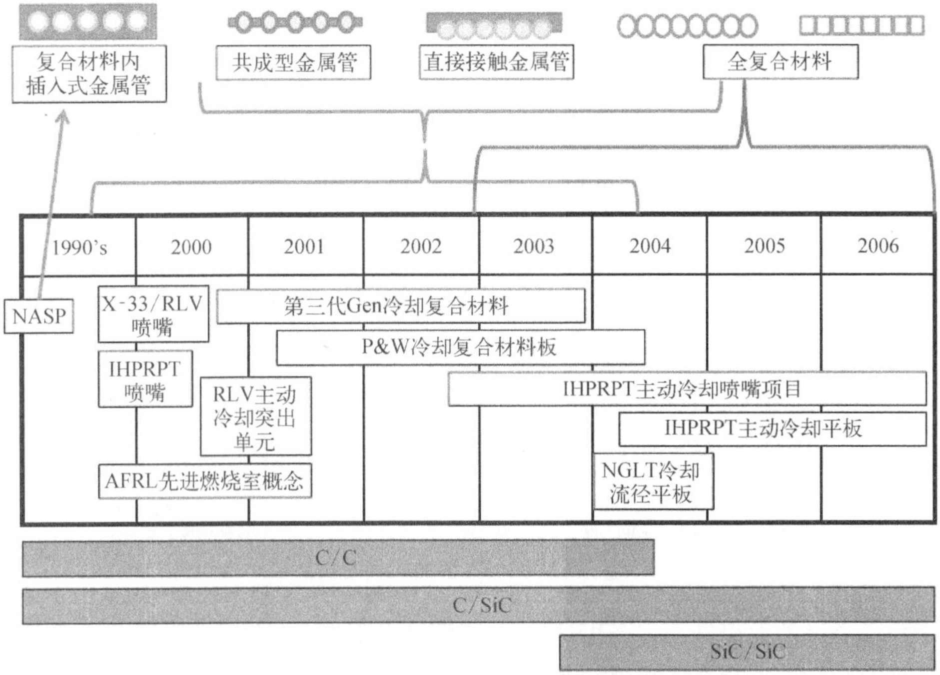

图 4.65　美国 NASA 制定的发展路线图

出于 X-43A 平衡的需要，前舱采用了重约 392 kg 的钨制实心楔形块。这可能是至今最大的钨制物体，其中采用的钨合金称为致密合金 180(densalloy 180)。压舱段是通过在一个大型熔炉中将几大块钨原料烧熔在一起制造而成。采用该工艺必须避免在烧熔过程中个别部分的滑落。

为了降低质量，保持 X-43A 的质心，X-43A 的水平和垂直尾翼内部结构选择的是在高温状态下强度很高的镍钢合金，采用机械加工，表面采用焊接制造而成。其硬度较大，因此机械加工和焊接制造都需要经过多次反复研究和试验才能得到满意的结果。特别是焊接工艺所需的高温，将导致蒙皮表面的形变大于飞行器技术规范规定。ATK GASL 公司和波音公司的专家小组经过反复设计并进行了多次焊接试验，最终开发出成功的焊接方法。

2. 防隔热方案

X-43A 的热防护系统如图 4.66 所示。X-43A 机身前段一大部分都采用实体钨材料制成，从而简化了该区域的热防护设计。在钨制楔形头加热量最高的边缘采用碳-碳前缘和机身边条进行热防护，上、下表面覆盖强化氧化铝防热瓷瓦(alumina enhanced thermal barrier，AETB)，在最外层又包覆了强化单体纤维隔热

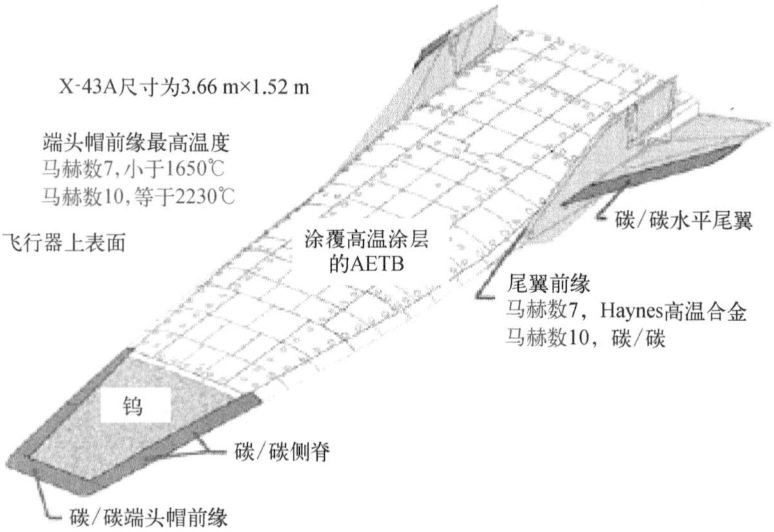

图 4.66 X-43A 的热防护系统

涂层。金属蒙皮设计为多个相对简单、低成本的刻面形状,使得外形模线可以加工到热防护系统防热瓷瓦中。防热瓷瓦的设计特点是,外表面的机械加工是在瓷瓦安装到机身之后进行的。因此,表面隔热材料的涂装是在机械加工结束之后进行的,从而避免了热烘烤。水平及垂直尾翼都是热结构(海纳镍-钢合金——哈氏合金),只沿着其前缘进行热防护。

考虑到 C/C 复合材料具有较高的技术成熟度,被用于诸多关键热端部件。鼻锥尖及翼前缘、飞行控制面板等部位采用涂层式抗氧化的中间相沥青基碳纤维(mesophase pitch carbon fiber, MPCF)增强 2D-碳/碳结构,实现了非烧蚀防热和热结构承载,这是涂层式抗氧化碳/碳复合材料实现零烧蚀开创性和具有里程碑式的工程应用。

飞行速度为马赫数 7 的 X-43A,只在水平安定面采用碳/碳防热材料。由于在马赫数 10 的飞行条件下 X-43A 所受的热载荷相当于马赫数 7 时的两倍,设计人员为第三架 X-43A 增加了更多的热防护,其中包括在 X-43A 垂直尾翼的前缘使用加强的碳/碳复合材料。

3. 发动机热防护

发动机采用散热库珀合金(Glidcop),发动机整流罩和侧壁前缘采用了主动式水冷系统。

发动机采用矩形流路、机身一体化设计,使用气态氢燃料和硅烷点火剂。

该发动机采用铜合金(Cu/Al_2O_3)制备,整流罩和垂直前缘非常尖锐,在助推段和发动机工作段采用水冷方式进行热防护。在火箭助推阶段所用的冷却剂是来自适配器(或称连接器)内的乙二醇和水的混合液体,在发动机试验段冷却剂来自试验飞行器自身携带的水。用于维持内部环境的氮气同时用作冷却剂增压剂,需要时可将冷却剂压到发动机前缘冷却部位。除了采用水冷方式,发动机整流罩前段和整个发动机的关键位置都采用了氧化锆涂层提供附加的热防护。

4. 面临的挑战

波音公司在热防护结构与材料设计过程中曾面临诸多挑战。为了将气动阻力降至最小,X-43A 的前缘设计采用非常小的曲率半径(0.08 cm)。后来马赫数 10 X-43A 的曲率半径要求放宽到 0.13 cm。这都增加了碳-碳材料的制造和碳化硅层涂覆的难度。与水平和垂直尾翼结构情况一样,开发适当的制造工艺与工序也需要多次反复设计和试验。因此,来自各承包商,包括子承包商 SAIC 和 NASA 的专家,组成专家组协助开发工序,最终使这些薄型前缘能够达到满意的性能。

在马赫数 10 的速度条件下,机体大面积热防护(AETB)系统厚度要求在 1.3 cm 左右,要将如此薄的瓦片覆盖在柔性表面比较困难,而出于飞行器刚度要求,其表面挠度需达到最小,因此设计过程中全部采用传统的(航天飞机所采用的)附着方法。

对水平和垂直控制面的热防护设计面临更多挑战,因为控制面属于热结构,所以采用实心或近实心的设计效果比较好,但因其重量太大而影响整个飞行器的重心,故无法采用此种设计。最终方案是将这些控制面采用组合式焊接结构,虽然加工制造难度较大,但问题最终得到了解决。除了外部高超声速环境的挑战之外,长时间的燃料加注和飞行准备时间产生的内部热量也需要在托架接触面和散热片的设计中加以考虑,从而在最终完成制造后使得吹除系统还可以胜任冷却工作。

4.5.4　X-51A 结构/防隔热设计

1. 结构方案

X-51A 的主体部分采用了多种耐热金属材料(图 4.67,表 4.6),如铝(Al)、钢、铬镍铁(CrNiFe)合金、钛(Ti)和钨(W)等。

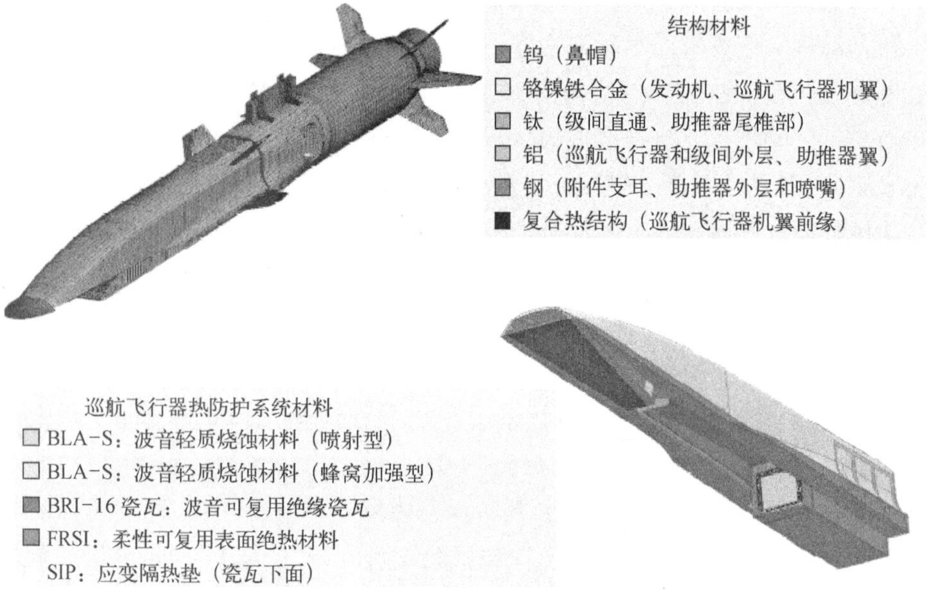

图 4.67　X-51A 基本结构材料与热防护材料

表 4.6　X-51A 各部件使用的材料

材　料	部　　位
钨(W)	鼻锥
铬镍铁合金(CrNiFe)	发动机舱壁、巡航级舱板、鼻锥适配器
钛(Ti)	级间段进气道结构和助推器的尾鼻部
铝(Al)	巡航级和级间段的表面蒙皮,助推器翼片
钢	助推器蒙皮和尾喷管,与 B-52 的连接结构接口
C/C	巡航级舱板的前缘

机体部分的框架板壁等由铝制成;前鼻端内部是金属钨,外部则是二氧化硅隔热层,其作用是承受 X-51A 头部高强度的气动热载荷,并实现纵向配平,以保证 X-51A 的纵向稳定性。巡航体与机体的过渡部分采用了铬镍铁合金,目的是阻止热量传导到 X-51A 的其余部分。巡航飞行器与级间部分的蒙皮,包括助推器的四个全动尾翼均为铝制。此外,为了在推进段保持稳定,助推器上另外安装了两个铝制的水平尾翼。超燃冲压发动机的舱壁则是由燃料冷却的薄壁铬镍铁合金板制成,巡航体的四个可动小翼除在前缘采用了碳/碳复合热结构材料外,也均由铬镍铁合金制成。整个 X-51A 仅在级间部分的某些结构及助推器的尾

锥上使用了钛合金。助推器的外表面仍由钢制成，不过钢质的尾喷管被加长了，以获得更大的膨胀率，从而提高性能。

2. 防隔热方案

X-51A 采用的是被动式的热管理，根据预测的热负荷通过选择材料及其厚度来实现。为了适应高超声速飞行及再入大气层 X-51A 表面要承受的高温（最高为 4 500℃），在使用隔热瓦、柔性防热毡基础上，表面覆盖有轻质烧蚀泡沫材料。

1）隔热瓦

隔热瓦采用的是波音公司可重复使用隔热陶瓷（Boeing reusable insulation），型号为 BRI-16，类似于航天飞机外部使用的陶瓷材料，机体的尖锐前缘和发动机进气道入口之前的斜面上也都布置了这种陶瓷片，粘贴于应变隔离板（strain islation pad，SIP）上，以吸收因陶瓷瓦片与其下的铝制蒙皮膨胀率不同所产生的应变。

2）柔性防热毡

发动机机舱内部装有柔性可重复使用隔热材料，以阻隔发动机对机体的辐射热量。X-51A 上表面也采用柔性防热毡材料。

3）轻质烧蚀泡沫

飞行器的上表面采用 FRSI 防护，上面覆盖着厚度不一的波音公司轻质烧蚀泡沫（BLA-S）。BLA-S 可以简单地喷洒在 X-51A 上，这样可以以较低的成本覆盖大块面积。此外，能在飞行前快速填充对 X-51A 进行维修的活动面板的周围接缝和缺口。

X-51A 喷管内部（暴露于超燃冲压发动机产生的热烧蚀产物中）采用加强的蜂窝形泡沫材料（BLA-HD）。

4）发动机热防护结构

超燃冲压发动机使用常规燃料 JP-7 作为冷却剂。发动机进气道入口之前的斜面上涂覆二氧化硅（SiO_2）陶瓷瓦，超燃冲压发动机的舱壁由铬镍铁合金板制成，发动机机舱内部装有柔性可重复使用的表面隔热（flexible reusable surface insulation，FRSI）材料，以阻隔发动机对弹体的热辐射。

4.5.5　借鉴与启示

吸气式超燃冲压发动机的横空出世，促进了升力体外形高超声速飞行器的发展，其前缘尖化及锥形的需求，对热防护材料提出了更高的挑战。如前所述，这一期间防隔热技术的发展主要围绕材料改性，发展高温难熔被动防热材料，以涂层式抗氧化 C/C 复合材料为代表。发展能适应高温、长时间氧化条件下的难熔热防护材料使高超声速飞行器向着更高马赫数飞行成为可能,时至今日,基于现有热防护材料,如何提高其长时高温抗氧化抗烧蚀能力仍是各航天大国不竭的追求。

4.6 风云人物·大事记(冲压发动机狂人:Reine Leduc)

法国,这片美丽富饶的土地上有无数浪漫的故事,有大片诱人的葡萄园,有著名的埃菲尔铁塔,有文艺色彩浓厚的凡尔赛宫。人们很难把发动机的技术发展史与这个国家联系起来。实际上,世界上第一架以冲压发动机为动力的喷气式飞机就诞生在法国。这架飞机的设计师名叫 Reine Leduc。

1898 年,Reine Leduc 出生在法国。14 岁时,Reine Leduc 成绩优异,但他还是中断了学业,投身到工程技术的学习和实践中,梦想着追随莱特兄弟的脚步。1914 年,第一次世界大战爆发,Reine Leduc 不得不暂停了学徒生涯。18 岁时 Reine Leduc 加入了炮兵,并参加了索姆河战役。战争结束后,不忘自学的 Reine Leduc 成功地被巴黎高等电力学院录取。在这里,Reine Leduc 系统地学习了热力学和材料学的知识,为他将来在冲压发动机领域的研究打下了坚实的基础。

1924 年,Reine Leduc 进入布雷盖的飞机制造厂,成为一名航空工程师,正式开始了职业生涯。在参与布雷盖-27 双翼飞机的研究过程中,Reine Leduc 逐渐发现螺旋桨飞行的活塞式发动机有着诸多弊端,决定开始研究脉冲喷气发动机。当时,德国有个名为 Paul Schmidt 的工程师在 1928 年开始了类似脉冲喷气发动机的研究。1930 年 2 月 4 日,Reine Leduc 申请了脉冲喷气发动机专利并开始制作样机。而 Paul Schmidt 比 Reine Leduc 晚约 100 天将脉冲喷气发动机研制成功。Reine Leduc 原本可以借助这种发动机来抢占先机,但他在进行大量测试后,认为脉冲喷气发动机断断续续的推力不适合用于载人飞行器,因此他毫不犹豫地放弃了这个可以名利双收的机会,转向研究能够连续工作的冲压发动机。

1930 年,Reine Leduc 正式踏上了他的“冲压狂人”之路。Reine Leduc 当年写的论文记录了他设想的飞行器的性能:飞行速度至少为马赫数 2(2 448 km/h),在约 18 288 m 的高度能够以 3 倍重力的过载进行超声速转弯,并且在完成这样的机动动作后,飞机的飞行高度能够保持不变。

Reine Leduc 用近乎疯狂的思路开始了冲压喷气飞机的总体设计。1937 年,010 型飞机的结构设计完成。1940 年,冲压发动机基本完工。但是,德军战车已经开始横扫法国。无奈之下，Reine Leduc 只得将飞机拆散后运往法国南部，几经辗转将零件藏在图卢兹附近的谷仓中。5 年后，战争结束了，Reine Leduc 率领团队回到满目疮痍的图卢兹，开始搜寻当年藏起来的零件，可惜有很多零件没能躲过轰炸。Reine Leduc 没有抱怨，在其技术文档中只能找到一句话："出于一个被历史详细记录的事件，在巴黎的研究中止。"

1946 年，010 型飞机的第一架原型机出厂。1949 年 4 月 21 日，世界上第一架由可提供连续推力的冲压发动机驱动的飞机终于实现首飞。一架"朗格多克"运输机驮载飞机升到 4 000 m 的高度。当飞行速度达到 360 km/h 时，010 型冲压发动机启动工作，脱离了载机束缚的 010 型飞机像一匹脱缰的野马，一下就冲到了马赫数 0.85 的高亚声速状态。Reine Leduc 说道："这是我职业生涯中最重要的一天。人类终于做到了仅仅依靠火的力量就能御风飞行！"图 4.68 展示了存放在法国航空航天博物馆中的 Leduc 冲压喷气式飞机原型机。

图 4.68　存放在法国航空航天博物馆中的 Leduc 冲压喷气式飞机原型机

如今，冲压发动机在远程导弹、高超声速飞行器等领域得到了广泛应用。这篇曾引领了冲压发动机启蒙时代的文章早已完成了它的历史使命，逐渐沉没在卷帙浩繁的冲压发动机技术文献中。

崇尚浪漫的法国人遇到了声障。飞机的操控性能发生了剧变，在急速爬升的同时产生了剧烈抖动。原来，在与航空技术携手向前的过程中，不仅有美妙的飞行体验，还要面对为冲破大自然的限制而带来的激烈冲撞。命运女神还是不肯把超声速的桂冠递给 Reine Leduc。

不过,踌躇满志的 Reine Leduc 仍不灰心。他对冲压发动机的性能参数进行了详细计算,并分析了 Reine Leduc 系列冲压喷气飞机从概念设计,到地面试验,再到试飞试验的得失,以乐观的态度展望了冲压发动机在飞机上的应用前景。

1956 年,带有更多新概念的 022 型飞机制造完毕并完成首飞。该型飞机在冲压发动机的核心部位安置了一台涡喷发动机,使得飞机能够用自身动力实现起飞,不再依赖载机。但是,在第 34 次试飞时,冲压发动机才终于能够点火,此时已经是 1957 年,随后该型飞机又进行了 80 次飞行试验,但始终难以突破声障。

从现代空气动力学的角度来看,Reine Leduc 飞机的机身气动外形不适合进行超声速飞行,臃肿的机体和翼尖处的非保形油箱引起的波阻耗掉飞机大部分的动力。一个略显残酷的现实是另一个充满灵性的飞机设计师及其作品开始获得法国军方更大的兴趣,最终导致法国军方中止了对 Reine Leduc 的支持。该设计师名为达索,其设计的飞机称为幻影。

Reine Leduc 在 1958 年被迫停止了对冲压发动机的研究,迫于生计,他经营了一家制造液压设备的公司。10 年后,Reine Leduc 去世。达索设计的幻影系列战斗机声名鹊起,重振了法国人在第二次世界大战后的信心。“狂人”Reine Leduc 的 022 型飞机则在经历了 100 多次飞行试验后同该系列飞机的早期型号一起成了巴黎北郊布尔歇航空博物馆的展品。

虽然冲压发动机没能在飞机上得到大量应用,但在速度更快的飞行器上证明了价值。Reine Leduc 去世的时候,冲压发动机已在导弹上得到了广泛应用,使导弹速度达到了 3 倍声速。

如果说是达索缔造了法国航空业的辉煌,那么法国速度与激情的代言人应当由 Reine Leduc 来担任。现在,已经少有人提及 Reine Leduc 这个名字了,但是只要人类仍在追求更快的速度,他的声音就不会消逝。

参考文献

[1] 李建林.临近空间高超声速飞行器发展研究.北京:中国宇航出版社,2012.

[2] 冯志高,关成启,张红文.高超声速飞行概论.北京:北京理工大学出版社,2016.

[3] 白延隆,白云.X-51A 飞行器飞行试验的故障分析.飞航导弹,2012(3):27-30.

[4] 牛文,李文杰.印度公开布拉莫斯-2 高超声速飞行器模型.战术导弹技术,2013(2):114.

[5] 皮布尔斯,郑耀.通向马赫数 10 之路:X-43A 飞行研究计划的经验教训.北京:航空工业出版社,2012.

[6] Lien J P, Bose D M, Martin J G. Automated sensitivity analysis of Hyper-X (X-43A) separation simulation. Providence: AIAA Modeling and Simulation Technologies Conference and Exhibit, 2004.

[7] Tartabini P V, Bose D M, Thornblom M N, et al. Mach 10 stage separation analysis for the X-43A. Reno: 44th AIAA Aerospace Sciences Meeting and Exhibit, 2006.

[8] 罗金玲,李超,徐锦.高超声速飞行器机体/推进一体化设计的启示.航空学报,2015,36(1): 39-48.

[9] 向先宏,钱战森.高超声速飞行器机体/推进气动布局一体化设计技术研究现状.航空科学与技术,2015,26(10): 44-52.

[10] Edward T C. Scramjet engines: the first forty years. Journal of Propulsion and Power, 2001, 17(6): 1138-1148.

[11] Bulman M, Siebenhaar A. The rebirth of round hypersonic Propulsion. Sacramento: 44nd AIAA/ASME/SAE/ASEE, 2006.

[12] Siebenhaar A, Bogar T. The impact of round combustors on TBCC propulsion and hypersonic cruise vehicles. 14th AIAA/AHI Space Plances and Hypersonic Systerms and Technologies Conference, 2006.

[13] 李崇俊.X-43A 高超声速飞行器 C-C 热防护涂层结构分析.高科技纤维与应用,2015,40(4): 26-43.

[14] Glass D E. Ceramic matrix composite (CMC) thermal protection systems (TPS) and hot structures for hypersonic vehicles. Dayton: 15th AIAA International Space Planes and Hypersonic Systems and Technologies Conference, 2008.

[15] 谢俊,郝英立.超燃冲压发动机热环境与热防护.南京: 江苏省工程热物理学会第四届学术会议,2013.

[16] 张友华,陈连忠,杨汝森,等.高超飞行器尖前缘材料发展及相关气动热试验.宇航材料工艺,2012,5: 1-4.

[17] Ohlhorst C W. Development of X-43A mch 10 leading edges. Fukuoka: Proceeding of the 56th International Astronautical Congress, 2005.

[18] Ohlhorst C W, Vaughn W L, Daryabeigi K, et al. Emissivity results on high temperature coatings or refractory composite materials. NASA-TM20070031768.

[19] 马青松,刘海韬,潘余,等.C/SiC 复合材料在超燃冲压发动机中的应用研究进展.无机材料学报,2013,28(3): 247-255.

[20] Chen F F, Tam W F, Shimp N R, et al. An innovative thermal management system for a mach 4 to mach 8 hypersonic scramjet engine. AIAA 98-3734.

[21] Sillence M A. Hydrocarbon scramjet engine technology flowpath component development. AIAA 2002-5158.

[22] 郭朝邦,李文杰.高超声速飞行器结构材料与热防护系统.飞航导弹,2010,4: 88-94.

[23] 李文正等. X 系列飞行器从 X-1 到 X-45. 哈尔滨: 哈尔滨工业大学出版社, 2004: 493-498.

第 5 章

机动灵活的高超声速助推-滑翔飞行

早期，人们研究了风筝和鸟的飞行原理后发现，如果有足够的气动升力来平衡重力与阻力，在无动力情况下依然可以飞得很远，即无动力滑翔飞行。从原理上讲，无动力滑翔是指在一定的初速条件下，飞行器依靠自身重力的分量获得前进动力，在重力和阻力的共同作用下无动力滑翔飞行，不断降低高度和速度，直至落地。

"空气动力学之父"George Cayley 开创了滑翔之路。早在 19 世纪初，George Cayley 就曾试制滑翔机，并多次进行带人飞行，George Cayley 对滑翔飞行原理、气动升力及布局等都进行了科学的研究和试验，首次把滑翔飞行从冒险尝试上升为科学探索。但是，当时的飞行家还是把更多的精力投入到动力飞行探索中，多急于求成、轻视理论、不注重吸收前人成果，加上 19 世纪出现的内燃机不够完善，终未见成功。直到 19 世纪后期人们才转向滑翔飞行这一当时看来唯一正确的研究道路。最早设计和制造出实用滑翔机的是德国工程师和滑翔飞行家 Otto Lilienthal，他是世界航空先驱者之一，称为"滑翔机之父"。1891～1896 年，Otto Lilienthal 先后进行了 2 500 多次滑翔飞行试验，300 m 的滑翔距离也是当时由他创造的一个惊人的成绩。早期滑翔机的研究，真正开启了人类的滑翔飞行时代，也推动了人们对飞行理论和技术的探索。20 世纪初，已经研制出现代滑翔机，并应用于军事作战中。

然而，早期滑翔机无论是飞行速度、飞行时间，还是飞行距离，都非常有限，这大大限制了滑翔机的应用。随着航空发动机技术的突破，飞机成为人类飞行的主要方式，滑翔机逐渐淡出历史舞台。可是，人们对滑翔飞行的追求并没有就此止步，实际上随着火箭动力技术的发展，人们发现通过提高滑翔飞行的初速度和初始滑翔高度，可大幅提升滑翔距离，拓宽滑翔飞行包线，高超声速助推-滑翔飞行成为可能。

高超声速助推-滑翔飞行是指采用高升阻比气动外形设计的飞行器，通过火箭动力加速助推至一定的初始速度和高度，在与火箭动力分离后，飞行器利用自身气动力、离心力与重力的相互作用，在大气层内保持长时间、远程、高超声速(Ma>5)滑翔机动飞行，犹如在大气中"打水漂"。一般初速度越大，初始高度越高，滑翔距离越远。

高超声速助推-滑翔飞行的早期概念是由人类航天时代的奠基人 Eugen Sanger 提出的，时间可追溯到 20 世纪 30 年代，他设计了超越时代特征的"明日战机"——"银鸟"空天轰战机[1]。1933 年，Sanger 公开出版了《火箭飞行工程学》的专著，书中提出了"火箭动力滑翔机"的概念，设想飞行器应当达到马赫数 10 的极速，飞行剖面由抛物线弹道和水平滑翔两部分组成，飞行高度可达到 60~70 km，这种飞行方案就是著名的"Sanger 弹道"(图 5.1)。之所以称得上"明日战机"，是因为在当时人们的认识水平和技术水平下，该滑翔机的速度和高度是不可想象的，Sanger 完全描绘了一个天外来客，他也因此书声名鹊起，并得到了德国空军部的重视，其认为 Sanger 的理论和设想为制造全球战略轰炸机提供了可能。到 20 世纪 30 年代末，Sanger 逐渐完善了空天轰炸机的方案，将其命名为"银鸟"，并参加了德国空军部"美利坚轰战机"项目选型。"银鸟"采用平底状升力体布局，轨道发射，通过主火箭助推到一定高度后转入平飞，在气动力和重力双重作用下开始一连串乘波"跳跃"滑翔飞行，过程中逐渐降低飞行高度，进入平流层巡航飞行，直至依靠起落架滑跑着陆。虽然最终"银鸟"因战事及高度前沿性折翼，但 Sanger 在当时提出的超越时代背景的火箭动力滑翔机概念，为后续发展高超声速助推-滑翔飞行技术奠定了重要基础，最大受益者就是在第二次世界大战中获得德国大量研究资料的美国与苏联。

图 5.1 "Sanger 弹道"示意图[1]

1948 年秋季，在大西洋的彼岸，钱学森在美国火箭学会举行的年会上提出了一种带翼火箭的洲际飞行方案，其平均飞行速度约为 12 000 km/h，火箭所携带的燃料可工作几十分钟，当发动机关机以后，火箭靠惯性继续升高约 90 km，轨迹的最高点约 300 km。随后，火箭在重力和气动升力作用下在大气中进行无动力滑翔飞行，并逐渐降高、降速，直至着陆，这就是著名的"钱学森弹道"[2,3]（图 5.2）。与"Sanger 弹道"相比，虽然两者都是应用于洲际飞行滑翔机上，但不同的是，钱学森提出的飞行器在与助推火箭分离后不再依靠直接力，而是利用气动力进行平衡滑翔飞行（非跳跃滑翔），大大简化了飞行器的设计。"钱学森弹道"更为明确地提出助推-滑翔方案，但在当时这种概念仍是非常超前的，助推-滑翔飞行面临的气动、材料、控制等关键技术限制了这种飞行器的发展。但是，这种弹道方案的提出给予人们极大的启发，带动了人们对临近空间高超声速助推-滑翔技术的研究，并在多年后的滑翔飞行器上得到实际应用。

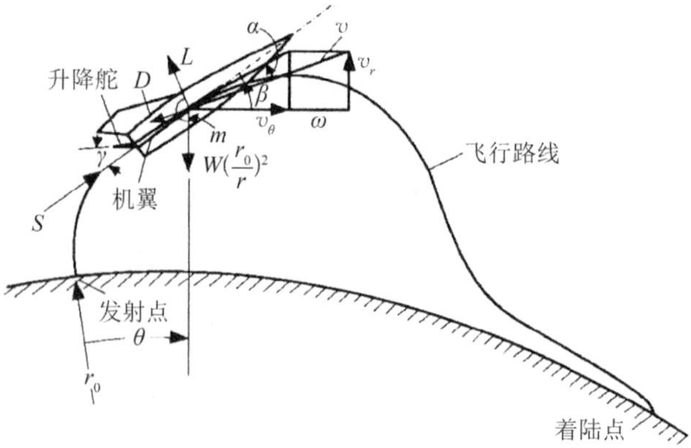

图 5.2 "钱学森弹道"示意图[2]

高超声速助推-滑翔概念让人们看到在大气中长时间、高超声速飞行的希望，但在 20 世纪初，一下子将滑翔速度由亚声速提高到高超声速，是需要超乎寻常的想象力与引领技术发展的魄力。高超声速助推-滑翔概念的出现，为地球上两点间的快速到达提供了可能的解决方案，它的意义是非凡的，一个潜在应用方向是可以发展成为高超声速助推-滑翔导弹武器。相对于传统抛物线椭圆惯性弹道模式，高超声速助推-滑翔弹道近似波浪形，充分利用气动力作用，飞行高度更低，射程与速度却没有降低，机动性与突防能力有了显著提升（图 5.3）。由于地球曲率与地基雷达探测距离的影响，其弹道轨迹更加难预测、难跟踪、难拦截，能有效突破现有导弹防御系统，在军事上具有广阔的应用前景。

因此，无论是 Sanger 还是钱学森，他们提出的弹道方案让当时的学术界及军方大为震撼，这将带来一次新的军事革命，对原有武器装备来说是超越时代的

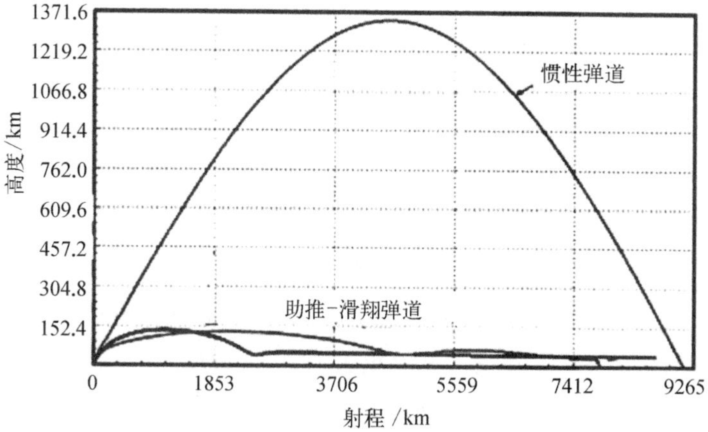

图 5.3　高超声速助推-滑翔弹道与抛物线椭圆惯性弹道对比

进步，如同陨石坠海，打破了原有的平静，掀起了研究的热潮。20 世纪 50～90 年代，美国和苏联对高超声速助推-滑翔技术进行了长达数十年的探索，以期掌握该项颠覆性技术，争夺领域技术的制高点，在冷战期间，这种需求变得更加迫切。

20 世纪 50～60 年代，美国大力开展高超声速机动再入飞行器技术的研究，典型项目包括 X-15 与 X-20，这成为了临近空间助推-滑翔飞行器的先驱。X-20 是一架十分不寻常的无动力滑翔飞行器，能在外大气层环境下保持高超声速滑翔飞行，虽然项目仅推进到初步制造阶段，但为后来近 20 年的升力体项目研究做出了很大贡献[4]。

高超声速滑翔飞行的基本要求是能够提供滑翔所需的气动升力、在高超声速范围内实现稳定控制、在严酷的气动力热环境中结构热防护不失效，即能够"滑得起""控得住""烧不坏"，对应迫切需要解决的是气动布局、制导控制及热防护等关键技术问题。因此，美国开展了一系列技术验证，早期项目如 BOMI、Ames M、Alpha Draco、X-23A 等。

X-23A 又称为 SV-5D PRIME，是美国空军为验证升力体再入机动飞行器外形、控制系统和烧蚀技术而研制的一种技术演示验证机。X-23A/SV-5D 被设计为可回收的，回收系统由锥形减速球伞、主伞及水上漂浮套圈等构成。飞行器经"宇宙神"火箭助推发射，再入大气层后进行无动力滑翔飞行，最终在太平洋海域回收[4,5]。1966 年 12 月～1967 年 4 月，X-23A/SV-5D 共进行了 4 架次中的 3 架次飞行试验，最大飞行速度达到马赫数 24.5，但只有第 3 架次飞行试验回收圆满成功，目前在位于俄亥俄州赖特帕特森空军基地的博物馆中展出。X-23A/SV-5D 飞行试验充分验证了高超声速再入飞行器气动、烧蚀及控制技术，验证了高超声速滑翔飞行的可行性与有效性，是高超声速滑翔飞行器真正意义上的首飞，对后续发展高超声速滑翔飞行器具有重大的借鉴价值。

20 世纪 60~80 年代，美国以战略弹道导弹机动弹头的名义进行了一系列助推-滑翔技术研究，典型项目包括助推-滑翔再入飞行器、先进机动再入飞行器和桑迪亚有翼高能再入飞行器（SWERVE）等[6]。这些早期计划验证了助推-滑翔概念的可行性，并通过多次飞行试验积累了大量的试验数据，在气动设计、热防护、制导控制等各个技术领域，为美军后来的通用气动飞行器的发展打下了坚实的技术基础。进入 20 世纪 90 年代，美国从国家战略安全及地区性事务主导地位需求出发，加速推动作战能力转型，开始重点关注以高超声速滑翔飞行器为代表的全球快速打击力量，开展了以 HTV-2、TBG、弧光、AHW 为典型代表的高超声速滑翔飞行器项目，进行了大量地面及飞行试验，在气动设计、热防护、制导控制等各个技术领域引领了助推-滑翔飞行器的发展（图 5.4）。

作为应对，俄罗斯同样对高超声速助推-滑翔飞行器进行了研究。图波列夫设计局在 1958 年开始研究“图-130”无动力高超声速滑翔飞行器，但 1960 年该项目即被撤销，此后相关的研究工作基本停滞[7]。直到 20 世纪 80 年代中后期，受美国“星球大战”计划的刺激，苏联再度开启高超声速助推-滑翔飞行器的研制，如“依格拉”、Yu-71 高超声速飞行器等。“依格拉”采用的是助推-滑翔+巡航飞行方式，在马赫数 10 时启动超燃冲压发动机，但因经费原因，“依格拉”项目中途“流产”，并未实施飞行试验。而 Yu-71 项目取得了实质性进展，自 2011 年 12 月 27 日起，共进行了 6 次飞行试验，其中，2016 年的第 6 次飞行试验取得圆满成功。Yu-71 在提高俄罗斯战略威慑与常规打击能力方面具有重要作用。

从历史发展的角度看，美国与俄罗斯近乎同时开展高超声速助推-滑翔飞行技术的研究，共经历了近 60 年的发展历程，研究重点主要在气动布局、热防护、控制等技术上。从近年 HTV-2、AHW、Yu-71 等项目飞行试验的开展及美国空军 TBG 战术导弹项目立项情况来看，高超声速助推-滑翔飞行技术已成为当今世界争相发展的热门技术之一，并有望快速形成导弹武器，具备不对称优势的作战能力，机动、灵活的高超声速助推-滑翔飞行器主宰战争的时代即将到来。

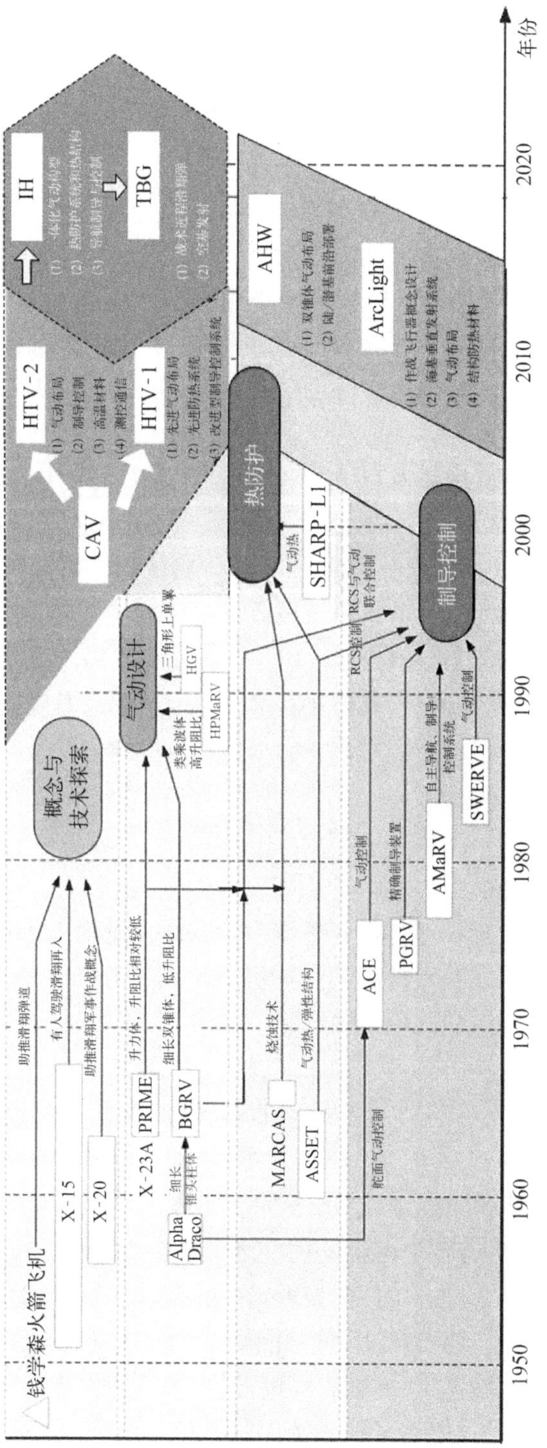

图 5.4　美国高超声速滑翔技术发展脉络

5.1 突破大气层内马赫数 20 滑翔飞行——HTV-2

HTV-2 是美国空军在“猎鹰”计划下提出的一种高超声速技术验证飞行器,主要用于验证无动力高超声速助推-滑翔飞行模式下的气动布局、热防护、气动控制等技术。2010~2011 年,美国两度开展 HTV-2 飞行试验,尽管两次试验最终均失败,但实现了大气层内马赫数 20 的可控滑翔飞行,这在高超声速飞行史上是一次重大突破,为高超声速助推-滑翔技术的发展奠定了重要基础,HTV-2 也成为临近空间高超声速领域最耀眼的“明星”。基于高超声速助推-滑翔飞行器的技术优势及巨大的军事应用潜力,美国空军将 HTV-2 列为未来常规快速全球打击(conventional prompt global strike, CPGS)体系下常规打击导弹(conventional strike missile, CSM)方案的原型机。

HTV-2 是特定历史条件下军事及技术发展需求的产物,在经历了较长时期的政策推动及技术积累后应运而生。HTV-2 提高了人们对临近空间高超声速助推-滑翔飞行技术的认识水平,其潜在的军事应用前景也颠覆了人们对传统战争形态的认知,突破大气层内马赫数 20 的高超声速滑翔飞行器正引领人们对临近空间高超声速领域的探索方向。

5.1.1 早期探索

为寻求可执行全球快速打击任务能力,从 20 世纪六七十年代开始,美国提出了多种验证滑翔机动技术的高超声速机动再入飞行器方案,包括圆锥体弹道再入飞行器(RV)、先进机动再入飞行器(AMaRV)、桑迪亚有翼高能再入飞行器(SWERVE)。这些早期计划在气动布局、热防护、制导控制等技术领域开展了多次飞行试验,积累了大量的试验数据,为助推-滑翔飞行器的发展积累了深厚的技术基础。

冷战结束后,世界战略格局和安全形势发生了重大变化,从苏联解体出来的俄罗斯已不具备与美国全面抗衡的实力,美国成为世界唯一的超级霸权大国。为继续强化自身的军事实力,美国仍然热衷于发展全球快速打击能力,在 20 世纪 90 年代规划了多个天对地打击的武器项目,包括在 1994~1995 年美国空军提出的一种军用空间飞机的构想,该系统具备操作性、灵活性和快速响应能力,全面支持美国空军的各种空间作战任务,其中一个分系统称为通用气动飞行器,可通过机动滑翔再入执行全球快速打击任务。CAV 概念引起了美国军方的极大兴趣。美国空军航天司令部和美国空军实验室、美国空军军械装备中心和美国空军需求研究局对 CAV 进行了先期的概念性方案设计及技术等方面的研究。

1998 年,美国空军在“2002 年及以后战略主导计划”(Strategic Master Plan)中正式确定通用气动飞行器的定义:CAV 是一种空气动力再入飞行器,通过机动滑翔增加航程和提高打击精度,可携带弹药对地面目标进行精确打击。在计划中,美国设想的 CAV 长为 3.6~5 m,重为 540~900 kg,有再入大气时起保护作用的锥形头罩,可利用发动机系统离轨、减速、再入,并建立攻击地球目标的弹道。对 CAV 的命中精度要求是 5~10 m,因此它可以布撒弹药精确命中地球上的目标。1999 年美国空军军械装备中心公布了其设想的 CAV 初始方案及其作战概念,该方案的主要结构如图 5.5 所示。

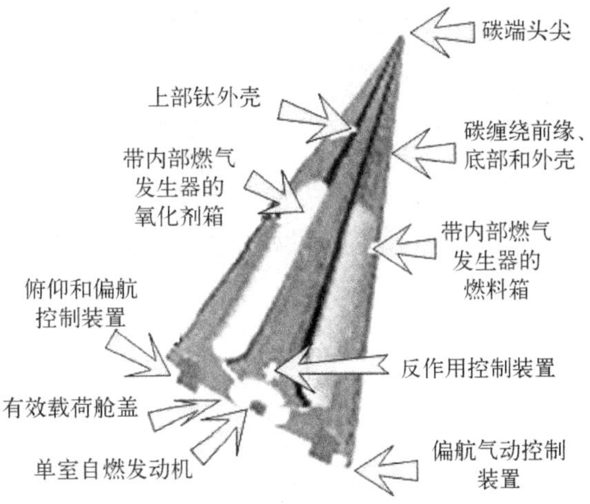

图 5.5　美国空军军械装备中心的 CAV 初始方案

CAV 概念掀起了高超声速滑翔飞行器研究的热潮,表现出强劲的发展势头。美国除了军方外,工业界也自筹经费对 CAV 进行先期的方案和性能研究,其中,最具代表性的就是波音公司和洛克希德·马丁公司。波音公司在早期 AMaRV 方案的基础上提出改进圆锥体的 CAV-L 方案(图 5.6),CAV-L 指的是低性能的 CAV,升阻比(L/D)为 2~2.5。洛克希德·马丁公司以 HPMaRV 方案为基础,提出升力体外形的 CAV-H 方案(图 5.7),即高性能的 CAV,其升阻比为 3.5~5.0。波音公司的 CAV-L 方案和洛克希德·马丁公司的 CAV-H 方案在后续的研究过程中日益突出,成为早期 CAV 最主要的两个设计方案,也是美国未来“猎鹰”计划下 CAV 和 ECAV 的原型方案。

此外,NASA 埃姆斯研究中心(Ames Research Center)和桑迪亚国家实验室(Sandia National Laboratory)的细长高超声速气动热力学研究探测器升力体-1(SHARP-L1)也可以发展为 CAV-H(图 5.8)。轨道科学公司也提出了尖前缘 CAV 或 CAV-H 方案(图 5.9)。

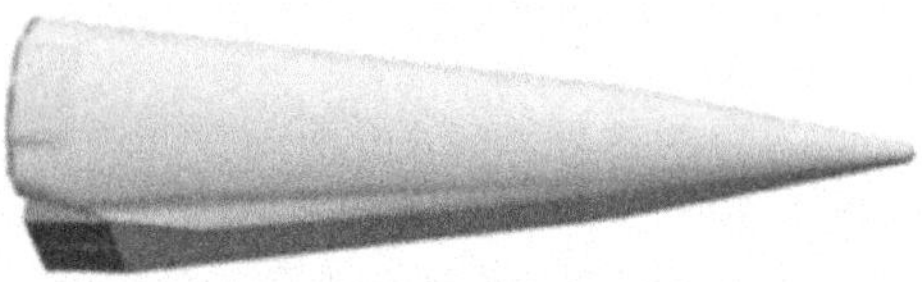

图 5.6 波音公司圆锥体 CAV-L 方案

图 5.7 洛克希德 · 马丁公司 CAV-H 方案

图 5.8 NASA 艾姆斯研究中心/桑迪亚国家实验室的 SHARP-L1 方案

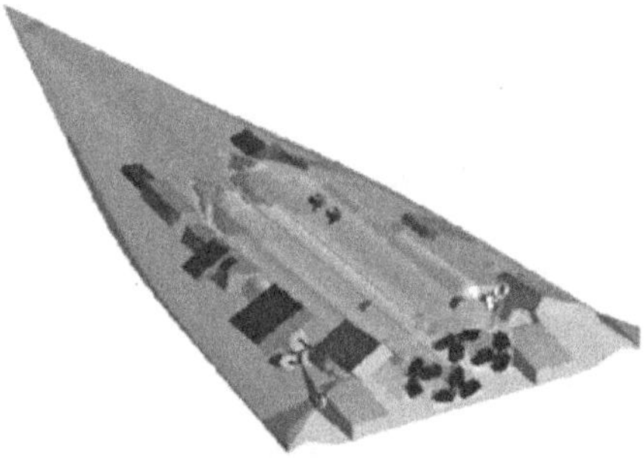

图 5.9 轨道科学公司尖前缘 CAV-H 方案

虽然 CAV 概念在提出后的最初几年仍然处于方案论证阶段,但进入 21 世纪,美国发展全球快速打击力量的需求更加迫切,促使 CAV 进入了新的发展阶段。在“9 · 11”恐怖袭击事件的刺激下,美国政府开始重新评估来自恐怖主义的威胁,并认识到战略弹道导弹可能无法在局部冲突和反恐战争中发挥战略威慑作用,执行打击任务的破坏力太大,在现役战略弹道导弹和常规武器之间,美国缺少一种实用性更强、更灵活的战略打击手段。此外,随着核扩散问题的不断加剧,越来越多的国家开始拥有核武器,进一步削弱了美国核威慑力量的有效性。因此,为保持和强化美国在战略威慑上的绝对优势,具备极短时间内更加实用、灵活的打击能力,美国在 2001 年“核态势评估报告”中,提出 1 h 内以常规武器对全球任意目标执行快速、精确打击的需求,即 CPGS 概念。其中,“常规”被定义为非核,“快速”被定义为在发射后 1 h 内实现打击,“全球精确打击”则指“以数米的精度打击世界任意目标”,对传统的“三位一体”战略核力量结构进行补充,形成“核常兼有、慑战兼顾、攻防兼备”的“新三位一体”战略威慑体系。“新三位一体”战略威慑体系对以高超声速飞行器为代表的全球快速打击力量提出发展需求,在这种常规全球快速打击能力的支持下,将使美国能够在最短的时间内,对地球上任何地方的目标实施打击,保持自身控制优势,同时,有了这种武器系统,打击前便无须战区集结。

在这样强烈的需求背景下,2002 年 12 月,美国国防部完成了 CAV 常规威慑和全球精确打击评估研究,坚定了以 CAV 为基础发展全球快速打击能力的决心。当时的美国国防部副部长保罗・沃尔福威茨责成美国空军和 DARPA 建立联合计划办公室,加速发展 CAV,满足全球快速打击任务的需求,CAV 进入了快速发展期。

2003 年,美国空军发布"快速全球打击任务要求声明",正式启动了 CPGS 武器的采办工作。美国空军与 DARPA 对其相应的高超声速滑翔飞行器研究计划和 CAV 研究计划进行了整合,联合制订了"猎鹰"计划,即"从美国本土实施军力运用和投送"计划。

"猎鹰"计划的主要目标是研发、试验和飞行验证高超声速飞行器的关键技术,确保美国在近期和远期具备执行全球快速、精确打击的能力和演示验证低成本、快速航天发射的能力。具体任务是发展小型运载火箭(small launch vehicle, SLV)和高超声速武器系统(hypersonic weapon system, HWS),即 CAV、ECAV 和 HCV。CAV 采用改进的双圆锥体外形,升阻比为 2.0~2.5,再入速度大于马赫数 22,射程为 5 560 km,横向机动距离为 1 853 km。ECAV 是 CAV 的增强型,采用升力体外形,升阻比为 3.0~5.0,再入速度为马赫数 21~23,射程为 16 700 km,横向机动距离为 5 560 km,热防护系统能承受大气层内 3 000 s 的高超声速滑翔飞行。HCV 是一种可从传统飞机跑道上起降的可重复使用飞行器,航程为 16 700 km,巡航速度为马赫数 10。

"猎鹰"计划最初设计分三个阶段完成:第一阶段系统定义(2003.11~2004.5)、第二阶段设计与研制(2004.8~2007.8)、第三阶段系统验证(2007.8~2010)。但在实际的发展过程中,高超声速武器系统的进程和研究方案都做了一些调整。

2004 年,美国国会针对"猎鹰"计划产生了激烈争论,考虑到携带 CAV 的导弹可能引发其他核国家的核误判,美国国会最终决定将"猎鹰"计划限定为非武器技术验证计划,取消与武器相关的飞行试验,并将高超声速武器系统更改为高超声速技术飞行器,采用高超声速技术验证机 HTV-1、HTV-2 和 HTV-3X 分别验证 CAV、ECAV 和 HCV 技术(图 5.10)。由于 HTV-1 和 HTV-2 的气动外形、采用的技术相似,而 HTV-1 在制造过程中存在重大难题,美国空军决定放弃制造和试飞 HTV-1,直接试飞 HTV-2。HTV-2 正式登上历史舞台!

HTV-2 作为"猎鹰"计划中 ECAV 的技术验证飞行器[8],是为保持和强化美

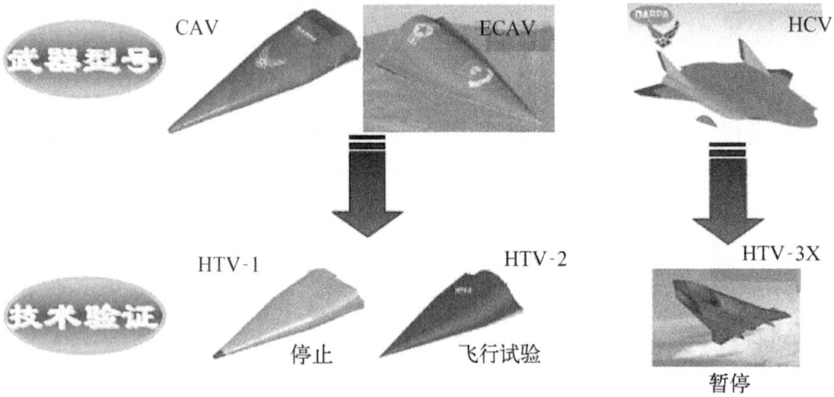

图 5.10 “猎鹰”计划的调整

国在战略威慑上的绝对优势，满足美国全球快速打击任务的需求，早期积累了高超声速机动再入飞行器的技术基础，并在经历了通用气动飞行器 CAV 的发展演变的基础上产生的，顺应了科学与技术发展的大趋势，也对未来战争形态产生了颠覆性影响。尽管 HTV-2 已被设定为技术验证飞行器，但其核心技术可随时转化应用到高超声速滑翔导弹武器上。

美国军方及美国政府对高超声速滑翔导弹武器充满信心。随着世界无核化进程的不断推进，这种全球快速打击武器越来越受到美国政府的宠爱。2010 年 4 月，美国时任总统奥巴马（Obama）和俄罗斯时任总统梅德韦杰夫在布拉格签署了削减战略武器新条约，对该类武器的部署做出了规定。奥巴马同意俄罗斯的一项要求，即美国每部署一具这种全球快速打击武器，就需要退役一枚核导弹，美国政府对这种打击能力的重视程度及信心可见一斑。

5.1.2 研制历程

HTV-2 沿发射方向设计的射程约为 16 678.8 km，横向机动距离约为 5 559.6 km，有效载荷能力为 454 kg，总质量为 908 kg。为实现洲际射程能力，对升阻比提出了更高的要求。因此，HTV-2（图 5.11）采用具有尖锐端头和前缘的高升阻比升力体构型，机身长约为 4 m，升阻比在 3 以上。

按照研制进程，“猎鹰”计划在第三阶段——系统验证阶段，开展飞行演示验证试验。HTV-2 原计划（图 5.12）于 2009 年和 2010 年进行两次飞行演示验证试验，但由于种种原因，这两次飞行演示验证试验一直推迟到 2010 年 4 月和 2011 年 8 月才得以进行[9,10]。

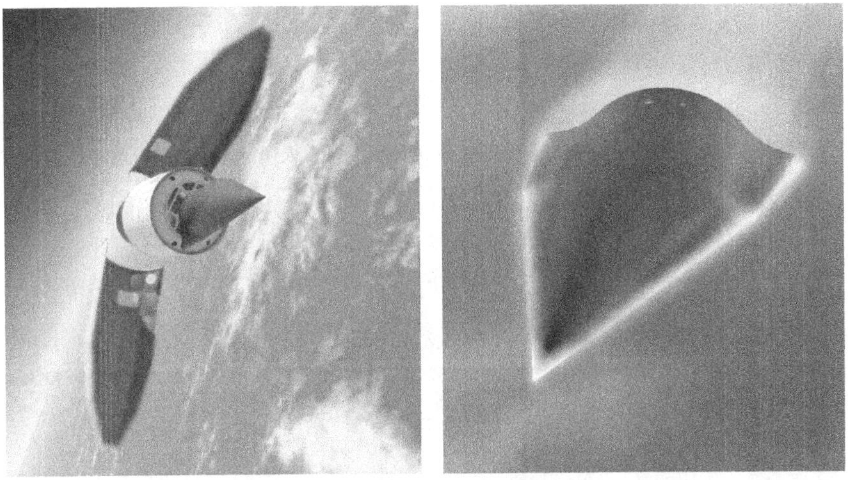

图 5.11　HTV-2 艺术想象图

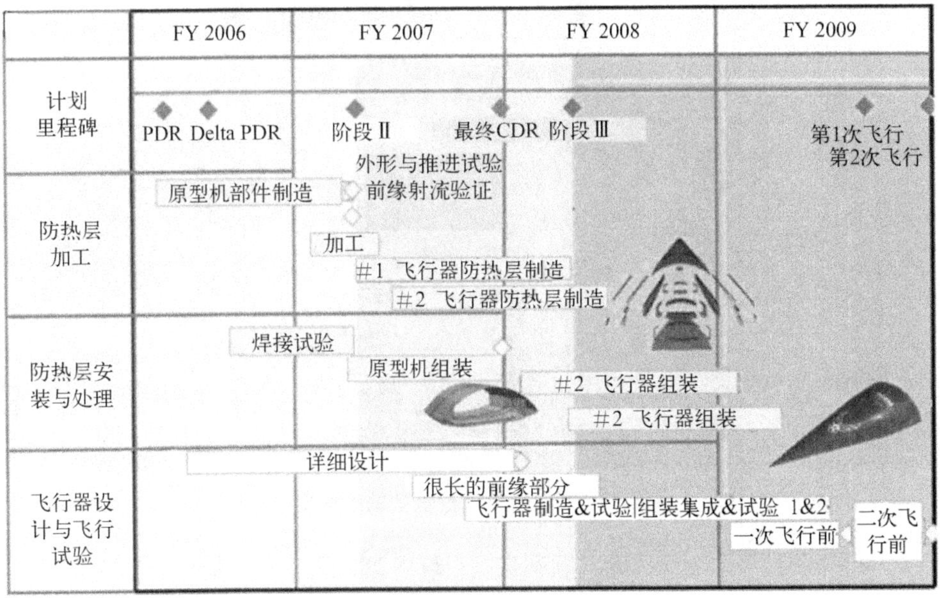

图 5.12　HTV-2 原计划节点安排

HTV-2 飞行试验的主要目标是检验 HTV-2 在整个真实试验过程中的性能。HTV-2 最初设计的运载器是 SpaceX 公司的 Falcon I 火箭，但鉴于 SpaceX Falcon I 火箭无法满足 HTV-2 投掷质量要求，洛克希德 · 马丁公司和政府的飞行试验团队于 2006 年末对备选方案进行了研究，最终选择了轨道科学公司制造的轻型“米诺陶 4”运载火箭。HTV-2 的两次飞行试验都是由该火箭发射。按照飞行方案设计，HTV-2 将从范登堡空军基地由美国轻型米诺陶 4 火箭发射，通过火箭助推后达到高超声速飞行，对 HTV-2 的热防护系统、气动外形、机动性和高超声速再入远距离通信进行评估，最终落入夸贾林环礁上里根试验场北部的海域。在整个飞行过程中，飞行试验团队利用在海、陆、空、天布置的传感器平台，将获得 HTV-2 的时间、位置和速度数据。二级数据包括落区的误差距离和光学数据；三级数据包括防热层热电偶和背风面等离子体环境数据。

HTV-2 的两次飞行试验安排了不同的飞行任务，任务 A 设计成用于检验较低的气动热风险，任务 B 将对飞行器防热系统的设计和大范围的横向机动进行检验。洛克希德・马丁公司确定了任务 A 和任务 B 的计划飞行轨迹（图 5.13）。图 5.14 给出了 HTV-2 的飞行轨迹设计方案。

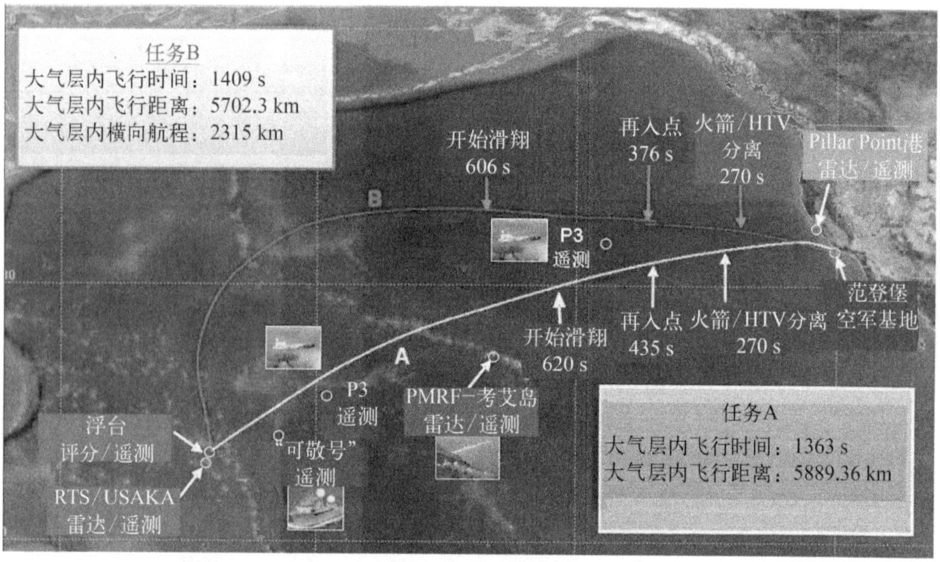

图 5.13　两次飞行试验任务的地面轨迹

为保证 HTV-2 飞行试验的顺利进行，HTV-2 项目团队在研发过程中做了大量的试验，重点针对 HTV-2 在长时间、高速飞行条件下的气动力/热效应进行仿真评估，采用地面风洞试验与数值仿真结合的方法，利用风洞试验获得现有试验能力条件下的标称数据，与数值仿真结果进行匹配对比，进而修正仿真模型，提高仿真预测的置信度。

另外，低烧蚀的碳/碳气动外壳能否在长时间飞行过程中经受住极端力、热环境的考核，仍然是重要的技术风险。为了降低技术风险，在 FALCON 计划中对材料开展了广泛的研制工作，对 5 种截然不同的防热系统材料样件进行了试

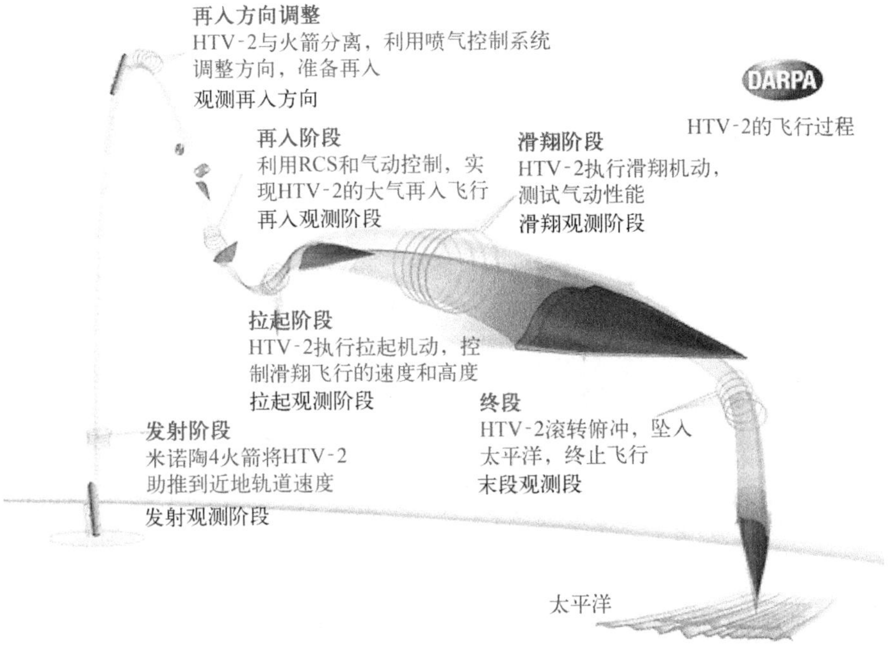

图 5.14　HTV-2 的飞行轨迹设计方案

验。除了大量样件试验，在 NASA 的埃姆斯试验室对 HTV-2 上典型的端头和翼前缘部件还进行了电弧加热等离子体射流试验。所有的样件都通过了翼前缘试验，并且与试验前的衰退预测一致。

同时，HTV-2 安装一整套用于数据收集的仪器，用于气动热、内部压力和热交换等数据的测量，同时装有 5 个独立的加速度计和 1 台多轴速度陀螺仪，采集到的数据将支持飞行后的弹道重构分析任务。为了确保飞行安全，洛克希德·马丁公司还开发了一个“门”控飞行安全系统，以确保 HTV-2 在安全走廊内飞行。一旦超出“门”控范围，飞行将被终止。

一切准备就绪，剩下的只是静静等待那刺破临近空间寂静夜空时刻的到来……

2010 年 4 月 22 日，HTV-2 高超声速技术飞行器搭乘美国轻型米诺陶 4 火箭腾空而起，展开了首次飞行试验，正式拉开了临近空间马赫数 20 以上高超声速助推-滑翔飞行的大幕。HTV-2 从范登堡空军基地发射，轻型“米诺陶 4”火箭成功提供了预期的分离条件，但在火箭起飞 9 min 后，HTV-2 的遥测数据出现中断，随后与地面失去联系。DARPA 宣称，此次高超声速技术验证试验最终失败。

尽管如此,但 HTV-2 在遥测数据中断之前,在大气层内已经以马赫数 20 的速度实现了可控飞行,试验采集到 139 s 的马赫数 17~22 的高超声速气动数据,并在以下 4 个方面取得突破:

(1) 部署的海基、陆基、空基和天基遥测数据采集系统为高超声速飞行试验提供了可靠的支持;

(2) 在速度为 5.8 km/s(马赫数 17)的飞行条件下,依然能够保持 GPS 通信;

(3) 验证了指控中心与飞行器的双向通信;

(4) 验证了反作用控制系统工作的有效性。

失败是成功之母,经验总结与故障分析是必要的。

首飞成功地演示并验证了第一次在飞行器上使用的自主飞行安全系统。此外,首次执行发射任务的轻型"米诺陶 4"火箭验证了以 89°极限攻角飞行的能力,可以满足与 HTV-2 分离的严格要求。

针对首飞试验失利,DARPA 成立了独立评审委员会,对 HTV-2 首飞试验数据进行了调查分析,得出的结论是:HTV-2 在相应的速度和高度条件下以设计的攻角飞行,控制系统的能力已经达到极限,无法满足飞行要求。具体原因可解释为:HTV-2 实际飞行的偏航角大于预先设计值,HTV-2 在滚转方向上缓慢发散,耦合到滚转操作中;当飞行发生异常时,所需控制要求已经超出控制系统的能力范畴,滚转角速度达到自主飞行安全系统预定的飞行中止门限值,飞行被中止。

总结失败经验,是为了确保下一次试验成功。在分析首飞试验失败原因的基础上,美国空军对 HTV-2 的第 2 次飞行试验方案做出改进,工程师调整了飞行器的重心,减小飞行设计攻角并使用飞行器上的反作用控制系统来辅助增强襟翼控制能力。

经过 15 个月的调整与准备,2011 年 8 月 11 日,DARPA 执行了 HTV-2 的第二次飞行试验。同样,第二架 HTV-2 在范登堡空军基地由轻型"米诺陶 4"火箭发射升空,成功达到预定起滑条件。箭载摄像机拍摄到的画面证实,HTV-2与火箭的分离操作正常,并转换到马赫数 20 的高超声速飞行状态。然而,HTV-2 在进入滑翔阶段后出现异常,遥测信号中断,HTV-2 与地面失去联系。

所幸的是,在 HTV-2 出现异常、遥测信号中断之前,已经采集到超过 9 min 的试验数据。初步迹象表明,HTV-2 沿着设计的飞行轨迹坠入太平洋。

DARPA 针对第二次飞行试验数据进行了初步分析,在首飞试验基础上调整的气动设计方案验证有效,HTV-2 依然能够实现在马赫数 20 条件下的稳定气动控制;但是,试验中防热材料的烧蚀/剥蚀速率超出预期,当 HTV-2 以马赫数 17 的速度飞行时,这种因材料烧蚀造成的气动外形缺陷使得 HTV-2 周围产生了强烈的冲击性激波,导致 HTV-2 发生滚转。虽然有首次飞行试验的经验,在改进方案中特意增加了控制能力,HTV-2 凭借自身的气动稳定性,几次从因激波引起的滚转运动中成功恢复过来,但最终持续扰动的剧烈程度超出了 HTV-2 的恢复能力,触发自主飞行安全系统,导致飞行中止。

HTV-2 两次飞行试验失利点的时间均在发射后 9 min 左右,速度条件大致为马赫数 17,初步判断失利点的位置应该处于最低拉起点附近。这一点的力、热载荷环境最为恶劣,也是整个助推-滑翔飞行试验中技术风险最高的部分。资料表明,HTV-2 设计的大气再入点高度是 107 km,对应的最低拉起点高度是 48 km。但是轻型"米诺陶 4"火箭提供的推力过大,导致验证机必须依靠自身的性能完成高风险的高速俯冲、再入拉起机动,HTV-2 实际飞行中轨迹均较设计方案出现较大偏差,远地点高度增加,已接近 137 km,近地点高度下降,首飞试验的最低拉起点高度仅为 38 km,实际的力、热载荷环境比最初的理论设计值高出很多,气动加热环境更加恶劣,从而导致失败概率显著增加(图 5.15)。

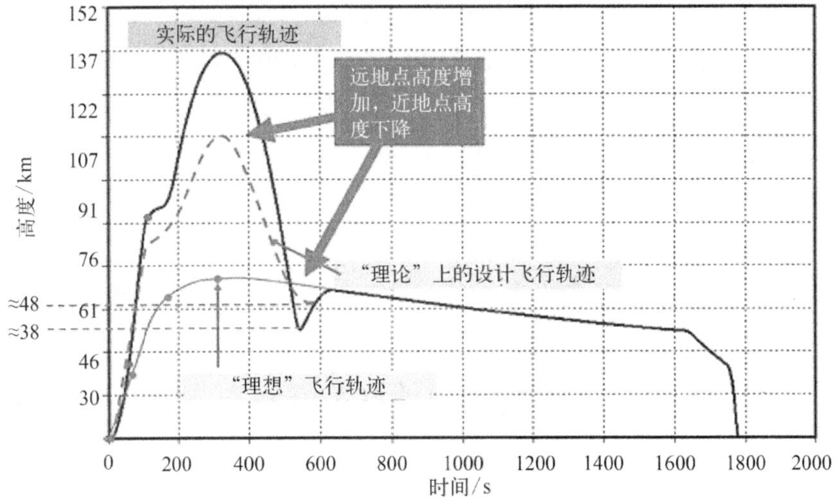

图 5.15　HTV-2 的几种设计飞行轨迹的比较

由于 HTV-2 大气层内进行马赫数 20 高超声速滑翔飞行,气动力热环境复杂,多通道耦合严重,给防隔热、稳定控制等带来非常大的技术风险。人们对这种高升阻比构型高超声速飞行器的高效防隔热、稳定控制等仍然缺乏了解,关键技术的成熟度仍有欠缺,仅依靠已有的技术积累,通过地面风洞试验和数值仿真,都无法准确预测 HTV-2 在大气层内以马赫数 20 的速度飞行时面临的恶劣飞行环境。只有通过实际的飞行试验才能提高人们对该领域的理解,并有助于进一步解决在高超声速空气动力学、气动加热和制导控制领域所面临的技术挑战问题。

5.1.3 后续发展

鉴于 HTV-2 所面临的技术难度较大,第二次飞行试验失败后,美国国防部大幅削减了经费,2013 年才拨付了 2 000 万美元,2014~2016 年仅拨付 200 万美元,用于飞行试验结果分析、系统备选方案评估及相关的地面和风洞试验,该项目实际上已经相当于终止了。

尽管如此,DARPA 仍然对 HTV-2 具有的重要价值抱有信心。2012 年 7 月,美国国防部预先研究计划局提出了新的一体化高超声速(integrated hypersonics, IH)计划,目的是进一步解决 HTV-2 飞行试验暴露出的问题,推动高超声速技术的进步,最终制造并试验新一代高超声速验证机 HX(图 5.16)。与 HTV-2 一样,HX 是一种可实现马赫数 20 以上飞行的助推-滑翔飞行器,其飞行高度-速度走廊介于航天飞机和弹道导弹弹头,兼具航天飞机的高机动能力和弹道导弹弹头的突防生存能力,因此其具有区别于传统武器系统的独特优势。与 HTV-2 相比,其增强了射程及机动能力,全球范围的射程大于 37 040 km,横向机动能力大于 18 520 km(通过单独一次机动或者在中段、临近末段和末段的多次机动来实现),并可实现地面发射或空中发射。

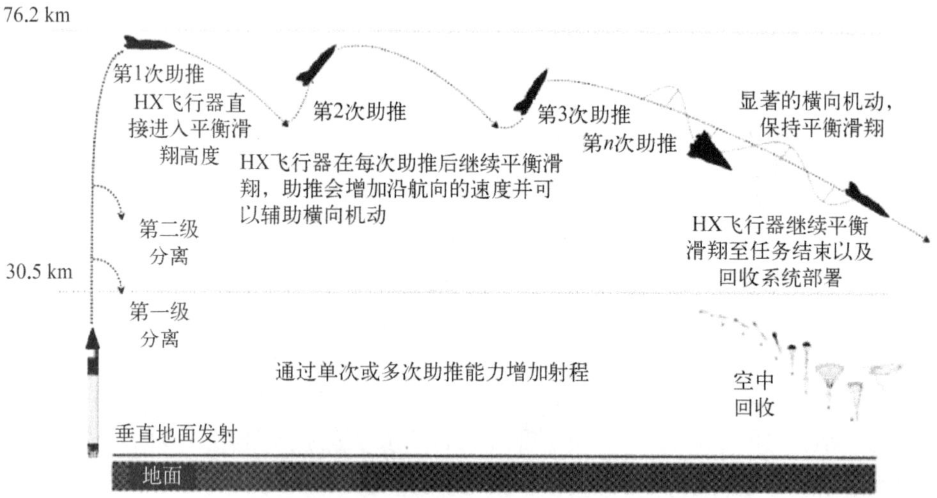

图 5.16 HX 飞行剖面

IH 计划的目标是对全球射程的、高超声速(马赫数 20 或以上)机动飞行所需的新一代技术进行开发、成熟化研究和试验,主要技术领域包括气动构型,热防护系统和热结构,制导、导航和控制,靶场、回收和测量仪器,推进。在 HTV-2 两次飞行试验失败之后,美国 DARPA 及时发布了 IH 计划,无疑是给了笼罩在失败阴霾下的高超声速滑翔飞行领域一剂强心剂,让人们看到了继续发展洲际射程的高超声速滑翔飞行器技术的希望。

为实现 IH 计划的设计目标,DARPA 规划了 3 个阶段的试飞任务(表 5.1)。初始阶段的基准飞行试验合同已经预定授予洛克希德·马丁公司航空部。在基准飞行试验任务中,洛克希德·马丁公司将以现有 HTV-2 气动外壳为基础,在 2014 年之前制造、集成、试验和试飞一架远程、高升阻比的高超声速飞行器,从而为 HX 的研发工作提供基准参考。基准飞行试验将提供只有全尺寸飞行试验才能得到的关键数据,用以改进从地面试验中得出的模型和数据集,以满足新一代高超声速飞行器的设计需要。

表 5.1　IH 计划设想的飞行试验

飞行试验 1	飞行试验 2、3、4	飞行试验 5
基准飞行试验	缩比飞行试验	HX 试飞
(1) 在 2014 年年底之前进行改进型飞行器的全尺寸基准飞行试验,吸收了之前在空气动力学、控制、热防护设计方面取得的经验 (2) 最高速度为马赫数 17~20 (3) 射程 7 408 km(4 000 nm) (4) 采用弹道式助推剖面 (5) 一次性使用 (6) 直接适用于全球快速打击任务	完成 3 次缩比飞行试验,可以解决涉及 5 个技术领域的问题: (1) 气动构型 (2) 热防护系统和热结构 (3) 制导、导航和控制 (4) 靶场/测量仪器 (5) 推进	(1) HX 飞行器是可能增加火箭基推进能力的新一代飞行器构型 (2) 最高速度为马赫数 20~25 (3) 射程为 37 040 km (4) 采用直接送入滑翔段的平滑助推剖面 (5) 可回收(图 5.17) (6) 不仅可用于全球打击,还可以执行高超声速飞机任务,例如,时间关键性、突防要求高的运输任务

IH 计划设想确定一个天基靶场体系结构,能够持续跟踪速度超过马赫数 20 的高超声速飞行器,以 3~10 Mb/s 的速率收集飞行器遥测数据、存储分析并使用,并具备在半空中完好无损地回收飞行器的能力,以便检查飞行器的外部状况,从而实现对飞行器气动外壳性能的验证,以及对热和烧蚀建模工具的校验。

IH 计划发展并试验新的一体化的推进器系统,可将滑翔飞行器送入高度相

图 5.17 HX 回收过程想象图

对较低、平衡的滑翔飞行条件，飞行器无须入轨，在大气层内即可完成全球飞行，飞行时间延长到 2 h。与 HTV-2 和 AHW 类似，IH 计划下的 HX 同样是一种高超声速助推-滑翔飞行器，但在性能上有显著差异(表 5.2)。

表 5.2 HX 与 HTV-2、AHW 之间的方案比较

项目名称	助推器	滑翔飞行器构型	射 程	飞行速度	有无动力	部署地点
HX	专门的中小型助推火箭	升力体构型	37 040 km	马赫数 20~25	有	美国本土
HTV-2	轻型"米诺陶 4"	升力体构型	16 668 km	马赫数 2~20	无	美国本土
AHW	战略目标系统(STARS)	双锥体构型	7 778 km	首飞试验平均速度约为马赫数 6.6	无	前沿基地

从作战指标上分析，新一代高超声速滑翔飞行器 HX 的射程更远、机动能力更强，足以适应全球快速打击任务要求。从技术方案上分析，IH 计划继承了 HTV-2 计划的研究成果，并将总结、借鉴 HTV-2 计划的经验教训。HX 方案将以现有 HTV-2 方案为基准改进而来，其中在控制方案和推进方案上将做出较为显著的调整，以解决 HTV-2 在飞行试验中暴露的问题。

然而，IH 计划的指标主要定位于技术验证，军事背景需求并不明确，随着基

准飞行试验(即 HTV-2 的第三次飞行试验)的取消,IH 计划在技术需求上失去了目标。在 2013 年支持了 1 254 万美元经费后,2014 年 DARPA 不得不中止 IH 计划预算,转而关注可执行战术任务的高超声速武器项目,也不排除 IH 计划转为类似 X-37B 的秘密项目的可能性。IH 计划提出短短两年时间,即宣告中止,HX 也停留在了概念阶段,计划中安排的足以支持全球快速、精确打击的技术研究项目,不得不放弃或部分转移到其他项目中进行。

5.1.4　历史意义

没有哪一次重大的科学技术进步是可以轻而易举实现的,尤其是高超声速助推-滑翔飞行技术。HTV-2 是人类高超声速发展史向前迈进的一个重要里程碑,它所采用的高升阻比、尖锐前缘升力体设计方案,多层碳/碳壳体制造工艺等在世界范围内领先,具有很强的技术跨越性。虽然 HTV-2 两次飞行试验均以失利告终,计划也被中止了,但是 HTV-2 作为近年来首个公开研制,并完成飞行试验的高超声速滑翔飞行器,在推动高超声速飞行器高升阻比气动布局、防热/承力一体化结构、制导导航与控制等技术方面所发挥的重要价值是无与伦比的。

1) HTV-2 推动了临近空间大气层内高升阻比气动外形与气动特性预示技术的发展

在 HTV-2 出现以前,传统的弹道导弹及早期的高超声速滑翔机动弹头多采用轴对称锥体构型,弹头采用高抛弹道,在升阻比较低的情况下仍可实现射程要求,因此高升阻比气动外形并不是早期急迫需要解决的问题。然而,高超声速滑翔飞行器飞行高度低,若要实现洲际射程,采用区别于传统轴对称外形的高升阻比气动外形成为重要的解决途径之一。

HTV-2 气动布局采用了尖锐端头和前缘的升力体构型方案,首次实现了临近空间大气层内高升阻比气动外形以马赫数 20 的速度进行滑翔飞行,相对于传统的轴对称锥体外形,是一次重大的技术跨越,是高超声速气动设计较为理想的途径,具有重要的推广应用价值。虽然 HTV-2 飞行试验仅采集了 3 min 左右的高超声速气动飞行数据,但由于人们对高升阻比构型在高速再入飞行条件下的空气动力学和气动加热问题认识不足,而地面风洞又无法准确模拟马赫数 20 的高速飞行环境,这样的真实飞行试验数据对于设计团队极为重要,对发展高升阻比气动外形设计方法,提高气动特性预示精度,都具有重大意义。

2) HTV-2 飞行试验引发了人们对于升力体构型高超声速条件下制导控制

问题的深入研究

HTV-2 首飞失控的主要原因是偏航超出预期,同时伴随耦合滚转,超出了姿态控制系统的调节能力。第二次飞行试验失败是防热材料的烧蚀/剥蚀速率超出预期,造成气动外形改变,激波扰动引起滚转发散,超出了飞行器的恢复能力。如何实现 HTV-2 复杂气动外形稳定飞行控制成为又一个重要难题。传统的依靠迎风面后部两片分裂襟翼,通过联动和差动实现气动控制的两轴控制方案,对于复杂的升力体构型飞行器控制裕度很小,难以满足要求。发展更具鲁棒性的三轴稳定控制技术,可能成为以 HTV-2 为代表的高升阻比构型飞行器的重要趋势。

3）HTV-2 计划研究带动了复合材料防热承力一体化设计与制造技术的发展

传统的洲际弹道导弹最大飞行速度也能达到马赫数 20 以上,但气动加热问题并不严重,主要原因在于弹道导弹采用椭圆高抛弹道,大部分飞行过程都在真空环境中,再入大气层时间极短,很快穿越,因此结构热防护设计压力并不大,传统的结构+防热层方案即能满足要求。

HTV-2 飞行过程中大部分时间是在临近空间大气层中高超声速滑翔机动飞行,HTV-2 表面与高速气流之间因剧烈的激波干扰与相互摩擦等作用而产生严重的气动加热问题,HTV-2 结构材料能否承受长时间高温环境而不被破坏,对结构热防护方案设计来说是一个新的巨大考验。结构热防护方案设计的目标是既要发挥弹体保护套作用、耐受高温环境、满足承力要求,又要适应弹体总质量限制要求,进行轻质化设计,这对于传统技术是苛刻的。

对于 HTV-2,已有的结构热防护技术无法满足设计要求,必须重新考虑一种全新的可耐超高温环境的轻质结构热防护方案。HTV-2 在设计上采用了创新型的防热/承力一体化系统方案,并推动了复杂曲面复合材料一体化结构生产、制造工艺的发展。端头和尖锐前缘、机身均由碳/碳材料制成,起到承载和防热的双重作用,为世界各国解决高超声速滑翔飞行器热防护问题提供了重要的技术途径参考。虽然 HTV-2 第二次飞行试验中热防护材料发生剥蚀,导致气动外形出现缺陷,引发试验失败,但这仅表明现阶段的技术成熟度仍有待提高,采用低密度、高强度和耐高温材料进行防热/承力一体化设计的技术途径被证明是正确的。

4）HTV-2 飞行试验的失败改变了美国发展高超声速滑翔飞行器技术的

思路

HTV-2 在设计之初是执行全球快速打击任务，具备洲际射程能力，最大飞行马赫数达 20 以上，目标定位与技术要求都很高。尽管美国为此进行了大量的技术创新与准备，但 HTV-2 对于目前技术能力仍然太先进了，短期内实现 HTV-2 的设计目标仍然是非常困难的。在两次飞行试验失败的不利局面及经济成本压力下，美国空军认识到现阶段尚不具备成熟条件实现 HTV-2 洲际高超声速滑翔飞行，因此美国空军和 DARPA 在总结 HTV-2 技术及经验的基础上，改变了发展思路，转向技术难度低、经济可承受的战术射程高超声速滑翔飞行器研究。

5）HTV-2 提升了人们对临近空间领域探索的认知水平

HTV-2 所面临的高超声速高升阻比气动布局、防热/承力一体化结构、制导导航与控制等技术问题都是各自技术领域新的难点，必须进行深入的技术攻关。HTV-2 飞行试验的意义不仅在于颠覆了传统弹道设计理念，推动了高超声速滑翔飞行器技术领域的发展，更在于促进了临近空间这一曾经并不为人们所关注的中间层的开发利用，让人们看到了无限可能，提升了人们对临近空间的认识，掀起了研究热潮。

5.2　高潮迭起的高超声速滑翔飞行研究

5.2.1　另辟蹊径——AHW

先进高超声速武器（Advanced Hypersonic Weapon, AHW）是美国陆军支持发展的常规快速全球打击体系下一种中远程高超声速助推-滑翔武器系统，也是 HTV-2 的武器型——空军常规打击导弹的备选方案。AHW 系统由高超声速滑翔飞行器（Hypersonic Glide Body, HGB）和一个三级的助推器组成，设计射程大约为 7 778 km，另有说射程为 6 000 km，可以部署在关岛、印度洋迪戈加西亚和波多黎各，每个发射场部署 4 枚导弹。

AHW 将发展可满足全球快速到达作战能力要求的各项关键技术，并具备以下特征：可在短时间内快速攻击远距离目标；大部分的飞行轨迹不是传统的弹道模式；对从发射到攻击的过程实施主动控制；有足够的横向机动能力，能避免越境飞行；控制助推级在公开海域的坠落位置。AHW 发展的技术具有通用性，与美国国防部开展的其他计划密切相关。桑迪亚国家实验室负责滑翔飞行器和助推器的研制工作，热防护系统则由美国陆军航空与导弹研究发展工程中心

(AMRDEC)提供。在系统的发展过程中,桑迪亚国家实验室要解决的技术挑战主要包括气动稳定性、气动加热及助推器和滑翔飞行器的有效控制。

与 HTV-2 设计方案不同,AHW 的高超声速滑翔飞行器采用带翼的轴对称双锥体构型,结构热防护采用金属承力结构+硅基防热层方案,前缘采用碳编织材料。AHW(图 5.18)前身可以追溯到桑迪亚在 20 世纪 70 年代发展的桑迪亚国家实验室有翼高能再入飞行器,它继承了桑迪亚国家实验室早期机动再入飞行器的多项研究成果,技术上相对成熟。SWERVE(图 5.19)是一种有翼的细长体飞行器,由桑迪亚国家实验室的 STRYPI 火箭发射[11]。在 1975~1985 年,SWERVE 计划进行了三次飞行试验,最高速度均达到马赫数 14。

图 5.18 AHW 滑翔体(HGB)气动构型

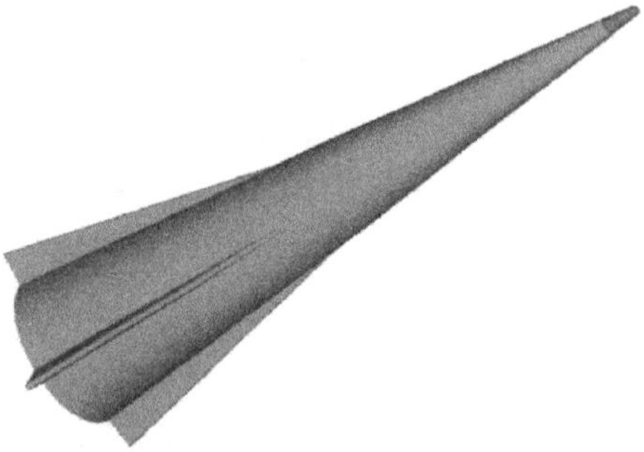

图 5.19 SWERVE 的可能构型方案

桑迪亚国家实验室负责领导滑翔飞行器的设计和发展工作,包括采用改进的导航、制导和控制技术;与 AMRDEC 合作,使用先进的热防护材料保护飞行器,实现在大气层内的远程飞行;成功地设计并试验了 AHW 的飞行中止系统,这一系统能够保护公共安全,一旦飞行器偏离设计的飞行轨迹,飞行中止系统就会将其摧毁。项目团队在桑迪亚国家实验室的新墨西哥州分部,开展了爆炸装药研发试验、分系统和全系统试验、部件可靠性的环境试验、声学试验、电子试验、结构载荷试验等一系列的研究活动;在新墨西哥州的空军研究试验室 595 号楼开展了冲击与振动试验。

AHW 使用的助推器系统称为战略目标系统(Strategic Target System, STARS)助推器,为三级结构,由退役的北极星 A3 导弹的第一级和第二级,以及 Orbus 1a 三级发动机组成。图 5.20 示出了这一助推器的组成结构示意图。

为了确保 STARS 助推器稳定飞行,项目团队做了一项独特的设计改进,即在助推器上加装了 8 片栅格翼(图 5.21)。通常来说,弹改助推器的飞行高度可

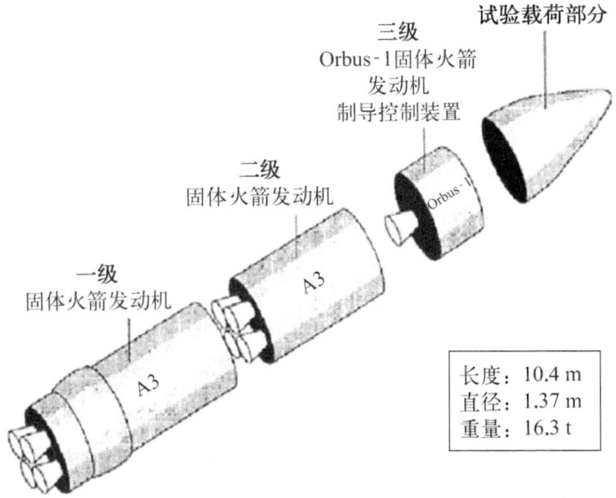

图 5.20　AHW 助推器的组成结构示意图

以达到数百万英尺①，但是根据 AHW 系统的设计要求，远地点高度仅为数十万英尺，在这样的高度范围内，火箭的有动力机动对飞行稳定性构成了严峻的挑战。火箭在大气层内的飞行高度越低，越容易发生翻转。因此，桑迪亚国家实验室专门设计了 8 片栅格翼以提高气动稳定性和控制裕度，这一改进在美国的导

图 5.21　助推火箭采用的栅格翼设计

① 1 英尺 = 3.048×10^{-1} 米。

弹上从未应用过。为了避免在地表附近栅格翼会与喷出的尾焰气体产生相互作用,4 片栅格翼要在火箭离开发射塔后才会打开,而另外 4 片栅格翼将在第一级点火约 60 s 后打开。

从 2008 年开始,美国陆军积极推动 AHW 项目的发展,2010~2011 年,重点围绕首飞试验开展各项准备工作,包括验证在高超声速飞行条件下必须具备的热管理、精确制导与控制和飞行中通信等几个领域的成熟技术,执行 AHW 计划第一阶段的初步集成和飞行试验工作,包括制造、组装和集成。

美国东部时间 2011 年 11 月 17 日 6:30,美国陆军航天与导弹防御司令部/陆军战略司令部(SMDC/ARSTRA)成功开展 AHW 计划的首飞试验。AHW 试验飞行器从位于夏威夷考艾岛的太平洋导弹靶场的 42 号发射台发射,目的地是美国陆军夸贾林环礁的里根试验靶场(图 5.22 和图 5.23)。此次试验的目的是采集与高超声速助推-滑翔技术相关的重要数据,测试飞行器在大气层内的远程飞行性能。试验重点研究高超声速空气动力学、导航制导与控制技术及热防护技术。

图 5.22　伫立在发射台的 STARS 助推器

图 5.23　AHW 试验飞行器发射瞬间

图 5.24 描绘了试验过程的飞行剖面,指出了火箭各子级的分离和坠落区域。试验中,飞行器首先爬升到数十万英尺的高度,之后再入俯冲飞行;当到达一定高度后,滑翔飞行器将执行拉起机动,这是整个试验过程中最困难的环节;之后滑翔飞行器保持高超声速水平滑翔飞行,最终成功坠落在里根试验靶场的指定区域,整个飞行距离约为 4 023 km,飞行时间在 30 min 以内。

桑迪亚国家实验室对 AHW 首飞试验的成功给予了充分的肯定。据桑迪亚综合军用系统发展中心的主管大卫·凯斯介绍,AHW 的首飞试验不仅验证了高

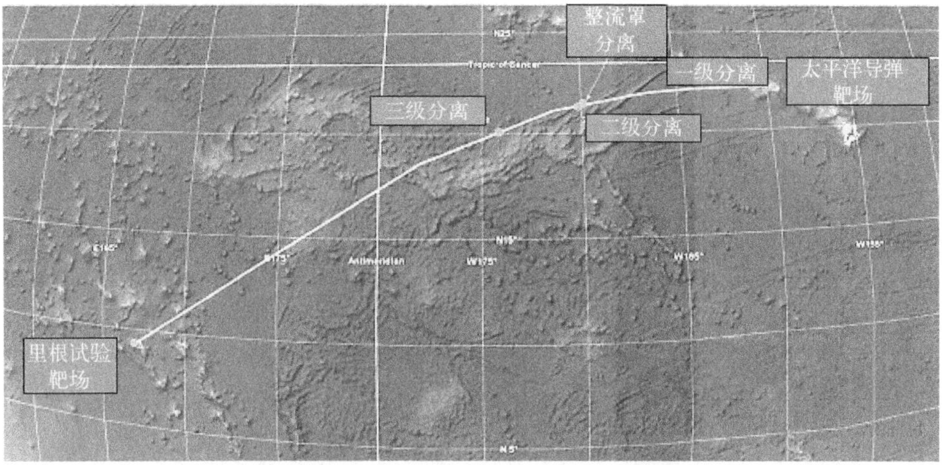

图 5.24　AHW 系统助推器的各级坠落区域

超声速滑翔飞行技术，采集了重要的试验数据，同时创造了很多新的纪录，具体可以概述为：这是桑迪亚国家实验室发展的助推火箭第一次在大气边缘做低空、水平飞行，第一次使用 8 个栅格翼来稳定火箭系统，也是滑翔飞行器第一次以高超声速完成较低高度条件下的远程滑翔飞行。

在首飞成功的基础上，2014 年 8 月 25 日，美国陆军实施了 AHW 的第二次飞行试验。然而，美国阿拉斯加当地时间 12 点 25 分，由于助推器发生故障，AHW 的第二次飞行试验在发射起飞仅 4 s 后即爆炸自毁。目击者称，火箭点火升空后，很快就头部向下调转，但分不清是自毁还是触地后发生的爆炸。第二次飞行试验失败。

美国国防部发言人表示，火箭在点火发射后 4 s 即爆炸自毁，“我们不得不中止。”她并不认为此次试验的中止会对美国国防部快速全球打击项目造成显著的推迟或阻碍。“AHW 仅是常规快速全球打击众多概念中的一个。整个 CPGS 项目是事件驱动型的，没有强制的时间进度要求。因此，我们不断在总结提高，我们在各类地面试验、模拟仿真等其他测试中持续获得了不少进展”。由此可见，美国国防部对于常规快速全球打击体系建设是持续推进的，AHW 第二次飞行试验的失败并不会对其产生过多的负面影响，反而能从试验中发现问题、总结经验。

AHW 基本方案是对美国早期机动再入飞行器技术的继承和发展，而类似的试验美国在 20 世纪 70~80 年代也曾开展过，因此其技术创新性并不明显，计划更倾向于应用研发。其重要意义在于 AHW 飞行试验是在美国空军 HTV-2 项目两次飞行试验失败的背景下开展的,尤其是首次飞行试验的成功对于推动美国助推-滑翔技术的发展具有重要意义,一方面证明美国在近期内具备形成一定的远程常规精确打击能力的潜能;另一方面也为助推-滑翔技术的后续发展提供了借鉴。

美国国防部在 AHW 第二次飞行试验失败后,并没有否定 AHW 项目所取得的成果,而是积极寻求以 AHW 为技术基础的陆基发射滑翔飞行器技术向潜基发射的转化(图 5.25)。2017 年 11 月 2 日,美国海军战略系统项目办公室主任特里·本尼迪克特(Terry Benedict)中将在阿灵顿举行的美国海军潜艇联盟会年度论坛上透露:"我非常自豪地宣布,海军战略系统项目办公室周一(2017 年 10 月 30 日)凌晨 3 点,在夏威夷考艾岛太平洋导弹试验场成功完成了常规快速打击项目(潜射型高超声速助推-滑翔)导弹的首次飞行试验。一旦决策层批准通过,该导弹最终能够、也必将在'俄亥俄'级巡航导弹攻击型核潜艇上完成列装。这是一项伟大的成就。"本次飞行试验为飞行-1(FE-1)飞行试验,试验中的飞行器主要基于前期美国陆军"先进高超声速武器"项目方案,并针对潜艇导弹发射管进行了适应性改进,因此本次试验也可看作是 AHW 的第三次飞行试验,距上一次美国高超声速助推-滑翔飞行器试飞成功已有 6 年。2017 年 11 月 3 日,美国海军新闻网也对该次飞行试验进行了相关报道。

图 5.25 潜射型高超声速助推-滑翔

美国国防部发言人帕特里克·埃文斯(Patrick Evans)中校向美国海军学会透露,"美国海军 SSP 办公室全权代表美国国防部,主导了此次'中程常规快速打击-1 飞行试验'（CPS FE-1）。试验收集了大气层内远程飞行过程中高超声速助推-滑翔飞行器技术和试验场性能等相关数据。这些数据将支撑美国国防部开展高超声速飞行器的地面试验、建模与仿真等科研工作，以及应用在其他各种潜在的常规快速打击概念上”。他还透露，除了美国海军和美国国防部长办公厅之外，美国国防部导弹防御局也参与了测控和数据收集等活动。另外，美国《防务内情》2017 年 11 月 3 日披露，此次 FE-1 飞行试验的落点为马绍尔群岛，全程飞行约 3 700 km。新的滑翔飞行器是先进高超声速武器的缩比型，采用了与首飞试验一样的靶场条件和试验助推器，飞行距离和飞行时间也大体相当，只是对新的滑翔飞行器的尺寸进行了缩减，试验的重点是验证滑翔飞行器及其分系统的小型化，为适应未来潜艇发射的作战需求做准备。

5.2.2　脱颖而出——TBG

HTV-2 连续两次发射任务失败及 IH 计划的中止，确实让人们看到了发展洲际射程的高超声速滑翔飞行器技术的不易。所幸的是，连续的失利并没有打消人们对该领域的坚强信心，研究者转而发展技术风险更低、军事需求更明确的战术级高超声速滑翔项目，战术助推-滑翔脱颖而出。

2014 年，DARPA 和美国空军联合启动可执行战术任务的 TBG 项目，旨在发展、验证战术射程的空射高超声速助推-滑翔系统的关键技术。DARPA 副主管史蒂夫 · 沃克透露，TBG 目标是在 HTV-2 的基础上将高升阻比气动外壳和热防护按比例缩小，使其成为空射战术级武器，并考虑与美国海军垂直发射系统的兼容性，最终将其转移至美国空军和美国海军（图 5.26）。

图 5.26　TBG 构型想象图

TBG 武器能在 10 min 内飞行超过 1 852 km。该项目将解决高超声速助推-滑翔系统研发所需的系统和技术问题,包括:

(1) 飞行器的可行性。飞行器方案要具有所需的气动力和气动热性能、较宽的工作包线所需的可控性和鲁棒性。

(2) 作战效能。系统属性和分系统要求具备在相关作战环境下的生存能力和毁伤能力。

(3) 经济可承受性。为验证系统和未来作战系统寻求降低成本和提高可负担性的方法。

TBG 项目将开展技术研发和验证,实现战术射程的空射高超声速助推-滑翔系统,将对一种可从现有平台发射、能形成作战装备的飞行器开展飞行演示试验。2014 年,DARPA 提供了 2 000 万美元的初始研究合同,分别授予雷神公司、洛克希德·马丁公司和波音公司,用于开展 TBG 项目的初始阶段研究。在 2015~2018 年,TBG 项目持续获得 DARPA 预算支持,共计 8 670 万美元(实施过程中可能会不断调整),其中,2017 年预算 2 280 万,2018 年 3 760 万,已知的承研单位中雷神公司在 2015 年获得了追加合同。

根据预算计划,TBG 项目预计在 2018 年后开展飞行试验。2016 年,TBG 项目完成了作战系统和演示验证系统的方案设计评审,启动气动力热研究,选择试验靶场,制订初始飞行试验方案,完成初步设计评审。2017~2018 年,项目将完成关键设计评审,开展验证飞行器的硬件采购工作,进行半实物仿真、软件在回路和鉴定试验,启动验证飞行器的组装、集成和测试。

5.2.3 讳莫如深——Yu-71

Yu-71 是俄罗斯近年来重点发展的一型高超声速滑翔飞行器,具有较强的机动、突防能力,主要设计用于对抗美国的导弹防御系统。Yu-71 是继美国 HTV-2、AHW 项目后,国外高超声速滑翔技术领域的又一重要方案,自有报道以来,一直备受关注。2016 年,俄罗斯开展两次 Yu-71 飞行试验,试验飞行距离达到 6 000 km,两次飞行试验均取得成功。这标志着俄罗斯在高超声速滑翔技术领域已经取得重要进展,但有关 Yu-71 的技术细节仍属高度军事机密。据推测研制单位是位于莫斯科的“机械制造科研生产联合体”,该飞行器在尺寸上不逊色于美国的 HTV-2,质量为 1.5~2 t。

Yu-71 滑翔飞行器属于俄罗斯高度保密的“4202 项目”的一部分,其相关技术信息一直不为外部所知。2015 年,《简氏情报评论》曾披露该项目相关信息,通过对“4202 项目”开展的有记录的滑翔飞行试验进行总结，可帮助了解 Yu-71 项目的发展过程（表 5.3）。

表 5.3　“4202 项目”已知和可能进行的高超声速滑翔器试验

序号	日　期	发 射 场	滑翔飞行器试验
1	1990.2.28	拜科努尔靶场	信天翁（Albatross）项目中的 Yu-70/102E 飞行器首次进行飞行测试，在本次测试中，滑翔飞行器并未与推进级分离
2	1990.3.5	拜科努尔靶场	Yu-70/102E 飞行试验，滑翔飞行器并未与推进级分离
3	2001.6.6	拜科努尔靶场	SS-19 发射试验中可能进行了滑翔飞行器的试验
4	2004.2.18	拜科努尔靶场	Yu-70/102E 滑翔飞行器试验，据报道没有成功
5	2011.12.27	拜科努尔靶场	“4202 项目”Yu-71 滑翔飞行器第一次试验
6	2013.9	栋巴罗夫斯基基地	“4202 项目”的 Yu-71 滑翔飞行器试验，未成功
7	2014	栋巴罗夫斯基基地	“4202 项目”试验（疑似）
8	2015.2.26	栋巴罗夫斯基基地	“4202 项目”试验，未成功
9	2016.4.19	栋巴罗夫斯基基地	Yu-71 飞行试验，据美国国防部官员透露，初步迹象表明，该试验是成功的
10	2016.10.25	栋巴罗夫斯基基地	可能为 Yu-71 飞行试验，俄罗斯国防部报告称，这是此种滑翔弹头首次完全试验成功

“4202 项目”的起源可以追溯到 20 世纪 80 年代。1983 年，为应对美国战略导弹防御系统计划，苏联“机械制造科研生产联合体”（NPOMash）提出发展一种可携带“滑翔有翼再入飞行器”的洲际弹道导弹，该项目称为信天翁（Albatross），其滑翔飞行器称为 Yu-70（也称为 102E 或 15Yu70）。

Yu-70 采用 SS-19 导弹作为助推器，飞行器可能设计成在整个飞行过程中都有一定的机动能力，使其难以被美国的导弹防御系统拦截。档案文件显示，1990 年苏联开展了两次间隔很短的 Yu-70 飞行试验。随着苏联的解体，信天翁项目因经费短缺而被搁置。进入 21 世纪，导弹防御成为美、俄关系中的焦点问题，信天翁项目作为可有效突破美国反导系统的方案，再次引起关注，并开始新一轮的研试工作。

2001 年 6 月 26 日，SS-19 导弹的一次试验中可能测试了 Yu-70 滑翔飞行器；

2004年2月18日,在一次大规模的战略导弹演习中,俄罗斯也开展了Yu-70飞行试验。试验中,一枚SS-19导弹从拜科努尔靶场的一个发射井发射,将Yu-70向堪察加半岛投送。试验曾被认为取得了成功,但2005年,莫斯科热力技术研究所的专家Yury Solomonov在一次俄罗斯学术会议上透露,试验中Yu-70高超声速滑翔飞行器在飞行过程中丢失。不过该项目仍得到俄罗斯政界和军方领导人的支持。

2007年之后,NPOMash出版物和俄罗斯相关政府文件将该高超声速滑翔飞行器相关的活动用“4202项目”指代,并对滑翔飞行器及其相关系统进行了升级改进,新的滑翔飞行器称为Yu-71。

从2011年开始,“4202项目”疑似共进行了6次Yu-71飞行试验。在2016年10月25日,俄罗斯战略火箭兵发射一枚SS-19导弹,成功开展先进高超声速滑翔弹头的飞行试验,进行试验的弹头可能为“4202”项目中的Yu-71飞行器。该导弹于俄罗斯时间2016年10月25日11:58从栋巴罗夫斯基发射场发射,弹头射到位于俄罗斯远东堪察加的库拉试验场,试验首次取得完全成功。

截至目前,俄罗斯国防部对Yu-71外形及其发展计划讳莫如深,Yu-71也一直充满了神秘色彩。

5.3 全机身全复合材料防热/承力一体化热结构的设计与制造

结构设计与制造一直是飞行器研制涉及的关键技术。随着飞行速度与飞行高度的改变,飞行器所受到的气动力/热载荷条件在不断变化,对承力、防热结构设计与制造的要求也在逐渐提高,在大气层中飞行速度越大,时间越长,要求往往越严苛。

当年“飞行者号”以55.56 km/h的速度完成人类飞行史上第一次有动力、持续、可操纵的飞行,低亚声速条件下飞机结构承载能力要求低,更不涉及防热问题,采用杉木梁+粗棉布蒙皮即可满足承力要求。一直到20世纪20年代初,当时天空飞翔的飞机绝大多数还是木制飞机。

随着飞行速度的提高,飞机外形在不断改变,气动载荷条件变得复杂,承载能力及加工制造要求提高了,木质结构已经无法满足使用需求,刚度特性更好的金属结构成为可行的解决方案。在德国热动力学教授胡戈·容克斯(Hugo Junkers)设计制造了第一架全金属飞机后,铝、钢及合金等全金属飞机登上历史舞台。

伴随着飞行速度的进一步提高，结构需要满足突破“音障”“热障”所带来的气动力、热强耦合环境的影响，既要承受机动飞行时的气动力作用，又要抵抗高速飞行时气体摩擦、激波干扰等带来的高温加热的影响。美国著名的 SR-71“黑鸟”高空战略侦察机在以 3 倍声速飞行时，机身局部温度超过 500℃，传统的铝合金承力结构已不能满足耐热需求，开始大量采用高温性能更好的钛合金结构方案，实现防热/承力一体化功能需求。

为了实现飞机减重、增强飞机的性能，到 20 世纪 80 年代，飞机结构材料开始发展先进复合材料。复合材料耐热、耐烧蚀，有极好的抗疲劳特性及透波性，结构疲劳寿命比传统的铝合金强好几倍，采用复合材料轻质结构一体化设计与制造已经成为飞机结构设计的发展趋势。

与飞机相比，传统弹道导弹将飞行器速度拓展到了马赫数 20 附近，飞行环境复杂，承力防热结构设计与制造所面临的压力会更大。弹道导弹大部分时间在真空环境中飞行，此时热防护压力小，但在再入大气过程中头部遭遇短时高峰值热流，必须进行热防护设计。早期的弹道导弹结构采用传统的高强金属合金壳体方案，弹头防热主要采用热沉式和烧蚀式。如 20 世纪 60 年代美国“大力神 2”洲际弹道导弹主要采用烧蚀式弹头，防热材料主要为环氧树脂类复合材料。至 20 世纪 70 年代，以美国“民兵 3”为代表的第三代洲际弹道导弹多采用酚醛树脂类复合材料。此后，随着技术的发展，碳/碳复合材料技术逐渐成熟，广泛应用于导弹端头防热，如美国“三叉戟 1”洲际弹道导弹，结构仍多为金属承力结构+防热层方案。

高超声速助推-滑翔飞行器与传统的飞机和弹道导弹不同，具有在低空大气层内长时间、大范围高超声速滑翔机动飞行的特性，飞行速度一般达 10 倍、甚至 20 倍声速。高超声速助推-滑翔飞行器设计与制造面临的核心问题是，可在极其严酷的热载荷、静载荷、振动载荷和动态载荷条件下，仍能确保结构的完整性及工作的有效性，高效的承力/防热结构设计与制造是关键问题之一。

5.3.1　发展需求

为了实现长距离高超声速机动滑翔飞行，高超声速助推-滑翔飞行器通常采用高升阻比气动外形。根据升阻比定义可知，若想获得更高的升阻比，则需要提高气动升力，尽可能地减小阻力。因此，高升阻比气动外形往往采用尖锐化设计方案，尤其是翼舵前缘设计为小半径，舱体截面也较薄，在大气层中飞行速度越大，这种需求也越明显。然而，根据高速飞行器热流计算公式可知，在飞行速度不变的情况下，飞行器驻点热流的平方与周围大气环境的密度成正比，与端头驻点或翼前缘半径成反比增加。因此，高升阻比外形在高超声速飞行条件下，气动加热极为严重，距离地面越近、飞行速度越高，气动力热环境越恶劣，飞行器端头、迎风面、背风面、翼舵前缘等不同部位承受的气动力/热载荷将会不断增加，尤其是端头驻点加热温度可达2 000℃以上。2 000℃是什么概念？26℃外部环境温度人体感觉是很舒服的；标准大气压下100℃水就会沸腾；150℃以上铝合金、铝锂合金、镁合金等金属合金材料力学性能显著下降而失效，约660℃时铝就会熔化，1 500℃左右钢铁就会熔化……在2 000℃以上的超高温考验下，常规金属结构是无法直接暴露使用的，极易被熔化或破坏，即使是耐高温合金或非金属热结构材料局部也可能会因工作温度超过耐受极限而被烧坏。同时，飞行器内外温度梯度会产生明显的热应力，致使结构失效，最终导致飞行任务失败。在这种复杂力热环境条件下飞行，对承力/防热结构提出更高的要求。

承力结构作为飞行器的"骨骼"，承受飞行过程中自身重力、气动载荷、发动机推力等内外力作用，需要具有足够的强度、刚度和稳定性，维持外形稳定而不被破坏。防热结构是飞行器的保护层，直接与大气接触，需具有一定的防热、隔热能力，避免飞行器承力结构及仪器设备、有效载荷因高温影响而失效。承力/防热结构的完整性和有效性与选材、结构形式密切相关，且受气动力/热载荷环境条件、气动外形的复杂程度、制造工艺的可行性、重量约束、技术经济可行性等多方面因素的限制。

合理的承力/防热结构方案不仅需要满足强刚度要求及耐热要求，还需要考虑制造工艺性，保持气动型面不变，避免影响飞行器控制效果和稳定性，同时兼顾重量、成本等多方面条件的限制。人们在追求更快、更经济飞行过程中，被迫在技术方案可行、经济可承受等多个约束条件之间协调。高超声速助推-滑翔飞行器设计初衷之一是实现高超声速远距离滑翔飞行，射程能力是一个强约束。为实现几千甚至上万千米滑翔飞行，除了需要较高的升阻比及良好的气动特性外，还要求滑翔飞行器尽量做到轻质化设计，实现滑得更远、更经济。满足轻质化设计的主要条件是在一定的气动外形及内部装载的基础上，尽量降低承力及热防护结构占飞行器质量的比重。这对高超声速滑翔飞行器设计提出了更高要求，约束更加严苛，既要在严重气动热载荷条件下"抗得住""烧不坏"，又要满足"装得下"、轻质化要求，传统的金属承力+防热层结构形式受力热载荷条件约束难以挖掘潜力，必须针对新型材料及结构形式开展研究。

随着技术水平的不断提高,催生了全机身、全复合材料防热/承力一体化热结构方案,兼顾了承力防热及轻质化设计要求。首先,复合材料品种多,力热性能上限较金属材料大,可选择范围大,在同等环境温度及强刚度约束条件下,复合材料较金属材料密度偏低,采用全机身复合材料的结构相较金属结构,质量将有效降低;其次,随着复合材料技术的发展,树脂基、金属基及碳基等复合材料在航空航天领域得到了广泛应用,为开展全机身、全复合材料结构一体化设计与制造奠定了一定的技术基础;再次,传统的金属结构+防热层的结构方案中,防热层与内部金属壳体分别承担防热与承力作用,同时需要中间层进行内部隔热,对于高超声速气动外形,这占用空间较大,影响了内部装填率,而采用全机身、全复合材料防热/承力一体化设计与制造方案,充分利用复合材料轻质、耐高温的优势,可大大简化防热、承载结构,提高结构效率。

然而,以尖前缘、薄机身的高超声速气动外形为基础,进行高超声速滑翔飞行器全复合材料结构设计与制造,并让其能够在严酷的气动力/热环境下有效工作,这是当前世界航天最前沿的技术问题之一,目前鲜有一个技术方案是成熟的,对全尺寸一体化结构的工程开发、制造,尚缺乏充分经验。高超声速滑翔飞行器全复合材料防热/承力一体化设计与制造技术仍需进一步研究。

5.3.2　发展概况: 防热/承力一体化气动外壳的发展

为满足轻质、高效的需求,全机身、全复合材料防热/承力一体化热结构全部应用复合材料进行承力结构与防隔热结构的整体设计,使得热防护结构在具有良好的防隔热性能的同时,兼具承载功能。这种结构的主要优势为: ① 具有承力、防热双重功能;② 能够充分发挥材料在高温条件下的承载潜力;③ 结构轻质化明显,系统相对简单。高超声速滑翔飞行器气动力热约束严苛,全机身、全复合材料防热/承力一体化热结构设计与制造技术将有利于结构轻质化,提升总体性能[12]。

高超声速滑翔飞行器发展的早期,人们对长时间、高超声速大气层中飞行产生的高温效应对材料的影响缺乏充足的认识,防热/承力结构多为金属合金制成。比较典型的如无动力滑翔飞行器 X-20,承力/防热结构方案大部分由特种合金制成,通过辐射冷却方式实现内外合金壳体间的热耗散,确保在极高温度和极高动载荷条件下仍能保持其强刚度,在端头及翼前缘等热流密度极高的地方开始使用陶瓷件进行热沉吸热。

20 世纪 60 年代,大推力火箭及洲际弹道导弹技术得到了快速发展,金属承力壳体+复合材料防热层成为主要的结构形式，复合材料主要为酚醛树脂基材料，采用碳纤维、玻璃纤维等增强体。自20世纪60年代中期开始，美国陆续开展了MARCAS、助推-滑翔再入飞行器等项目的研究。与弹道导弹相比，BGRV采用了相对更先进的高升阻比的细长锥体外形，端头更尖，直径仅为25.4 mm，以接近马赫数20的速度、飞行8 000 km以上，产生的气动力热环境非常严酷。在借鉴了弹道导弹的防热/承力结构方案的基础上，为突破烧蚀技术，BGRV端头采用了多孔结构设计进行热耗散，用于降低超高温的影响。

到了20世纪70年代中后期至20世纪80年代初，美国空军和桑地亚国家实验室相继主持开展了先进机动再入飞行器、桑迪亚高能再入飞行器项目，碳/碳复合材料技术开始大量应用于端头、翼舵前缘等局部加热严重的部位，取得了良好的效果。AMaRV的外形是双削面双锥体，半锥角为10.5°/7°，端头半径为27.9 mm，选用纤维材料公司(FMI)的细编碳/碳端头，为保证在超高温条件下耐用，使用了致密化工艺进行精细化改进，大面积防热材料选用碳酚醛。SWERVE为带十字翼的锥体构型，尽管飞行器大面积结构仍由机械加工的铝制壳体和黏附于其上的硅酚醛材料防热系统构成，但在端头、前缘和控制面已经采用由碳/碳复合材料一体化制成。复合材料防热/承力一体化热结构开始在典型受力部件上得以应用。

20世纪90年代，美国空军提出通用气动飞行器概念，并在后续逐渐演变为HTV-2项目。由于射程远，飞行速度达到马赫数20以上，气动力/热环境非常严酷，尤其是采用尖锐化端头和前缘的类乘波体气动外形，长时间(30 min)暴露在高速飞行条件下的极端力、热载荷环境中，结构外表面局部温度将达到2 000℃以上，常规金属结构材料或因密度太高，或因超过温度承受极限而无法满足使用要求，必须研究一种新的结构热防护方案。为了解决热防护材料和结构面临的技术难题，HTV-2项目团队专门成立了材料一体化产品研发小组(MIPT)对备选的前缘材料、难熔复合材料、高温多层隔热材料、大面积防热材料和密封材料等进行了试验研究，最终确定采用先进的轻质低烧蚀碳/碳防热/承力一体化热结构方案，具备承载和防热的双重功能。全机身、全复合材料防热/承力一体化热结构扩展应用到复杂外形大面积结构，并成为全世界关注的前沿技术。

1. 防热承力复合材料

复合材料技术是防热/承力一体化热结构设计与制造的基础。经过多年发展，复合材料在航空航天领域已得到广泛应用，主要包括树脂基复合材料、金属基复合材料、碳/碳复合材料及陶瓷基复合材料，在高超声速领域防热/承力结构方面具有很大的发展潜力和应用前景[13,14]。

1）树脂基复合材料

树脂基复合材料是复合材料的主要品种，应用广泛。树脂基复合材料是由某些低分子的合成树脂（固态或液态）在加热、固化剂或紫外光等作用下，发生交联反应并经过凝胶化阶段和固化阶段形成的难熔、不溶的固态基体，耐温性较高、尺寸稳定性好。树脂基复合材料在初始阶段流动性很好，容易浸透增强体，同时工艺过程容易控制，成型工艺简单，成本低。树脂基复合材料目前广泛应用于航空航天飞行器承载防热结构的设计与制备。

为适应高超声速飞行器承载需求，树脂基复合材料主要通过增强体、基体和制备工艺改进以不断提高力学性能和使用温度。增强体主要采用高性能增强碳纤维，目前碳纤维已经由 T300 中强、中模碳纤维发展到高强中模、高模碳纤维，如 T800、M60J 等，得到了大量应用。基体早期主要为酚醛树脂，随后出现不饱和聚酯树脂和环氧树脂。近年来，发展了性能更好的双马来酰亚胺（简称双马）、氰酸酯、聚酰亚胺、聚苯并咪唑等先进树脂基体。聚酰亚胺树脂从 20 世纪 70 年代第一代的美国 PMR-15 树脂到目前正在研制的第三代聚酰亚胺树脂，其耐温等级经历了 316~426℃ 的历程。

树脂基复合材料主要用于一般载荷主结构，如导弹仪器舱、各种支撑结构、大载荷作用力承受与传递的连接结构与推力结构，如固体火箭发动机壳体、火箭和导弹的级间段。在高超声速飞行器结构应用中，由于采用了高强碳纤维，在提高结构高温承载力及降低结构质量方面得到了改进。日本实验轨道飞行器 HOPE-X 采用全碳纤维复合材料面板（850 环氧树脂/TR-30 碳纤维），其质量比铝合金结构轻 20%，制造成本只是常规铝合金结构的 20%。目前，树脂基复合材料也是用量最大的一类功能防热材料，针对不同的使用需求，发展了适用于不同热环境条件和隔热性能要求的树脂基烧蚀防热复合材料。

2）金属基复合材料

金属基复合材料（metal matrix composites，MMC）是以金属合金为基体，以高强度第二相为增强体而制成的复合材料，具有高比强度、高比模量、耐磨、耐热、导电、导热、不吸潮、抗辐射、低热膨胀系数等优良性能。金属基复合材料的研究始于 20 世纪 60 年代，包括铝基、镁基等，并取得了相当大的成功。

铝基复合材料主要有硼/铝（B/Al）、碳纤维增强铝（C/Al）、SiC 纤维增强铝（SiC/Al）、Ti-Al 系金属间化合物等。

早在 20 世纪 70 年代，美国曾在航天飞机轨道器主骨架设计上应用 B/Al 复合材料，相比原铝合金设计，结构质量降低了 44%。俄罗斯将 B/Al 合金用于其分导式战略导弹上，以减轻结构重量。

20 世纪 70 年代中期，美国用 C/Al 制造的卫星用波导管具有良好的刚性和极低的热膨胀系数，比原碳/环氧复合材料轻 30%。随着 SiC 纤维和 Al_2O_3 纤维的出现，国外还研究了连续纤维增强的 SiC/Al 复合材料。但是原材料纤维昂贵，制造工艺比较复杂，因此成本较高，阻碍了其实际应用。

颗粒增强金属复合材料，其制造工艺相对简单，可以在现有的冶金加工设备基础上进行工业化生产，因此成本较低，适用于大规模生产应用，已成为当今金属基复合材料研究发展的重要方向。例如，美国海军武器中心研制的 SiCp/Al 复合材料导弹翼面已进行发射试验，其刚度比铝大 75%。

Ti-Al 系金属间化合物的主要特点是高温性能好、密度小，甚至比钛合金更轻，不到镍基高温合金的 1/2；有高的刚度、好的抗氧化能力，是制造高超声速飞行器壳体和发动机高温部件的理想材料。Ti_3Al（α2）和 TiAl（γ）均为 Ti-Al 系金属间化合物，使用温度分别为 816℃ 和 982℃。美国采用 Ti-Al 基金属间化合物制作出蜂窝板和波纹夹层板等形式的热结构（图 5.27），在高超声速飞行器防热/承力结构设计中具有一定的应用前景。

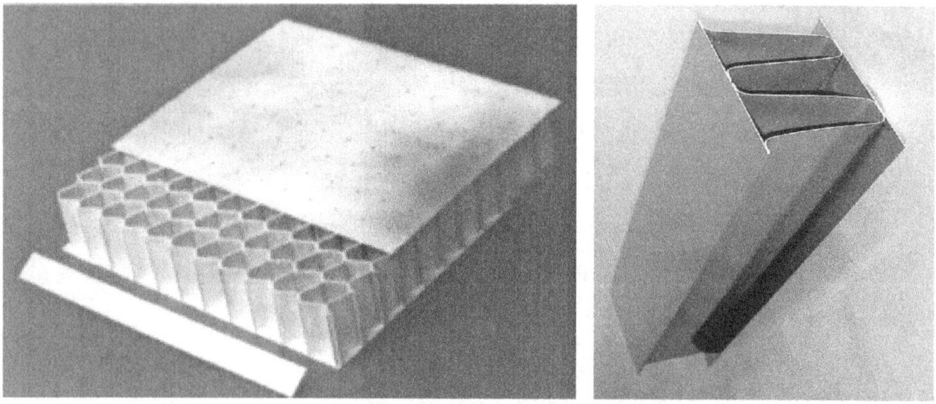

图 5.27 Ti-Al 基金属间化合物制备的蜂窝板和波纹夹层板等热结构

在铝基复合材料研究的基础上，美国又开始了镁基复合材料的研究，研制出以碳化硅晶须（体积含量为 20%）作强化相的镁合金（AZ31）基复合材料，其弹性模量提高了 100%，强度约提高到 450 MPa，已在导弹尾翼、美国海军卫星上的支架、轴套、横梁等结构上使用，其性能优于铝基复合材料。

3）碳/碳复合材料

低烧蚀、非烧蚀的碳/碳复合材料能够满足高超声速飞行器高温、长时飞行的发展需求，日益受到高度的重视。美国目前重点发展的 HTV-2 高超声速技术飞行器，其端头采用低烧蚀后退率的碳/碳材料，即在碳/碳材料内部引入 W、ZrB_2、SiC 等难熔金属及其化合物。

非烧蚀的碳/碳复合材料主要用于承载的热结构设计，可作为防热/承力一体化热结构材料，同时具备一定的可重复使用的特点，最早的应用实例是美国航天飞机轨道器的鼻锥帽、翼前缘等高温部位。美国航天飞机用热结构碳/碳复合材料经历了从增强碳/碳到先进碳/碳（ACC）乃至 ACC-3（ACC 的改进换代）的发展历程，随着材料性能的逐步提高，航天飞机的可靠性也得到了显著改善。

随着技术的发展，碳/碳热结构逐渐由鼻锥帽、翼前缘等防热部件拓展至舵、翼等主承力部件，由简单异形结构向复杂整体结构发展。美国的 HTV-2 高超声速技术飞行器采用碳/碳材料制成的承载式气动外壳，有资料显示，其大面积壳体使用的碳/碳热结构材料已发展为 ACC-6。

4）陶瓷基复合材料

陶瓷基复合材料是在陶瓷基体中引入第二相材料，使之增强、增韧的多相材料，又称为多相复合陶瓷或复相陶瓷。陶瓷基复合材料是 20 世纪 80 年代逐渐发展起来的新型陶瓷材料，包括纤维增韧（增强）陶瓷基复合材料、异相颗粒弥散强化复相陶瓷、原位生长陶瓷复合材料、梯度功能复合陶瓷及纳米陶瓷复合材料。

C/SiC 是陶瓷基复合材料中一个非常重要的体系，也是目前各国重点发展的一类陶瓷基复合材料。C/SiC 陶瓷基复合材料主要有两种类型，即碳纤维/碳化硅（Cf/SiC）陶瓷基复合材料和碳颗粒/碳化硅（Cp/SiC）陶瓷基复合材料。

陶瓷基复合材料具有耐高温、耐磨、抗高温蠕变、热导率低、热膨胀系数低、耐化学腐蚀、强度高、硬度大及介电、透波等特点，在有机材料基和金属材料基不能满足性能要求的工况下可以得到广泛应用，是一种理想的高温结构材料，可作为高超声速飞行器的头锥、副翼、襟翼和方向舵等大型控制面，进气道唇口、侧板等承载热结构部件。未来，C/SiC 将发展为一种重要的高温热结构一体化材料，这已经成为一个广泛的共识，并不断地被各国的工程实践所验证。

2. 防热/承力一体化热结构

高超声速滑翔飞行器在大气层内进行长时间的机动飞行，会产生高动压及严重的气动加热效应，飞行器将承受严酷的气动力热载荷，对结构热防护系统提出了很高的要求。传统的结构热防护系统采用承载结构与防热结构分别成型与制备，不但增加工艺的难度和复杂性，增加制造成本，而且降低了整体结构的可靠性。随着技术的进步，以及未来发展需求，防热/承力一体化热结构将成为发展趋势。有效的防热承载一体化结构一方面在面临剧烈的气动加热时能适应高温环境（端头驻点最高温达 2 000℃以上，机体大面积迎、背风面承受温度超过 1 000℃），低烧蚀或零烧蚀，维持原有的气动外形，并能提供足够的保护，确保内层结构允许的工作环境温度（150～250℃）；另一方面逐步要求结构热防护系统应兼具承载功能，使结构适应高超声速飞行的高温环境而不失效，强度高、刚度大、质量轻。

高超声速滑翔飞行器不同部位所承受的气动加热程度不同，关键部位包括尖前缘（含端头）、机体大面积和控制舵面，所采用的防热/承力结构也会不同。

1）尖前缘

尖前缘（含端头）在高超声速飞行环境中一方面要应对强烈的局部加热；另一方面要承受最直接的气动表面压力，并存在一定的机体结构传来的内力，因此需要具备防热与承载的双重功能。

目前，高超声速滑翔飞行器前缘一般采用耐烧蚀、抗氧化材料整体成型，例如，C/C 复合材料，表面可涂覆抗氧化涂层，与机体结构机械连接。被动式热防护前缘通过结构热沉及热辐射抵消高热流影响，净热量流入前缘的滞止区，传递到滞止区的后部，然后向空间辐射（图 5.28）。滞止区后部传递的能量多少取决于前缘材料的热导率。

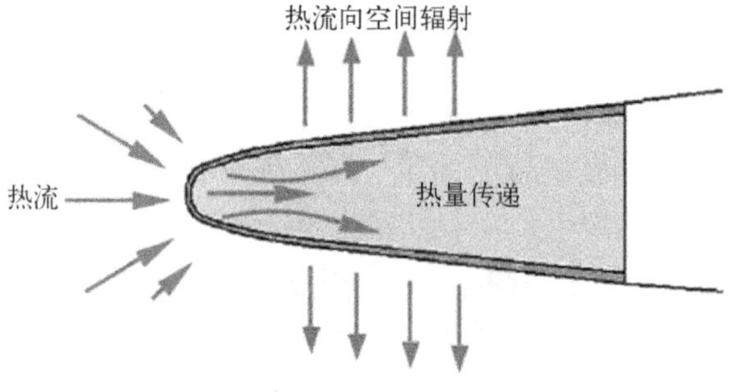

图 5.28　高超声速滑翔飞行器前缘的能量流动

2）承载式气动外壳

承载式气动外壳可承受飞行时的气动力载荷及飞行器的轴向载荷，隔热材料既可与结构集成，又可与结构分离（位于气动外壳下部），这种结构兼具防热与承载功能，对减轻飞行器质量有利。美国 DARPA 与美国空军联合开展的 FALCON 计划下的 HTV-2，其壳体就是采用 C/C 材料制成的承载式气动外壳（图 5.29）。

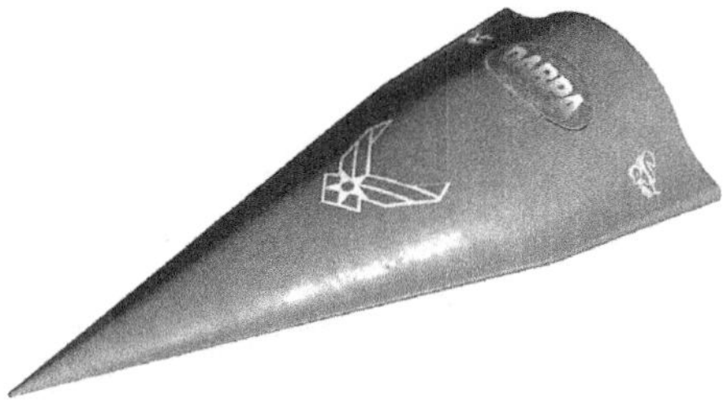

图 5.29　HTV-2 采用 C/C 材料制成的承载式气动外壳

3）多层一体化结构

在高超声速飞行器结构热防护一体化方案中，为兼顾承载、防热要求，具备质量轻、强度高、韧性好等特点，多层一体化结构得到发展，包括蜂窝夹层类、多层壁类结构等[15]。

在多层一体化结构中，通常由外壁、内壁及轻质夹芯隔热结构组成，外壁和内壁均承受气动载荷，外壁为热工作面，采用性能可靠的高温材料制成，内壁被隔热（图 5.30）。这种结构一体化的热防护方案具有较高的结构效率，维护成本也较低。壁面具有一定的厚度，因此能够产生所需的刚度，而且这种大型整体式结构可以消除或减少面与面之间的间隙、台阶及零部件的数量。尽管这种方案有一些优点，但就目前而言它的技术成熟度是所有热防护方案中最低的。

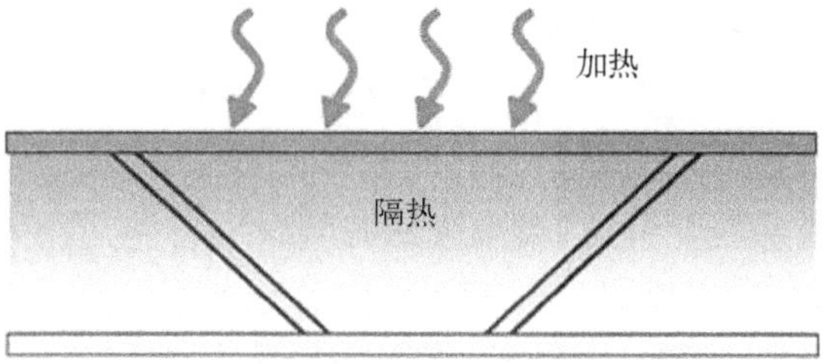

图 5.30　结构一体化热防护系统示意图

4）控制舵面热结构

对于高超声速滑翔飞行器，降低阻力是一个很重要的问题，因此一般采用较薄的控制面。气动控制面的热结构具有承载与防热双重功能。

高超声速滑翔飞行器气动控制舵面热结构通过一体化加工成型，一体化加工成型的气动控制面仅需要很少的连接件，并具有较好的力学性能。MT 航空航天公司采用一体化加工方案制成了 C/SiC 副翼（图 5.31）。该部件采用二维预浸渍的碳纤维织物，经固化和裂解，并通过化学气相渗透法成型。整个部件未采用任何连接件，因此减轻了结构的质量。

图 5.31　一体化机身副翼示范段剖视图

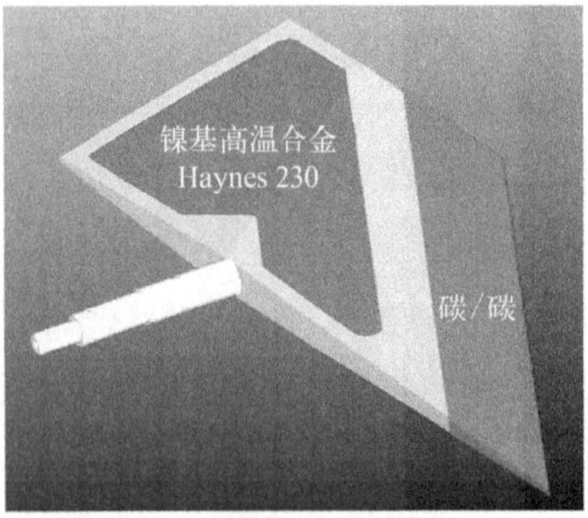

图 5.32　典型多材料复合控制舵面结构组成图

同时,根据不同部位热环境特点及材料的高温性能,将多种材料配合使用,可形成多材料复合控制舵面(图 5.32)。该方案加工制造更为经济,其上表面不需要 TPS,如果损坏,均可以更换。

3. HTV-2 一体化热结构

HTV-2 设计的最大飞行马赫数超过 20,其在大气层内高超声速滑翔飞行时间约 30 min,所面临的气动热载荷、动载荷等条件极为严酷。同时,采用的高升阻比升力体气动外形具有尖锐化特点,端头及翼舵前缘半径小,造成驻点峰值热流高,长时间飞行总加热量大,加剧了热环境的恶化程度,驻点加热温度高达 2 000℃以上,给防热/承力热结构设计带来了非常大的技术挑战。

在极其严酷的热载荷、静载荷、振动载荷和动载荷条件下,HTV-2 防热/承力一体化热结构需确保结构完整有效:在大气层内高超声速滑翔飞行过程中,气动外形变化对飞行性能的影响很大,应尽量避免或减少结构材料的烧蚀破坏;大面积防热/承力结构应具备长时间耐高温、抗荷载能力,维持气动壳体稳定;考虑飞行器总体质量要求,尽量选用高效、轻质防热/承力结构形式,且易加工制造。综合上述需求,必须进行慎重的结构选材及结构选型。

可选用的轻质材料主要分为金属材料和复合材料两大类。金属材料主要有铝合金、铝锂合金、铝镁合金、镁合金等,上述金属材料通常在 150℃ 以下使用,在 150℃ 以上的线膨胀系数较大,力学性能下降显著,作为弹头承力结构材料,将导致防热层较厚,综合重量没有优势。树脂基复合材料适应环境温度低约为 300℃,金属基复合材料适应环境温度约为 1 000℃,同样不满足要求,而碳基复合材料在高温性能上具有明显优势。在结构选型上,传统的金属承力结构+防热层方案功能环节多、工序复杂、重重大,采用防热/承载一体的承载式气动外壳可解决这一问题。

综合考虑,HTV-2 端头和前缘采用低烧蚀后退率的碳/碳材料,即在碳/碳材料内部引入 W、ZrB_2、SiC 等难熔金属及其化合物,能提供外形更为稳定的头锥、适宜的飞行烧蚀速率及尽可能小的热导率;机身大面积区域则采用先进的碳/碳材料制成的承载式气动壳体,发挥承载和防热的双重功能。这种承载式气动外壳可减轻飞行器质量,承受飞行时的气动力载荷及飞行器的轴向载荷,隔热材料既可与结构集成,又可与结构分离(位于气动外壳下部)。

当然,HTV-2 所采用的热防护系统具有较高的先进性,必须进行创新研发,但同时面临许多技术挑战,包括能精确预测气动热载荷和烧蚀速率的技术、大型碳/碳气动结构的生产制造方法、用于保护再入飞行器内部部件的隔热技术等。为了解决上述技术难题,FALCON 计划材料一体化产品研发小组对 5 种不同的防热系统材料样件进行了试验,这些试验确定了用于 HTV-2 上材料的性能(图 5.33)。同时,这 5 种材料对高超声速巡航飞行器的成功研制也至关重要。这 5 种材料是: ① 使用温度低于 1 649℃的前缘材料;② 使用温度高于 1 649℃的难熔复合材料;③ 高温多层隔热材料;④ 大面积防热系统材料;⑤ 高温密封材料。除了大量样件试验,在 NASA 的埃姆斯试验室,HTV-2 的端头和翼前缘部件还进行了电弧加热等离子体射流试验。所有试件都通过了试验,并且与试验前的后退预测一致[16]。

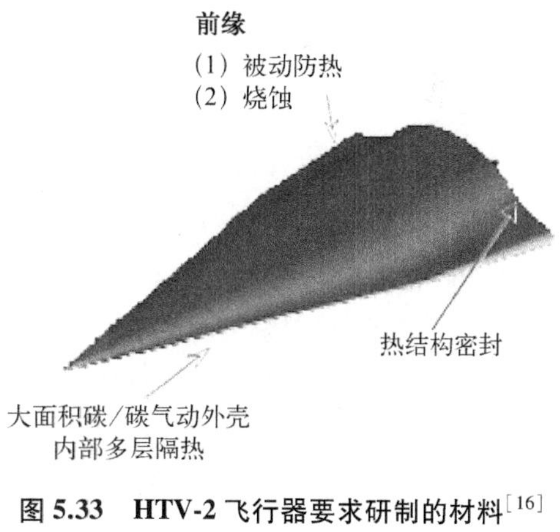

图 5.33　HTV-2 飞行器要求研制的材料[16]

1) 热防护系统材料的研制

在 MIPT 的指导下,多家材料研究企业参与到飞行器材料的研制和设计工作中,并与洛克希德 · 马丁公司的飞行器设计和研制工作紧密结合,以支持 FALCON 计划的顺利进行。这些企业所研制的材料样件将在 HTV-2 的工作条件下进行试验。

(1) 使用温度低于 1 649℃的前缘材料

该项任务的研究目标是,对于在低于 1 649℃使用的难熔复合材料,改进其抗氧化系统。该项工作的重点是对现有材料系统进行改进,而不是研制和设计全新的材料。抗氧化系统的最终发展目标是,前缘和热结构组件要在高超声速巡航飞行环境中具备执行多次任务的能力(大于 50 次)。抗氧化系统针对 HTV-2 的目标是,前缘和热结构组件在高超声速机动飞行环境中具备执行一次任务的能力。

使用温度低于 1 649℃的前缘材料主要是碳/碳材料。MIPT 选择了两家公司改进碳/碳前缘涂层,一家公司为碳/碳先进技术有限公司,另一家公司为普·惠洛克达因公司。两家公司所采用的涂层工艺都是曾用于其他高温系统的成熟工艺。南方研究院和 NASA 兰利研究中心对两家公司所研制的材料进行评审。SRI 负责评定材料的张力和抗压强度(模件在室温 1 649℃ 下进行试验)、层间强度(在室温 1 649℃下进行)、热膨胀系数(在室温 1 649℃ 下进行)和热导率(在室温 983℃下进行),还将在试验前后对材料的微结构进行评审。NASA 兰利研究中心在多参数任务模拟设备(MMSF)中进行了 2.54 cm×9.16 cm 的涂层样件测试,选定材料后,还要对样件进行电弧喷射试验,并进行深入研究。

(2) 使用温度高于 1 649℃的难熔复合材料

该项任务的研究目标是,针对工作在 1 982℃附近的难熔复合材料,改进其抗氧化系统。该项研究所获投资有限,并且美国军方希望该防热材料能够在近期应用到飞行器上,因此研究工作主要是围绕改进现有的防热材料进行,而不是研制和设计全新的材料系统。抗氧化系统的最终目标是,前缘组件在高热流的高超声速巡航飞行环境中具备执行多次任务的能力(大于 10 次),工作重点为纤维增强难熔复合基底材料先进抗氧化系统方案的研制(包括基底、基底抗氧化剂和涂层)。针对 HTV-2 的抗氧化目标是,提高高温抗氧化能力,在高超声速机动飞行环境中具备执行一次任务的能力。

ATK 公司和物理科学有限公司(PSI)成为该项任务的承包商,研制使用温度高于 1 649℃的高温难熔复合材料。ATK 公司对使用在两种基底上的 3 种防氧化涂层进行研究;PSI 公司使用陶瓷先驱体制造多用途高温复合材料。此外,材料是在 1 982℃条件下进行试验,而不是 1 649℃。

(3) 高温多层隔热材料(HTMLI)

该项研究任务的目标是,研制体积小、质量轻的多层箔隔热材料,材料可承受的最高温度达 1 649℃，未来可应用于可重复使用和非可重复使用的高超声速飞行器。HTMLI 应用于 HTV-2，具备执行一次任务的能力。此外，希望进一步降低现有隔热材料的热导率，提高承受更高温度的能力，实现 HTMLI 在 1 649℃ 下可重复使用的目标。研究工作的重点是，利用经济上可承受的制造技术来研制先进的轻质难熔材料和低热辐射系数薄膜。

选定的两家承包商对 HTMLI 展开了深入的研究，一家为难熔复合材料有限公司（RCI），另一家为史蒂夫-米勒合资研究公司（SMARF），两家公司都研制了先进的多层箔隔热（MLFI）系统。

SMARF 公司早期研制的可承受 982℃ 的多层隔热（MLI）材料被选定为最初的基础设计方案。在 NASA 兰利研究中心和 SRI 获得的测量数据结合分析的热预测结果表明，SMARF 研制的非真空 MLI 材料能够承受 HTV-2 预期的飞行环境，同时可将背面温度限制到可控的温度。

（4）大面积热防护系统——承载式气动外壳

该项任务的最终研究目标是，为未来可重复使用和非可重复使用的高超声速飞行器研制热防护系统和将高温气动外壳和内部低温结构连接到一起的连接系统。内部结构的温度限定为不高于 177℃。气动外壳和内部结构之间填充隔热材料的线性空隙必须做到最小化，以减小飞行器的总体积和减轻飞行器的质量。近期目标是，将大面积防热系统应用到飞行器上，使 HTV 具备执行一次飞行任务的能力，因此当前的工作要点是最大限度地改进现有的气动外壳和连接系统。

为了实现这样的能力，连接系统必须在几英寸①的距离内承受上千摄氏度的热量梯度；而且要有足够的隔热能力以防止出现通向下面低温结构的热短路；要有足够的结构适应性，能够调节、适应高温气动外壳和内部结构热膨胀差异。连接系统必须能在低压环境下工作且不会发生氧化。

材料研究与设计有限（MR&D）公司作为该项目唯一的承包商，其研究工作始于数据验证，这些数据可追溯到国家空天飞机计划中 C/SiC 热防护板的试验数据。完成数据验证后，MR&D 公司成功地设计出一个可与结构一体化的大面积热防护系统。MR&D 公司完成了对热防护系统的设计分析工作，并研究出将高温气动外壳热防护系统和低温内部结构连接到一起的方法。热防护系统的设计方案由面板-夹芯-面板的夹层结构发展为含有加强肋的结构，因为制造商担

① 1 英寸 = 2.54 厘米。

心不能很好地将面板和夹芯连接到一起。MR&D 公司选择 C/SiC 和C/C两种材料来分析这种含有加强肋的设计方案。通过优化设计,确定了能满足安全裕度要求的热防护系统最小单位面积质量。其目标是,将包含结构支架和连接系统的热防护系统面板的质量控制在每平方英尺(约 0.092 9 m^2)2 磅①。因为 C/SiC 和 C/C 材料的强度不同,所以碳/碳材料制成的热防护系统要使用更多的加强肋,结构也要更厚一些。

2) HTV-2 一体化结构方案

HTV-2 项目团队在一体化研发小组研究成果的基础上,考虑 HTV-2 一次性使用条件,最终确定采用先进的轻质低烧蚀碳/碳防热/承力一体化结构方案,壳体结构由 87 个部件组成,前缘组件与大面积壳体采用碳/碳复合材料单独成型,具备承载和防热的双重功能,最终组装集成,分解如图 5.34 所示。

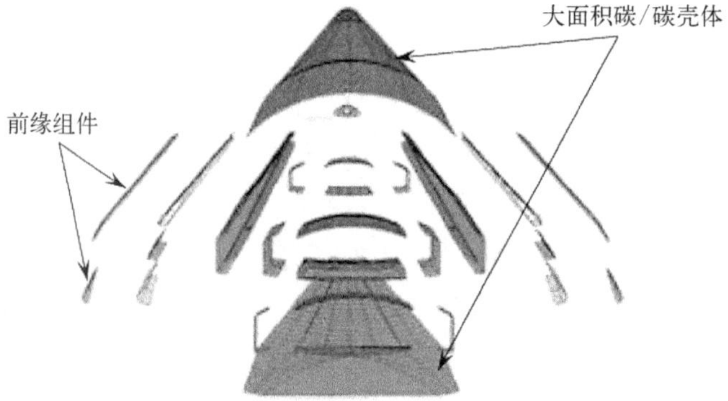

图 5.34 HTV-2 防热/承力一体化结构分解图

3) HTV-2 结构地面试验

2007 年 9 月至 2010 年 3 月,进行了 HTV-2 的组装、集成和大规模气动热地面试验工作。在此期间,美国国家航空航天局兰利研究中心开展了马赫数 6 和马赫数 10 的风洞试验,有助于确定飞行器上的表面龟裂,并对方案进行及时调整。美国国家航空航天局艾姆斯研究中心和阿诺德工程发展中心进行了电弧加热试验,主要验证了飞行器前缘的耐久性。NASA 艾姆斯研究中心对 HTV-2 的头锥和前缘截面进行了电弧加热等离子体射流试验,所有样本都通过了前缘试验,并与试验前的后退率预测吻合。

① 1 磅=0.453 592 千克。

5.3.3　借鉴与启示

HTV-2 需在大气层内进行长时间的高超声速滑翔飞行，高升阻比、低烧蚀的碳/碳气动外壳是项目最大的风险，对热防护技术提出了严峻的挑战，现有的热防护技术已经无法满足设计要求。因此，HTV-2 在设计上采用了一种全新的可耐超高温环境的防热/承力一体化轻质结构热防护方案，既能够承受长时间(30 min)高速飞行条件下的极端力、热载荷，又保证了飞行过程中气动构型的连续稳定性，并推动了复杂曲面复合材料一体化结构生产、制造工艺的发展，创造了多个世界之最。

(1) 成功制造了有史以来最厚的多层碳-碳壳体；

(2) 成功制造了最大的、复杂的高升阻比碳/碳构型，并实现了尖锐前缘设计方案；

(3) 实现了碳/碳处理工艺的巨大突破；

(4) 采用先进的无损评估/检测技术；

(5) 推动了国家级碳/碳处理能力取得重要进展。

第二次飞行试验热防护材料发生剥蚀，导致气动外形出现缺陷，引发试验失败，表明 HTV-2 热防护系统仍然无法满足真实的飞行要求。原因可能是，当前的建模技术和地面试验无法准确预测 HTV-2 高超声速飞行所处的大气环境，HTV-2 的热防护系统方案还需根据准确的气动热环境要求进行进一步改进。然而，迄今，采用轻质、高强和耐高温材料进行防热/承力一体化热结构设计的技术途径无疑是正确的，也将成为高超声速飞行器结构热防护系统的重要发展方向。后续仍应大力开展热结构及材料技术攻关，并通过试验对基础理论与技术进行验证。

5.4　高升阻比气动外形与高精度气动特性预示技术的发展

5.4.1　发展需求

高超声速滑翔飞行器在低气压、低密度的临近空间环境中飞行，所受气动阻力显著低于稠密大气环境，高超声速飞行速度损失小，同时，临近空间稀薄大气层又为滑翔飞行提供了所必需的气动升力，使得高超声速滑翔飞行器具备了可以飞得快、飞得远的环境条件。要实现长距离滑翔飞行还要有两个决定因素：一是要有足够高的初始速度或较低的末端速度；二是要有较高的升阻比。初始速度受助推运载能力的限制,而高升阻比取决于飞行器气动外形,这意味着可以通过气动外形设计,适当降低对初始速度的要求,实际上是降低了对助推运载器运载能力的要求。升阻比是非常重要的气动性能参数,与滑翔距离近似呈线性关系,在起滑速度与高度一定的情况下,一般升阻比越大,滑翔距离越远。因此,在一定的助推运载条件下,高超声速滑翔飞行器往往采用高升阻比气动外形,如何确定高升阻比气动外形是临近空间高超声速滑翔飞行器重要的研究方向。

伴随高升阻比气动外形设计的另一个重要问题是如何评价设计的外形,它在临近空间真实气体环境中高超声速飞行时具有怎样的气动特性,是否能够满足设计要求。这就需要在实际飞行前进行高精度气动特性预示,准确模拟飞行环境、流场,评估、预示气动特性,为后续飞行试验提供指导。多年来,人们发展了多种气动预示手段,归纳起来主要为数值模拟与风洞试验两种。

随着飞行速度的不断提高,人们为准确预示飞行器气动特性发展了多种数值模拟方法,建立了一系列不同规模的地面试验设施,在实际运用中数值模拟方法与地面试验配合使用。但是,对于高超声速滑翔飞行器,其在临近空间大气层中长时间高超声速滑翔飞行,最大飞行速度达马赫数 20 以上,气流总温达 3 000~9 000 K。在这种工况下,高温真实气体效应显著,稀薄流、黏性干扰等其他流动效应耦合严重,使飞行器的气动特性呈现高超声速独有的高焓、强非线性、多尺度效应等特点,气动力热环境复杂,在没有直接通过飞行试验获得真实飞行数据的情况下,对高精度的数值模拟及地面试验模拟提出了很高的要求。然而,数值模拟手段依赖真实飞行环境的验证,常规高超声速风洞试验可模拟的马赫数范围有限,不能支持全速域飞行工况的模拟,同时,也存在总温较低的问题,即便性能更高的激波风洞试验也因运行时间短,无法完成高温真实气体效应的充分模拟。因此,需要针对高超声速滑翔飞行器进一步发展高精度的气动特性预示技术,在现有数值模拟、地面风洞试验的基础上,通过飞行试验修正,提高预示精度。

5.4.2 发展概况

1. 高升阻比气动外形

气动外形是高超声速滑翔飞行器的外轮廓,外形设计的优劣对总体性能影响极大。高超声速滑翔飞行器气动外形设计受多种因素限制,包括尺寸规模、装填空间、射程、热流约束等,其中,射程是一个强约束,为实现高超声速滑翔飞行器远程滑翔飞行，往往采用高升阻比气动外形设计。

升阻比是评价飞行器气动外形设计好坏的重要性能指标，直接影响飞行器的射程能力。对于准平衡滑翔飞行条件（$\theta=0$）下的高超声速滑翔飞行器，飞行器升阻比为常数（$L/D=\text{const}=k$），重力加速度为常数（$g=\text{const}$），其平衡滑翔射程由公式表示为

$$L=\frac{kr}{2}\ln\left(\frac{gr-V_k^2}{gr-V_0^2}\right) \tag{5.1}$$

式中，k 为升阻比；g 为重力加速度；V_k为滑翔终止速度；V_0为初始速度。

当 $V_k=0$ 时，飞行器可实现滑翔飞行的最大射程，即

$$L_{\max}=\frac{kr}{2}\ln\left(\frac{gr}{gr-V_0^2}\right) \tag{5.2}$$

可见，高超声速滑翔飞行器最大射程与升阻比呈线性关系，升阻比增大能带来最大射程能力的提升。但对于升阻比，并不是单方面地追求升阻比数值的大小，而是与飞行器总体性能要求和技术条件相适应，当起滑速度与高度一定，装载、热流等约束得到满足的情况下，通过提高升阻比来实现更远距离的滑翔飞行才有意义。

第二次世界大战以后，随着高超声速技术研究热潮的兴起，高超声速飞行器气动外形设计也成为首要解决的问题，滑翔飞行器亦是如此。起初，高超声速飞行器是以再入大气层的高超声速机动飞行器为主要研究对象，重点解决高超声速再入飞行时的气动、控制及高温结构问题，而滑翔飞行仅作为一种再入飞行或技术验证方式，并没有进行针对性的研究，因此此时高超声速滑翔飞行是依托再入飞行器外形进行的。随着技术的发展及人们对滑翔技术的重视，高超声速滑翔飞行器逐渐成为重点研究对象，探索高效的气动外形成为高超声速滑翔飞行研究首要解决的问题。

自 20 世纪 50 年代开始，美国相继启动了多个 X 系列再入大气层高超声速机动飞行器项目，包括 X-15 与 X-20 跨大气层空天机动飞行器，为高超声速滑翔飞行器气动外形早期设计积累了经验。高超声速滑翔飞行器气动外形研究最初以再入机动飞行器常规钝头体为基础，后续逐渐发展了细长锥体、细长升力体和类乘波体等多种气动布局形式（图 5.35），在不断的实践过程中，气动外形逐渐向高升阻比方向发展。

20 世纪 50 年代初期，人们对高空高超声速飞行的高温动力学的了解几乎

项目名称	升阻比	射程	构型
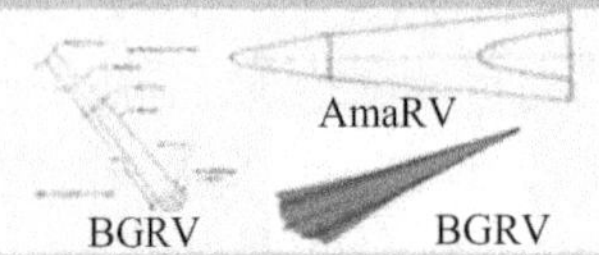 AmaRV BGRV BGRV	2.0~2.8	8 047	轴对称锥体
 AHW	2.0~2.6	> 6 000	轴对称锥体
 CAV-H	3.0~5.0	16 700	升力体（类乘波体）
 HTV-2	3.0~	16 678.8	升力体（类乘波体）
Yu-71	—	13 000	升力体

图 5.35　国外典型高超声速飞行器构型

一片空白，地面风洞试验无法模拟出真实飞行环境，X-15 就成为连接实验室和实际飞行的桥梁，研究高超声速马赫数 4～10 再入时可控性、稳定性、飞行能力、高温气动力及高温结构问题。在气动布局设计上，X-15 采用了细长的前机身、垂尾、腹鳍稳定控制的常规升力体布局形式，并首次将高超声速理论与风洞研究应用到真实的飞行器气动布局上，发现了高超声速附面层气流是湍流而不是层流，以及表面凸起所引起的局部气动加热现象，提高了对大气层内高超声速飞行器气动外形及气动特性的认识。X-15 在前期完成了挂飞滑翔飞行试验，虽然仅为超声速飞行，但是在真实的飞行环境中验证了滑翔飞行器气动外形的升力特性及操稳特性。

X-20 同样是有人驾驶的高超声速机动飞行器，它的前身是 Sanger 提出的跳跃滑翔轰炸机概念，自 1954 年美国空军发布第一个为期一年的研究合同开始到 1961 年 10 月，X-20 经历了几番计划与研究内容的反复调整，并对全球可达的高超声速滑翔飞行器、有人驾驶轨道机动飞行器等概念开展了研究，用于发展全球战略打击、侦察武器系统。为实现全球范围机动飞行，X-20 采用下单翼、三角形的升力体布局，在大气层内滑翔飞行时采用常规的后缘升降副翼进行操纵。虽然 X-20 没有完成首飞即下马，但其对后续近 20 年升力体项目研究做出了重大贡献，获得的再入气动力热基本数据、空气动力学相关研究成果为后来的高超声速滑翔飞行器研究起到了很大的支撑作用。1964 年,美国空军正式启动 X-23A/SV-5D 项目(图 5.36),验证高超声速再入升力体外形技术的可行性。X-23A/SV-5D 与 X-20 在气动构型上有些相似,采用“V”形升力体布局,机长为 2.01 m,机高为 0.88 m,翼展为 1.22 m,底部扁平,头部仍为钝头体,球半径较大,因此 X-23A/SV-5D 的升阻比较低。X-23A/SV-5D 前三次飞行试验的成功(不考虑回收失利)表明,升力体外形满足再入大气层高超声速滑翔飞行需求。但也应指出,采用球头半径较大的升力体构型一定程度上降低了外形端头、前缘处的气动热,也带来了阻力大幅增加的问题,如果想要远距离的滑翔飞行,需要进一步减少端头、前缘半径,降低气动外形阻力。

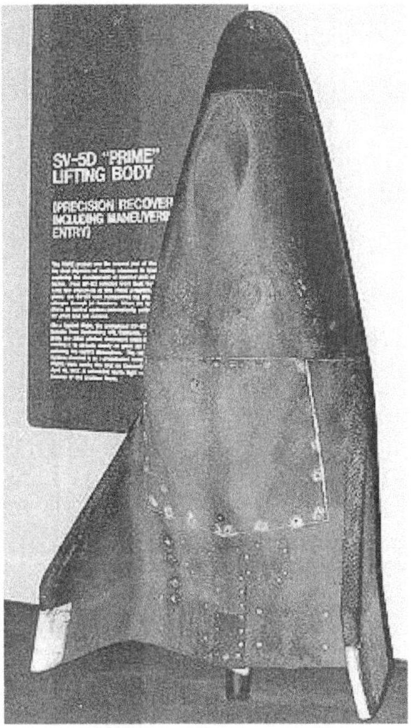

图 5.36　SV-5D 试飞模型

在 20 世纪 50 年代后期,人们就已经意识到采用尖锐化外形是降低阻力、实现更远距离高超声速滑翔飞行的可行途径。美国在研究再入大气层高超声速机动飞行器的同时,开展了导弹形式的助推-滑翔飞行器的可行性探索,如 BOMI、Alpha Draco 等项目。气动布局多为球头半径较小的细长体,形成了滑翔飞行器发展初期除钝头升力体构型外的其他气动外形设计思路。一直到 20 世纪 80 年代,细长体构型都是高超声速滑翔飞行器气动外形的主要设计选择。

细长体构型的早期典型设计实例是 1957~1959 年美国空军开发的新型战略武器研究项目 Alpha Draco,弹头为细长比为 10 的锥头柱体无动力滑翔再入飞行器。细长体构型存在两个问题:一是锥体本身无明显升力面,产生的升力有限;二是控制需要锥体尾部布置多个操纵舵面,这会使得阻力增加。为解决上述问题,Alpha Draco 飞行器尾部呈十字形安装了 4 个活动的半锥体襟翼。尽管某种程度上半锥体控制面会降低升阻比,但同时可带来更大的升力,飞行器的俯仰和偏航可以通过同时偏转正对的控制面来实现,滚转通过不同偏转正对的控制面来实现。1959 年 2~4 月,Alpha Draco 分别进行了三次飞行试验(图 5.37),对细长锥头柱体外形的气动特性及控制特

图 5.37 **Alpha Draco 发射**

性进行了验证。

然而,Alpha Draco 起滑速度仅为马赫数 5.5,射程能力有限,对于战略武器是难以接受的,且在气动、控制、防热等方面也远未涉及高超声速滑翔飞行真正恶劣的环境。因此,提高飞行速度是必然需求。从 20 世纪 60～80 年代,美国以战略弹道导弹机动弹头的名义进行了一系列飞行速度达马赫数 10 以上的细长体助推-滑翔技术研究,重点解决高超声速滑翔飞行气动、控制与防热等问题,典型项目包括助推-滑翔再入飞行器、先进机动再入飞行器和桑迪亚有翼高能再入飞行器等,这一时期也成为美国在高超声速滑翔飞行技术攻关的重要阶段。

与 Alpha Draco 不同,BGRV 以接近马赫数 20 的速度开始高超声速滑翔,在约 45 min 内飞行了 8 047 km。为适应远程滑翔飞行,BGRV 需采用高升阻比的细长体构型,通过研究单锥、双锥和三锥外形,最后选用由锥段和喇叭形裙部组成的双锥体,长径比为 2.8～3.0,并设置了 12 片瓣状移动式尾翼,如图 5.38 所示。自 1966 年 10 月开始,先后进行了 4 次飞行试验,验证了细长体构型用于更高马赫数助推-滑翔飞行的可行性,同时,成功测试了气动力与直接力联合控制技术。

1975 年美国启动的用于验证自主导航与控制技术的 AMaRV 计划同样采用了细长锥体构型,全长约 2 060 mm,底部直径约 584 mm。有所不同的是,在飞行器迎、背风面各削出平削面和一个 7°的斜削面,形成双削面双锥体构型,迎风面采用两个矩形控制翼进行俯仰控制和滚转控制,放在斜削面上。AMaRV 共进行了 3 次飞行试验,获得了不同马赫数和不同攻角下有用的气动力和气动热性能数据。

20 世纪 70 年代后期,细长锥体构型设计已经较为成熟,研究重点转向解决锥体构型在高超声速滑翔飞行时的制导与控制问题。因此,美国桑迪亚国家实验室在探索性战术核武器计划下开发了 SWERVE(图 5.39),对带十字翼的锥体

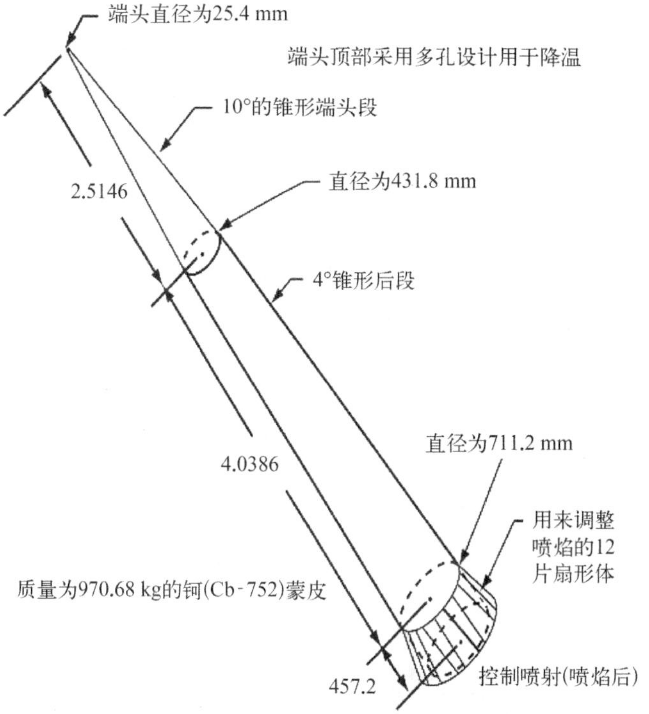

图 5.38　BGRV 的布局

构型，长度在 2.44~2.74 m，底部直径为 0.61 m，十字形分布的短翼和与之连接的升降副翼进行飞行控制。在 1975~1985 年，SWERVE 进行了 3 次飞行试验，最高速度均达到马赫数 14，充分验证了锥体构型在高超声速飞行中气动控制的可行性，获得了大量的空气热动力学数据，提高了对高超声速滑翔飞行器表面边界层的认识，也为后来高超声速滑翔飞行器的研究奠定了基础，美国陆军主持开发的 AHW 项目正是在 SWERVE 外形的基础上发展而来的。

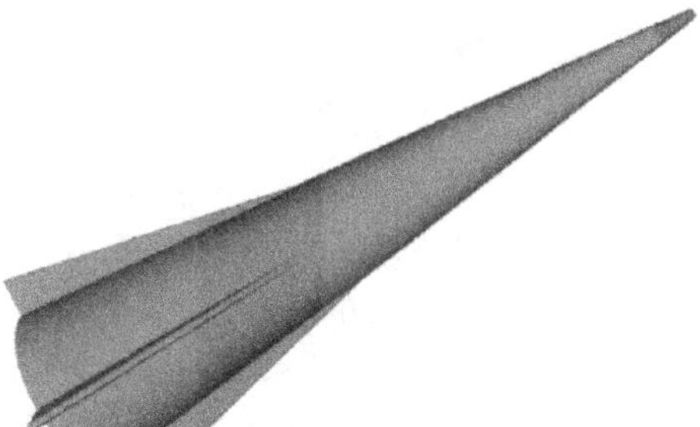

图 5.39　桑迪亚有翼高能再入飞行器示意图

从 20 世纪 50 年代末~20 世纪 80 年代初，为减阻增程，滑翔体外形由再入大气层的钝头升力体构型逐渐演化为小半径端头、尖前缘的细长体构型，成为高超声速滑翔飞行器气动外形的主要方案。经多次飞行试验验证表明，该外形可实现最大飞行速度马赫数 10 以上、飞行距离大于 8 000 km 的可控飞行。

但是,细长体构型对升阻比的提升效果有限,大多维持在升阻比 3.0 以下,这对于洲际射程的高超声速滑翔飞行器,是难以满足设计要求的。为进一步提高升阻比,减阻增程,20 世纪 80 年代末,美国空军启动了一项射程超过 8 000 km、起滑速度为马赫数 18 的高超声速滑翔飞行器(HGV)计划,开始了类乘波体气动外形的研究。HGV 气动外形设计主要解决的问题是降低阻力、削弱速度的衰减、提高升阻比,在汲取了前期细长体构型研究经验的基础上,提出了一种类乘波体的三角翼构型(图 5.40)方案,扁平化和翼身融合的特点比较明显,升阻比较细长体构型有了显著提高,最大升阻比达 4.4 左右。但是,过于追求升阻比的提升带来的后果就是 HGV 的前缘、端头锐化比较突出,引起飞行过程中气动加热问题非常严重,并不是一个实用的气动外形。尽管如此,但有别于细长体构型,HGV 类乘波体三角翼构型对提升滑翔飞行器升阻比效果确实明显,为美国后续滑翔飞行器高升阻比气动外形的设计打下了良好的基础。如果能解决降热减阻问题,类乘波体在高超声速滑翔飞行中的应用将很快成为现实。

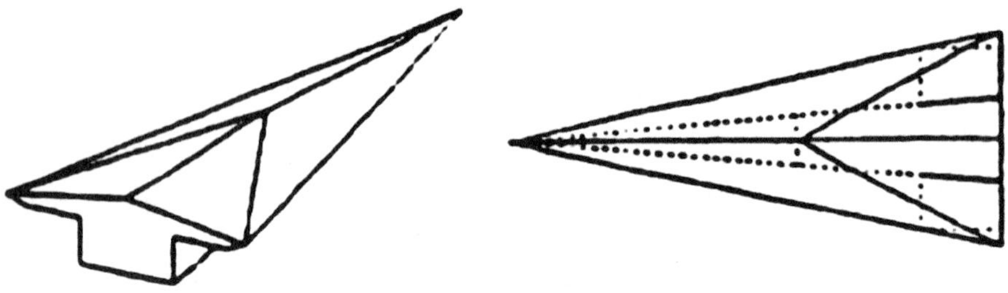

图 5.40 HGV 三角翼构型

类乘波体外形的出现,为滑翔飞行器高升阻比气动外形设计带来了一个新的思路,随着对升阻比需求的不断提高,逐渐成为滑翔飞行器气动外形设计方案的主要选择。20 世纪 90 年代,为构建全球快速打击能力,美国空军提出了空气动力再入飞行器概念,美国军方与工业界对高升阻比气动外形设计分别展开了研究,包括改进圆锥体构型、尖前缘类乘波体构型等多个方案(表 5.4)。从提高升阻比的角度来看,尖前缘类乘波体构型较改进圆锥体构型具有明显优势。

由表 5.4 可见,CAV 采用的尖前缘类乘波体构型一定程度上继承并融合了 HGV 三角翼类乘波体和细长锥体构型的优点,前缘半径小,但已有所钝化,既获得了较高的升阻比,又一定程度上避免了外形过于尖锐所带来的气动加热问题。2003 年后,美国空军与 DARPA 联合启动了“猎鹰”计划,发展 CAV、CAV 的增程

表 5.4　高升阻比气动外形方案

方案构想	设计单位	升阻比
CAV 初始构想	美国空军军械装备中心	—
CAV-L	波音公司	2~2.5
CAV-H	洛克希德·马丁公司	3.5~5.0
CAV-H	轨道科学公司	—
SHARP-L1	埃姆斯研究中心和桑迪亚国家实验室	—

型 ECAV 和可重复使用飞行器 HCV。CAV 标准射程为 5 560 km,气动外形并不需要多高的升阻比,因此 CAV 采用升阻比相对低的改进双锥体外形,但已趋于扁平化,升阻比为 2.0~2.5。ECAV 射程达 16 700 km,采用低升阻比的圆锥体外形是不符合要求的,因此采用了尖前缘类乘波体外形,升阻比可提升至 3.5~5.0。技术验证飞行器 HTV-1、HTV-2 均采用了该思路,分别是在改进圆锥体 CAV、CAV-H 基础上发展而来,如图 5.41 所示。

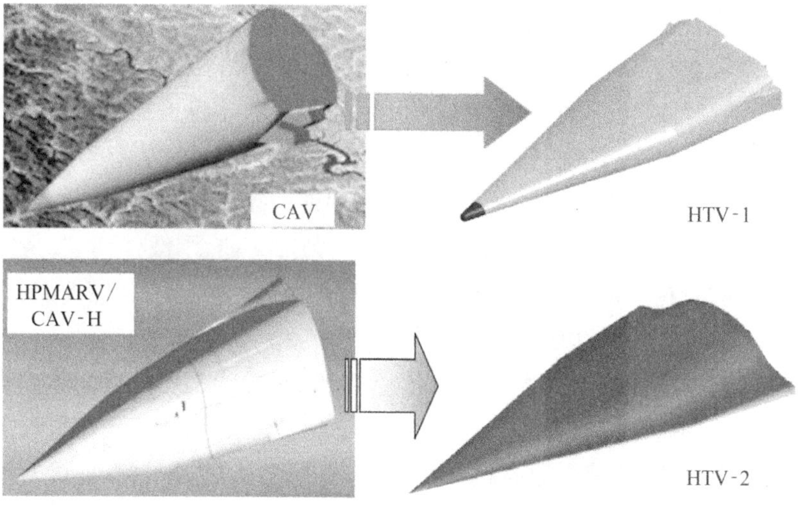

图 5.41　CAV 与 HTV 系列的发展继承

2010~2011 年,HTV-2 两次飞行试验失败表明,HTV-2 所采用的尖前缘类乘波体外形仍然过于先进,对高超声速飞行中所产生的气动、控制、防热等耦合问题尚存在认识不足。因此,DARPA 开展了 IH 计划,以解决 HTV-2 遗留的气动、控制、防热等问题。在 HTV-2 外形基础上,IH 的试验飞行器 HX 气动外形采用扁平的升力体构型,同样具有尖锐的端头和前缘、较薄的机身横截面和平滑的表

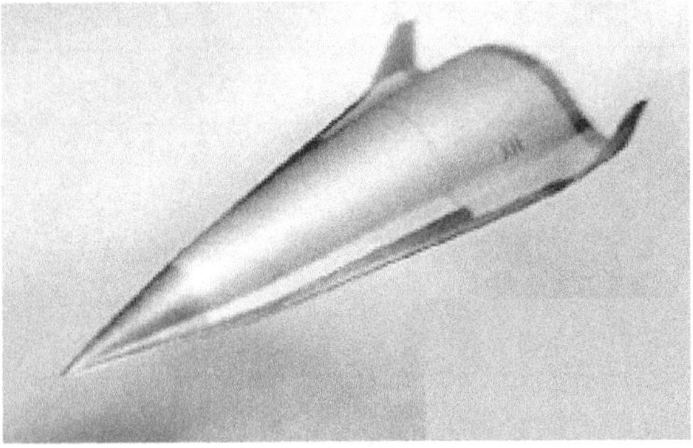

图 5.42 HX 的气动构型方案设想

面,但在机身两侧增加了升力面及控制面,提高横侧向稳定性。其升阻比将比 HTV-2 提升 20%,采用 3 轴气动控制等一系列创新或优化的控制方法,使飞行包线扩展至原来的 2 倍。虽然 IH 最终没有试验即宣告下马,但是 HX 在类乘波体外形(图 5.42)设计上进行了改进,使得外形更加合理,对未来高超声速飞行器高升阻比气动外形设计提供了借鉴。

实际上,2009 年至今,世界各国密集开展了高超声速滑翔飞行器的技术研究,提出了多种高升阻比气动构型方案,主要围绕尖前缘类乘波体构型及圆锥体构型进行设计。这个时期,美国完成了圆锥体构型 AHW 项目的三次飞行试验,并在首次与第三次飞行试验中取得了成功。相比 HTV-2,AHW 的试验结果充分说明了虽然圆锥体构型在升阻比上不如类乘波体外形,但是在气动、控制、防热等方面较类乘波体外形具有较高的成熟度,更易实现,这也正是美国一直没有放弃圆锥体构型设计路线的主要原因。

总体而言,从 20 世纪 50 年代至今,高超声速滑翔飞行器气动外形经历了近 70 年的发展历程,从钝头体、细长体,逐步演变为圆锥体、乘波体构型,为发展不同射程需求的高超声速滑翔飞行器提供了可行的气动外形方案(图 5.43)。

2. 高精度气动特性预示技术

高精度气动特性预示技术是伴随高超声速飞行器的发展而逐渐形成的适用于高超声速流动特征预测与分析的方法。从 20 世纪 50 年代开始,先后发展了多种数值模拟方法,并建立起高超声速地面试验模拟设施,推动了高精度气动特性预示技术的发展。

1) 数值模拟

为满足当今和未来航空航天飞行器高空机动飞行和再入突防等需求,高超声速飞行器的外形日趋复杂化,使得飞行器在穿越大气层时,高超声速流动的气动环境复杂,使它呈现出不同于亚声速、跨声速、超声速流动的新特点,即具有高密度比、薄激波层和高熵层,同时具有可支配整个流场的强黏性效应、高温效应、低密度效应与低雷诺数效应。传统的一些数值模拟方法及模型可能不再适合,

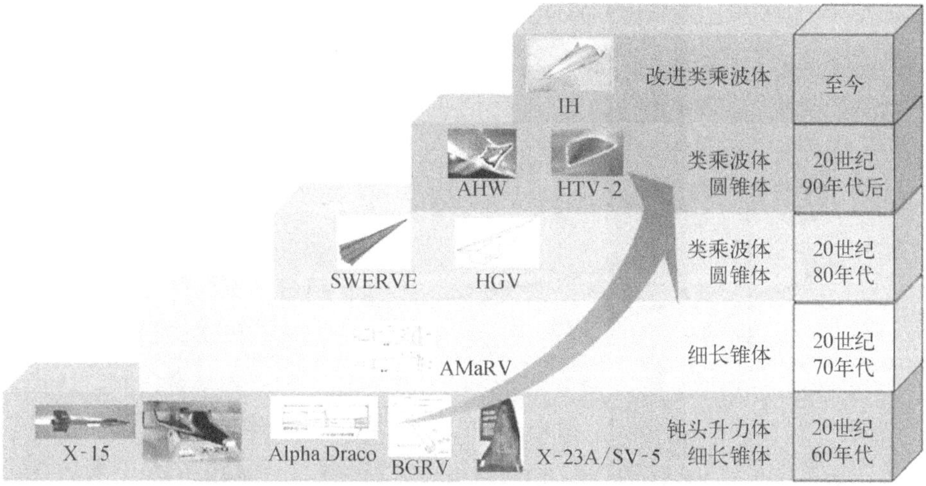

图 5.43　高超声速滑翔飞行器气动外形发展历程

在流动变化剧烈的区域，流动连续性假设不再成立，需要考虑高温真实气体效应、化学非平衡效应、湍流流动及流固热多场耦合等问题，建立高超声速环境下新的物理模型，准确求解与预测和高超声速飞行器直接相关的气动力热特性。

准确模拟高超声速飞行器的流动特征，是全面掌握高超声速飞行器气动力热特性，指导气动外形、防隔热、控制等设计的重要参考，从 20 世纪 50 年代开始，先后形成了基于牛顿流理论的高超声速无黏流场分析方法、基于求解 Euler 方程的高超声速无黏流场精确计算分析方法、基于求解 N-S 方程的高超声速黏性流场计算分析方法等数值模拟方法。

基于牛顿流理论的高超声速无黏流场分析方法在高超声速飞行器发展早期发挥了重要作用，成功用于对钝头体再入飞行器的气动力评估，易于编制程序，计算速度极快，但精度存在不足且无法处理复杂流动现象。基于求解 Euler 方程的高超声速无黏流场精确计算分析方法主要用于气动布局的初步选型优化阶段，用于快速迭代获得初始布局方案。基于求解 N-S 方程的高超声速黏性流场计算分析方法计算精度高，可以分析复杂流动现象，是应用最广泛的高超声速绕流流场分析方法。

近年来，数值计算所求解的控制方程已经从最初的欧拉方程、各种简化 N-S 方程到现在成为主流的全 N-S 方程。气体热化学状态的耦合计算也已经从热化学平衡模型发展到各种热力学、化学非平衡模型，所考虑的化学反应模型已经达到数百个组元和数千个反应式。对于高超声速绕流流场的数值模拟，现有的大多数 CFD 计算方法在气动力的计算中都能够给出令人满意的结果，可以较好地刻画流场动力学特性。但不同的计算方法在不同区域表现不尽相同，对流场流动细节的捕捉，也存在差异。

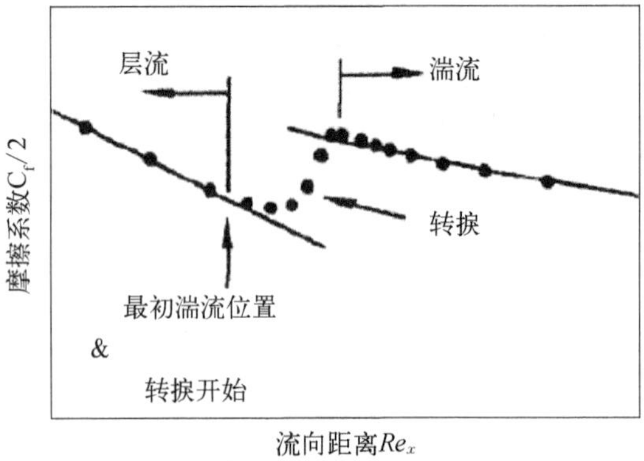

图 5.44　转捩过程摩擦系数的变化

在高超声速飞行器的设计中，层流-湍流转捩是数值模拟中非常重要的工作，因为湍流边界层使热流和壁面摩擦力局部增加(图 5.44 是转捩过程摩擦系数的变化)，而转捩位置受到许多因素的影响且难以预测。高超声速边界层转捩问题的数值计算方法分为直接数值模拟(DNS)方法、大涡模拟(LES)方法、雷诺平均 N-S 方程方法(RANS)、基于涡通量方程的方法及耦合方法，如图 5.45 所示。

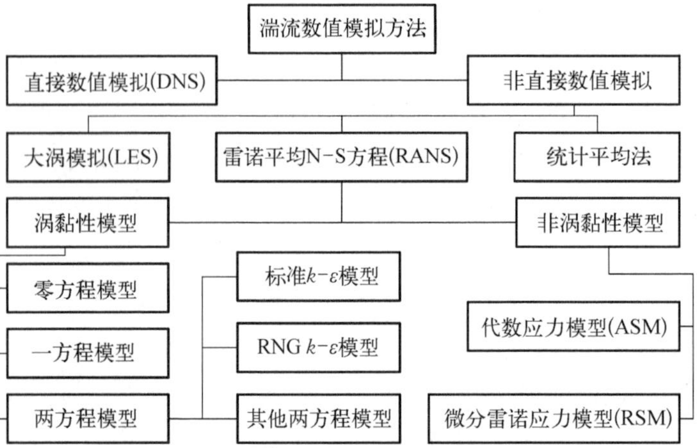

图 5.45　湍流数值模拟方法及湍流模型分类

随着计算机技术的发展与应用，已建立的多种数值计算方法得以通过各种模型各异、复杂程度不同的高超声速 CFD 软件工具进行应用，这些 CFD 软件工具在飞行器气动性能分析、多学科多目标优化设计、气动/飞行性能评估等方面发挥了重要作用，并呈现集成化、网络化、系统化现象，比较典型的是数值风洞系统。数值风洞系统是利用计算流体力学的理论和方法，以 CFD 求解器计算结果为依据，以用户界面、网络、数据库技术为系统组织工具，在计算机上模拟结构周围流场的变化,并求解结构表面气动力热载荷及气动特性。数值风洞采用了先进的网格生成技术、数据库技术和交互图形技术进行外形数据的前置处理,集成了 CFD 技术。模拟模型不受形状及尺寸限制,可以完全排除包括洞壁干扰和支架干扰在内的物理干扰,与真实风洞相比,大大缩短了吹风周期,有效提高了效率,节省了大量的前期设计和风洞试验费用。

2）风洞试验

高超声速滑翔飞行器飞行试验前,必须要经过地面风洞试验的考核,以对气动外形在高超声速飞行环境中气动力热特性进行评估、预示,为实际飞行提供参考。经过长期的研究和实践,美国发展了较为完善的气动力/热风洞试验设施。

在常规高超声速风洞方面,美国阿诺德 9 号风洞(图 5.46)试验段直径为 1.52 m,可以实现马赫数 7~14 的模拟,它集中了常规高超声速风洞和激波风洞的优势,可以在高压下运行 1 s,低压下运行 15 s,并具备高级的流场诊断和测量技术,如温敏/压敏涂料、高频压力传感器及聚焦条纹成像设备等,可开展常规气动力/热、边界层转捩及空间流场测量等试验研究。在激波风洞方面,美国的 LENS 系列风洞最大模拟速度可达马赫数 18,总温高达 8 000 K,其速度/高度模拟范围能基本覆盖航天飞机的飞行走廊,可开展激波/边界层干扰、飞行器气动力/热特性、表面催化效应和气动光学特性等研究工作。另外,依据任务需求发展了各类特种风洞,如脉冲风洞、静音风洞、等离子体风洞、低密度风洞等,基本覆盖了目前高超声速飞行器的飞行条件,可满足高超声速飞行器复杂流动的特

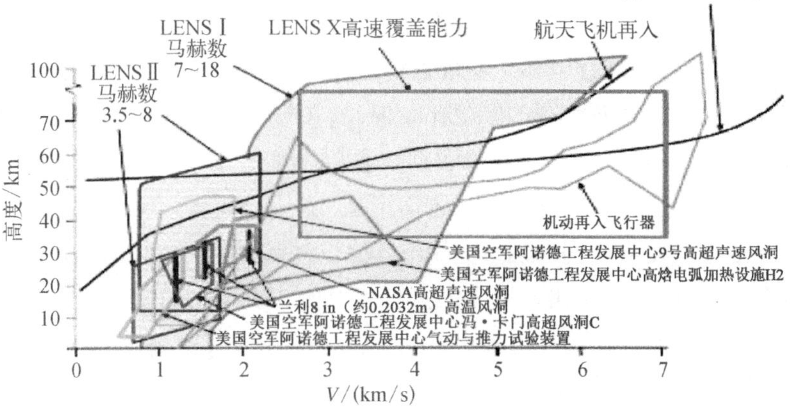

图 5.46　美国高超声速风洞模拟能力

殊条件下气动力/热验证需求，支撑了高超声速飞行器技术的发展。

3. HTV-2 气动布局及气动特性预示

1）HTV-2 气动布局

出于保密方面的原因，HTV-2 详细的气动布局（图 5.47）一直未对外公布。但是，公开资料显示，HTV-2 采用了类乘波体气动布局，洛克希德 · 马丁公司在设计时采用了一种“吻切流场乘波体设计方法”，用以实现飞行器在高超声速飞行区域的高升阻比气动特性。HTV-2 前缘较尖，具有大后掠特征，后缘布置有扩张式机身襟翼与 RCS 控制机构。这种气动布局提供了非常高的升阻比，以及较大范围的横向机动能力。

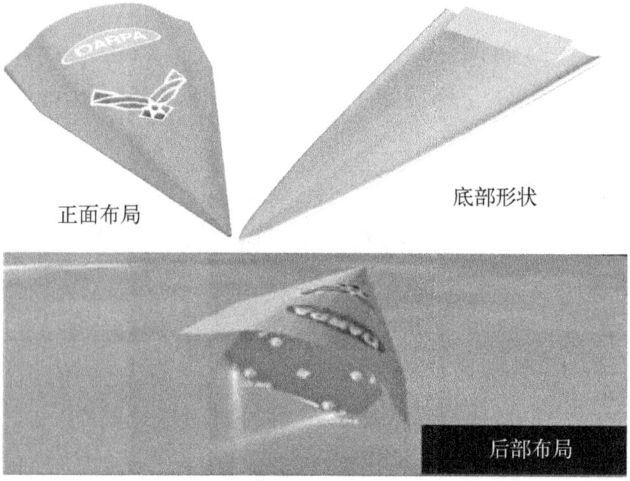

图 5.47 HTV-2 的气动布局

HTV-2 气动布局的核心是高升阻比气动布局的设计技术。HTV-2 作为高超声速滑翔飞行器，其设计目标是实现远程快速到达并具有大范围横向机动能力，这就要求飞行器必须有较高的升阻比。但是，飞行器在高超声速飞行时，其周围流场中会产生很强的激波与波阻，而且边界层厚度通常与飞行马赫数的平方成正比，这又会引起很大的摩擦阻力，进而形成“升阻比屏障”，致使飞行器气动布局设计要考虑的要素之间矛盾多，高升阻比设计难度大[17]。另外，与传统弹道式飞行器不同，HTV-2 要在大气层内进行长达 3 000 s 的滑翔飞行，热载荷累积效应要求其气动布局设计在追求高升阻比的同时充分考虑热环境。

2）数值模拟

在影响 HTV-2 气动布局设计的多种要素中，高超声速条件下边界层的稳定性及层流-湍流转捩研究对于飞行阻力、表面加热等有很大影响，其主要挑战包括在有激波、高温气体效应和非光滑物体表面且难以量化粗糙度分布、烧蚀、表面化学现象及典型的未知自由流扰动环境的情况下，至今难以精确而有效地预测和控制转捩及湍流边界层，目前还没有一个地面试验设备能准确、可靠地评估高超声速流转捩现象（低噪声、高马赫数、高转捩雷诺数、高焓值，图5.48）。因此，美国根据HTV-2的设计需求，在启动地面试验之前，洛克希德·马丁公司和明尼苏达大学开展了独立的CFD计算。通过数值模拟进行了大量的研究工作，开发了一系列应用程序，并用现有的地面和飞行试验数据反复进行验证。

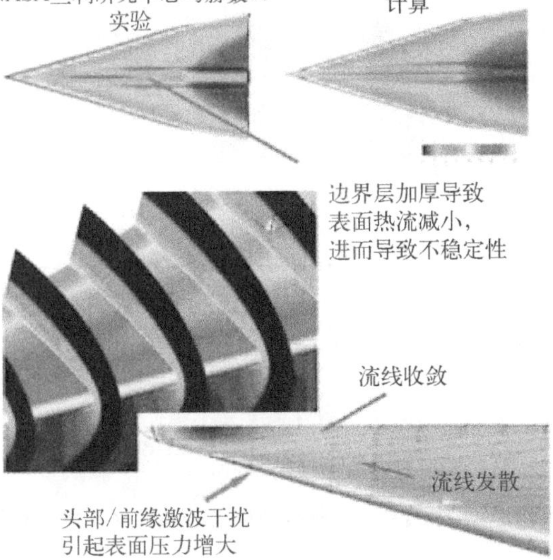

图5.48　HTV-2前体上关键现象的数值模拟

即使这样，HTV-2的飞行试验仍然没有取得成功，在HTV-2首次飞行试验后，其项目主管舒尔兹（Schulz）承认在马赫数20飞行条件下飞行器的空气动力学现象尚存在认识上的盲区。

3）风洞试验

DARPA的主管雷吉纳·杜根（Regina Dugan）表示，HTV-2的研制主要面临三大技术挑战，即气动力问题，气动热和热防护问题，制导、导航与控制问题。因此，根据DARPA战术技术办公室的Steven H. Walker博士介绍，HTV-2开展了大量地面风洞试验研究工作。

在整个研究过程中，HTV-2开展了大量的气动力/热地面试验工作。这些试验由 DARPA 和 AFRL（美国空军研究实验室）资助，分别在 NASA 兰利研究中心的 20 in（约 0.508 m）风洞（马赫数 6 试验）和 31 in（约 0.787 4 m）风洞（*Ma*10 试验）、卡尔斯潘大学布法罗研究中心（CUBRC）的 LENS 风洞、普渡大学的静音风洞和 AEDC 的 9 号风洞中进行。试验条件在马赫数 6~16 变化，获得的试验数据可用来估算 HTV-2 的转捩位置。在上述风洞中进行的试验技术还包括气动热显示技术。图 5.49 为进行过 HTV-2 地面试验的几座风洞设备。

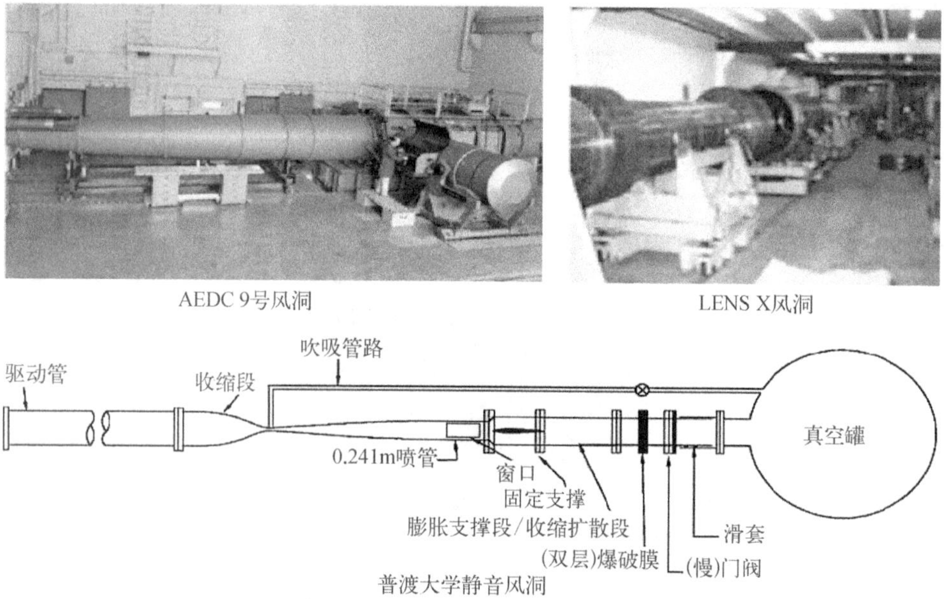

图 5.49　HTV-2 进行过地面试验的几座风洞设备

NASA 兰利研究中心的两座风洞尺寸较小，其运行时间较长，最高马赫数达到 10，HTV-2 在其中主要开展空气动力特性、气动热物理和最基础的高超声速物理现象的研究。LENS 风洞包括 LENS Ⅰ、LENS Ⅱ 和 LENS X 三座设备，尺寸较大，喷管最大出口尺寸达 1.524 m，运行时间很短，最长仅为 100 ms，HTV-2 在 LENS 风洞中主要开展边界层转捩等非定常特性的测量，并预测激波/湍流边界层干扰区域的大小及其特性。

在 LENS Ⅰ 风洞中，获得了马赫数 10~18、飞行雷诺数状态下的高分辨率测力数据和详细的测热数据（图 5.50），利用这些数据研究了飞行器表面的层流、转捩和湍流；测量了 HTV-2 飞行器的力和力矩，确定了小的不稳定滚转和偏航力矩的幅度及引起失稳的流体动力学现象，测量中采用的是精确的加速度补偿测力天平，并结合了表面压力和传热测量结果；利用 LENS Ⅰ 风洞测量结果，研

图 5.50　LENS Ⅰ风洞中的 HTV-2 模型

究了一定飞行器姿态和襟翼偏转构型范围内，非对称转捩、表面粗糙度和侧滑对非对称表面载荷和失稳力的影响。

普渡大学的静音风洞是目前世界上唯一运行的高超声速静音风洞，其最长运行时间可达 9 s，HTV-2 在此风洞中进行了静音条件下（接近飞行条件）高超声速流转捩的测量[18,19]。AEDC 的 9 号风洞尺寸较大，试验时间较长，能提供 5 种试验马赫数，马赫数最大值达 16.5，它是 HTV-2 进行气动布局、气动力/热试验的主力设备，HTV-2 在其中进行了大量的高马赫数、高雷诺数条件下气动力和气动热试验，是 HTV-2 地面试验数据的主要提供源。图 5.51 中第二张照片为 HTV-2 模型进行风洞试验的情况。

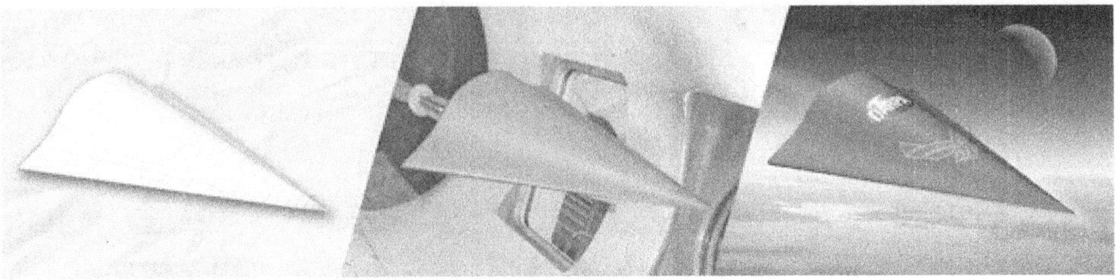

图 5.51　HTV-2 模型进行数值计算、风洞试验及飞行试验的效果图

5.4.3　借鉴与启示

HTV-2 的类乘波体气动布局是在满足射程要求的前提下，多专业、强约束耦合设计的方案，也是多年气动布局设计探索优选的结果，其尖前缘、大后掠、薄机身，以及仅靠后缘襟翼与 RCS 控制的设计方案，在世界高超声速设计史上都是大胆和高明的，是一次重大创新，并创造了这种高升阻比类乘波体布局飞行试验的纪录。

但是，再好的气动布局总是需要飞行试验验证才能真正地证明自己，而为了飞行的安全与可控，准确的气动特性预示是必不可少的，尤其是对于 HTV-2，飞行速度达马赫数 20 以上，飞行过程中气动力热耦合严重，化学反应、真实气体效应变得越来越重要，也存在更多的不确定性。经过分析 HTV-2 飞行试验失败原因可知，尽管飞行试验前进行了大量的数值模拟与地面风洞试验，但是仍然无法预估飞行过程中出现的滚转发散问题。

从 HTV-2 飞行试验失败中可以得到如下启示。

（1）高超声速流动的数值模拟与地面风洞试验在气动特性预示方面还存在模拟能力不足，都不能完全模拟真实的飞行状态，正在发展的物理建模、模拟方法仍需经过飞行试验进一步验证；

（2）HTV-2 类乘波体气动布局设计过于追求高升阻比极限，这种布局带来的是控制能力不足的问题，实际飞行中一旦超出设计极限，就会出现控制失稳，如 HTV-2 在首飞试验中遇到的问题，难以工程应用。

5.5 风云人物 · 大事记

2010 年 4 月 22 日，DARPA 开展了 HTV-2 首次飞行试验，HTV-2 从范登堡空军基地由轻型“米诺陶 4”火箭助推发射，在火箭起飞 9 min 后，HTV-2 的遥测数据出现中断，随后与地面失去联系，此次高超声速技术验证试验最终失败。

2011 年 8 月 11 日，DARPA 执行了 HTV-2 的第二次飞行试验，同样在范登堡空军基地由轻型“米诺陶 4”火箭发射升空。但是，HTV-2 在进入滑翔阶段后出现异常，遥测信号中断，HTV-2 与地面失去联系，第二次飞行试验宣告失败。

2011 年 11 月 17 日 6:30（美国东部时间），美国陆军航天与导弹防御司令部/陆军战略司令部（SMDC/ARSTRA）成功执行 AHW 计划的首飞试验。

2016 年 10 月 25 日，俄罗斯国防部报告称，Yu-71 首次完全飞行试验成功。

2017 年 10 月 30 日凌晨 3 点，美国海军在夏威夷考艾岛太平洋导弹试验场成功完成了“飞行 1 号”（FE-1）的首次飞行试验。

参考文献

[1] 凌云."美利坚"轰炸机项目(下)——HoⅧ飞翼轰炸机与"银鸟"空天轰炸机.国际展望，2006,(8)：64-69.

[2] 关世义.钱学森与现代飞行力学.战术导弹技术,2009,(6)：1-8.

[3] 关世义.基于钱学森弹道的新概念飞航导弹.飞航导弹,2003,(1)：1-4.

[4] 李文正,吕剑,冷洪霞,等.X系列飞行器.哈尔滨：哈尔滨工业大学出版社,2004：278-290,311-315.

[5] Campbell C, Caram J, Li C, et al. Aerothermodynamic environment definition for an X-23/X-24A derived assured crew return vehicle. California：Thermophysics Conference, 2013.

[6] 屈聪颖,钱宏庆.美国助推滑翔武器发展分析.战术导弹技术,2015,(4)：1-4.

[7] 张绍芳,武坤琳,张洪娜.俄罗斯助推滑翔高超声速飞行器发展.飞航导弹,2016,(3)：20-22.

[8] 甄华萍,蒋崇文.高超声速技术验证飞行器HTV-2综述.飞航导弹,2013,(6)：7-13.

[9] Wright, David. Research note to hypersonic boost-glide weaponsby James M. Acton：Analysis of the boost phase of the HTV-2 hypersonic glider tests. Science & Global Security, 2015, 23(3)：220-229.

[10] Walker S, Sherk J, Shell D, et al. The DARPA/AF falcon program：The hypersonic technology vehicle #2(HTV-2) flight demonstration phase. Dayton：Aiaa International Space Planes & Hypersonic Systems & Technologies Conference. 2008.

[11] 战培国.美国陆军先进高超声速武器气动问题分析.航空科学技术,2015,26(01)：7-11.

[12] 尹昌平.共注射RTM制备承载/隔热/防热一体化复合材料.长沙：国防科学技术大学,2009.

[13] 杨亚政,杨嘉陵,方岱宁.高超声速飞行器热防护材料与结构的研究进展.应用数学与力学,2008,(1)：47-53.

[14] 王璐,王友利.高超声速飞行器热防护技术研究进展和趋势分析.宇航材料工艺,2016,46(1)：1-6.

[15] 苏芳,孟宪红.三种典型热防护系统发展概况.飞航导弹,2006,(10)：57-60.

[16] 郭朝邦,牛文,李文杰.HTV-2热防护系统及热结构技术研究进展.飞航导弹,2012,(1)：92-98.

[17] 韩洪涛,王友利.美国HTV-2及相关基础项目对转捩问题的研究.飞航导弹,2015,(1)：38-44.

[18] 韩洪涛,王友利.2013年国外高超声速技术发展回顾.中国航天,2014,(3)：15-20.

[19] Larson H K, Mateer G G. Unusual boundary-larer transition results on cones in hypersonic flow. AIAA Journal, 1969, 7(4)：5459-5462.

第 6 章

民用高超声速航空展望

自 1950 年开始,随着亚声速喷气式客机的普及,以及第一种实用化的超声速军用飞机——F100“超佩刀”战斗机的出现,超声速客机在当时被普遍视为未来的发展方向,苏联、英国、法国、美国都相继计划研发超声速客机。图波列夫图-144和“协和号”成为世界上少数曾投入商业使用的超声速客机。虽然坠机事故的发生,使得超声速客机黯然退出了航运市场,但人类追求高超声速运输的脚步自 20 世纪中期至今,未曾停止。

6.1 超声速客机

6.1.1 图波列夫图-144 飞机

图波列夫图-144 原型机(图 6.1)于 1969 年 5 月 20 日在莫斯科/谢列梅耶沃机场公开亮相,其首席设计师由苏联航空先驱安德烈 · 图波列夫的儿子阿列克谢 · 图波列夫担任,在研究了超过 100 种超声速客机气动布局后锁定三角翼布局,1970 年 6 月 1 日,图波列夫图-144 第一次超声速飞行;同年 7 月 15 日,CCCP-68001 原型机飞出了图波列夫图-144 的最快速度——马赫数 2.35,打破了世界纪录。该原型机在 1973 年 4 月 27 日进行了最后一次飞行,此时该原型机已经飞行了 120 次,累计飞行 180 h(包括 50 h 超声速飞行)。

试飞显示图波列夫图-144 原型机存在一些严重缺陷,机身下方的发动机舱尾喷管会产生振动,即便是钛合金制造的机身也无法承受。重新设计后的图波列夫图-144S 不仅升级了 NK-144F 发动机,还把发动机舱改为成对分置于机翼下方,同时把机身拉长,侧面舷窗从 25 个增加到 34 个,并有了全新的圆形截面。机鼻和雷达系统的设计也有所改进,辅助动力装置从尾部移到了右侧发动机舱

图 6.1　图波列夫图−144 原型机

内。图波列夫图−144S 最引人注目的改进是增加了一副可收放前翼(图 6.2)，位于驾驶舱后上方，在低速时可向前展开以配平机翼后缘升降副翼下偏增升时产生的低头力矩。

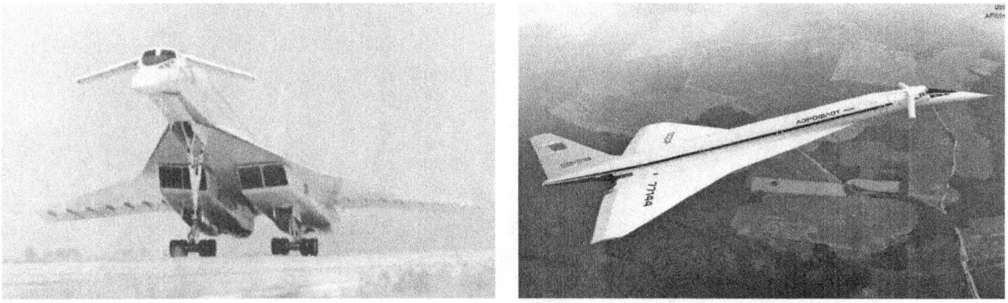

图 6.2　增加可收放前翼的生产型图波列夫图−144S

第一架图波列夫图−144S CCCP-77102 于 1972 年 3 月 20 日在茹科夫斯基首飞。一个月后，该机以超声速从莫斯科飞到了塔什干，耗时 110 min。

1973 年的巴黎航展上图波列夫图−144 与“协和号”正面争锋(图 6.3)，却以坠毁收场。这次飞行大部分时间以超声速进行。在航展最后一天的 1973 年 6 月 3 日，为了在表演上超过“协和号”，机长科兹洛夫起飞后就大角度爬升，然后做了一个放下起落架、襟翼和鸭翼的超低空通场，再开加力陡峭爬升。结果图波列夫图−144 在 910 m 高度陷入麻烦，机鼻下倾导致飞机迅速向地面俯冲。科兹洛夫全力拉起,但过载超过了机身的承受限制,导致左翼折断,飞机坠机爆炸。

飞机坠毁在古桑维尔村,距离 27 年后法国航空“协和号”4590 号航班的坠机地点不到 7 km。古桑维尔村变成了地狱,一台 NK-144 发动机横在花园中燃烧,一块机翼残片落入市政厅庭院,驾驶舱砸毁了一座房屋,燃烧的油料在街道上流淌,引燃了房屋和汽车。这次事故导致图波列夫图-144 机组和地面 8 名村民遇难,此外有六十多人受重伤。图波列夫图-144S(CCCP-77102)的残骸如图 6.4 所示。

图 6.3　巴黎航展上图波列夫图-144 与“协和号”正面争锋

图 6.4　图波列夫图-144S(CCCP-77102)的残骸

6.1.2　“协和号”飞机

“协和号”飞机(concorde)(图 6.5)是由法国宇航和英国飞机公司联合研制的中程超声速客机,它和苏联的图波列夫图-144 同为世界上少数曾投入商业使用的超声速客机。

图 6.5　“协和号”飞机

1969 年,第一架“协和号”超声速客机诞生,并于 1976 年 1 月 21 日投入商业飞行。主要用于执行从伦敦希思罗机场(英国航空)和巴黎夏尔·戴高乐国际机场(法国航空)往返于纽约肯尼迪国际机场的跨大西洋定期航线。普通亚声速民航客机由纽约飞往巴黎需要花上 8 h,但“协和号”飞机完成同样旅程仅需要 3.5 h,平均巡航速度达马赫数 2.02,最高巡航高度为 18 300 m,其速度比普通飞机快两倍。因此,虽然票价昂贵但仍然深受商务旅客的欢迎(一张伦敦至纽约的来回票价逾九千美元)。1996 年 2 月 7 日,“协和号”飞机从伦敦飞抵纽约仅耗时 2 h 52 min 59 s,创下了航班飞行的最快纪录。

“协和号”飞机机翼设计为三角翼,三角翼的特点为失速临界点高,飞行速度可以更快,能有效降低超高速抖动时的问题。“协和号”四具引擎更配备了一般在战斗机上才看到的后燃器(Olympus593, Rolls-Royce)。这架飞机具有“变形”的特点:其一是在马赫数 2 飞行速度时,空气摩擦使其机体产生高热,因热胀冷缩效应,“协和号”在飞行时机身可变长约 24 cm;其二是其可变式机鼻,在飞行时利于高速切开空气,在起降时,机鼻可以向下调 5°~12°以利于飞行员的视野。

“协和号”飞机的巡航速度比晨昏线(solar terminator)的移动速度更快,使它能够追上和超越地球的自转。在西行航线上,以当地时间计算,抵达时间往往比起飞时间早。由巴黎或伦敦飞往美国方向的班机若在日落后起飞,可于中途追上太阳,在驾驶舱中就能看到太阳从西边升起的景象,英国航空亦以这个情形来宣传,推出口号“出发前就到达”(arrive before you leave)。

2000 年 7 月 25 日,法国航空 4590 号班机空难发生。一架“协和号”飞机在巴黎戴高乐机场起飞 2 min 后起火坠毁,机上 100 名乘客,9 名机组成员全部遇难,地面另有 4 名受害者。根据事后调查,“协和号”飞机在进行起飞时碾过了跑道上一架美国大陆航空的 DC-10 发动机脱落的金属片,造成爆胎,而轮胎破片高速击中机翼中的油箱之后引发失火,导致飞机于起飞数分钟坠毁。这是“协和号”超声速客机运营过程中唯一造成人员伤亡的重大事故。至此,“协和号”飞机 25 年的安全飞行无伤亡记录被终结。

图 6.6 经泰晤士河运送的最后一架“协和号”客机

此次失事促使“协和号”飞机制造商重新改造机体设计,并修补缺陷,甚至利用制造防弹衣原料 Kevlar 纤维来保护油箱,以避免油箱再次遭到高速的异物击穿。尽管如此,但整个失事过程都被民众拍摄下来,造成社会大众心理上的严重影响,不论这种飞机以往声望有多高,仅一次失事就让“协和号”飞机从此一蹶不振。虽然“协和号”客机在 2001 年 11 月重新启航,但载客量一直严重不足。因为航空公司亏损严重,所以“协和号”客机终于在 2003 年退役,最后一架“协和号”客机,被运往苏格兰航空博物馆(图 6.6)。

6.2 德国航空航天中心航天班机

从世界上的某个大型商业中心到地球上另一个大型聚集地的超远程旅行是一个庞大的市场。自从“协和号”飞机停止运营后,洲际旅行只能采取亚声速的漫长飞行方式。在未来高速洲际客运飞行器领域,用来替代吸气式高超声速客机的一个有趣的备选方案可能就是火箭推进的亚轨道飞行器。

2005 年,德国航空航天中心提出了一种基于两级可重复使用运载火箭的新型"航天旅游"概念,称为"太空航班"(SpaceLiner)。该项目旨在发展一种可重复使用的亚轨道高超声速客机,载客 50~100 人,以火箭发动机为动力,如欧洲-澳大利亚的超远程距离只需 90 min 的飞行时间。另一种吸引人的洲际航线是从欧洲到美国西北部地区,而飞行时间可以缩短到约 1 h。自首次被提出后,航天班机一直在持续发展中,已经提出多种航天班机构型,其中,最新且性能最好的构型为 SpaceLiner 7,如图 6.7 所示。

图 6.7　航天班机两级空天飞机的一种构型方案

SpaceLiner 7 第一级为重复使用助推器,其长度超过 82 m,上弯三角翼翼展长为 36 m,且尾缘较厚,采用 9 台液氢液氧分级燃烧火箭发动机;第二级为滑翔飞行器,长为 65 m,锐前缘三角翼翼展为 33 m,在无襟翼偏转及完全湍流边界层情况下,马赫数 14 以下高超声速段最大升阻比可达 3.5,采用 2 台分级燃烧火箭发动机,发动机预期工作时间达 450 s。在起飞时,滑翔飞行器固定在助推器背部,以避免机翼之间的气动耦合,在同时助推器返回时,燃料交叉供给系统处于高超声速流区之外。

航天班机主要执行全球"点对点"人员运输任务,助推器及滑翔飞行器均不进入空间。在发射时,11 台火箭发动机同时点火;助推器与滑翔飞行器爬升至 75 km 高度处分离,此刻滑翔飞行器速度约为 4 000 m/s;滑翔飞行器继续加速至 7 000 m/s 的最大速度,高度约为 80 km,此后开始以相对平滑的轨迹飞往目的地;最后,滑翔飞行器如常规飞机在跑道上降落。在助推器进入稠密大气层后,由高超声速飞机在空中捕获,并拖回发射点,释放后助推器自主滑翔并降落在跑道上。

航天班机采用相对成熟的火箭发动机为动力，主要技术挑战在于高速再入过程中所需的热防护系统及结构材料的制备。相比其他以组合循环发动机为动力的可重复使用运载系统，航天班机助推系统更容易实现。航天班机滑翔飞行器机制与 HTV-2 等相似，但其更大的重量和体积使技术更加复杂，技术难度更大。

6.3 Space X 高超声速客机设想

2017 年 9 月 29 日，在阿德莱德举行的第 68 届国际宇航大会上，马斯克提出了一个大胆的、速度更快的、用高超声速火箭来执行航班的飞行设想。按照马斯克设想的火箭飞船（图 6.8），最大飞行速度为 27 000 km/h，旅客乘坐这种高超声速航班从纽约飞到上海只需 39 min，远远少于目前约 15 h 的直飞时间。从洛杉矶飞多伦多将只需 24 min，从伦敦飞迪拜只要 29 min，全球任意两点之间的飞行时间都将少于 1 h。

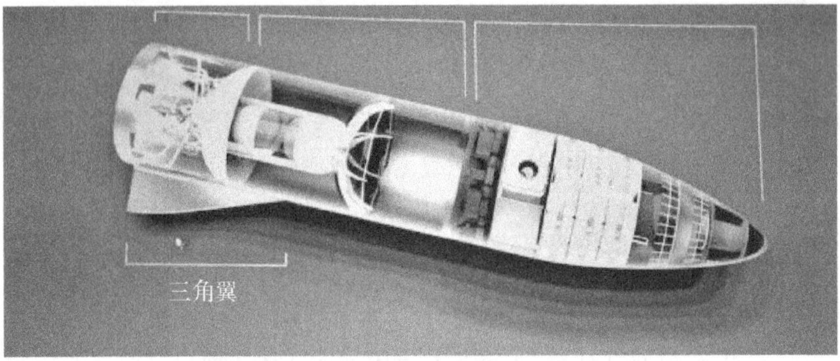

图 6.8　马斯克高超声速客机概念图

正如图波列夫图－144 首飞成功后，阿列克谢・图波列夫在接受苏联《青年技术》杂志采访时称，“让超声速客机飞起来很容易，但要满足客机的三个要求——效率、可靠性和舒适度却很难”。对于高超声速客机，同样存在这样的问题。首先是成本，以当前高超声速领域取得的成绩来看，实现高超声速飞行很简单，但高维护和运营成本，让航空公司盈利可没那么容易。马斯克称，“每张机票的价格应当与目前飞机上全价经济舱机票的价格差不多”。目前，东方航空纽约飞上海单程机票价格为 2 908 美元，要实现这一设想，马斯克确需克服障碍,这一点毋庸置疑。但是历史证明,新技术投入初期运营成本高昂,但随着技术进步和运营规模化,这些成本会逐步降低。“协和号”最大的遗憾,可能是没能熬到完成这一“廉价化转折”。其次是安全性,航空业素来保守,天然地将安全放在首位,高超声速客机出事故的概率要比普通飞机大。最后,还有噪声的问题,高超声速客机的噪声污染严重,以当前技术水平要通过噪声测试是不可能的。但是,当代科技高速发展,产业颠覆与技术淘汰飞快进行,高超声速技术已取得重大突破,其发展正在临界点上,如果更短的飞行时间带来的收益能够战胜运营成本,高超声速客机一定会有质的发展。毕竟,如果可以更快抵达,谁还会选择慢的方式。

附　表

航天飞机发射任务简表

“探险者号”(OV-101)
“探险者号”在 1977 年用于从改装的波音 747 客机顶部进行空中发射,目前陈列于华盛顿郊区的杜勒斯国际机场

“哥伦比亚号”(OV-102)			
任　务	时　间	任务信息	航　天　员
STS-1	1981.04.12	首次轨道飞行测试	约翰·杨和罗伯特·克里平
STS-2	1981.11.12	第二次系统测试;地球科学观测;试飞,检验航天飞机的各种性能和实际使用能力;试验加拿大机械臂的操作能力;开展寻找地球矿藏资源、测量太空污染情况和研究植物在失重下生长等活动	理查德·特鲁利和约瑟夫·恩格尔
STS-3	1982.03.22	第三次测试;科学实验;地球科学观测;试验航天飞机各个部位对高温和严寒的反应;观察在失重情况下几种昆虫的活动和几种植物的生长状况	杰克·洛斯马和查尔斯·富勒顿
STS-4	1982.06.27	美国国防部材料试验;再试加拿大机械臂的操作能力;进行材料加工试验和军用载荷考察	托马斯·马丁利和亨利·哈兹菲尔德
STS-5	1982.11.11	首次发射商业卫星(阿尼克 C-3 和 SBS-C)	万斯·布兰德、罗伯特·奥弗迈耶、约瑟夫·艾伦和威廉·勒努瓦

（续表）

“哥伦比亚号”（OV-102）			
任 务	时 间	任务信息	航 天 员
STS-9	1983.11.28	轨道实验室和观测平台/第一次太空实验室任务，搭载欧洲空间局的天空实验室-1上天，开展73项科学试验	约翰·杨、布鲁斯特·肖、罗伯特·帕克、欧文·加里欧特、拜伦·利希滕伯格（德国）和乌尔夫·默博尔德（德国）
STS-61C	1986.01.12	部署SATCOM KU-1通信卫星；开展20多项科学实验	罗伯特·吉布森、查尔斯·博尔登、张福林（弗兰克林·张-迪亚兹、第2位美籍华裔航天员）、比尔·纳尔逊、乔治·纳尔逊、史蒂文·霍利和罗伯特·森克
STS-28	1989.08.08	美国国防部两颗通信卫星（DSCS Ⅲ F-2和F-3）；进行有关“星球大战”计划的试验	布鲁斯特·肖、理查德·理查兹、戴维·利斯特马、马克·布朗和詹姆斯·亚当森
STS-32	1990.01.09	部署SYNCOM IV-F5同步通信卫星；回收长期辐照设施的人造卫星（见“挑战者号”STS-41C）	丹尼尔·布兰登斯坦、詹姆斯·韦瑟比、邦克·邓巴（女）、玛莎·伊文斯（女）和戴维·洛
STS-35	1990.12.02	天文学任务，施放1颗天文卫星	万斯·布兰德、盖伊·加德纳、约翰·朗奇、杰弗里·霍夫曼、罗伯特·帕克、罗纳德·帕里斯和萨穆尔·杜拉斯
STS-40	1991.06.05	生命科学太空实验室任务，首次载3名女航天员，在太空收集和测试航天员的血样、尿样和心、肺、肾功能，研究失重环境对男性和女性身体的影响	布里安·奥康纳、希德尼·古铁雷斯、詹姆斯·巴吉安、安德鲁·加夫尼、米丽·休斯-富尔德福（女）、塔玛拉·杰尼根（女）和蕾亚·塞登（女）
STS-50	1992.06.25	太空实验室微重力科学任务，开展31项科学实验	理查德·理查兹、肯尼思·鲍尔索克斯、邦尼·邓巴（女）、卡尔·米德、埃伦·贝克（女）、陈翔（尤金·陈，华裔）和芬伦斯·德卢卡斯

（续表）

任　务	时　间	任务信息	航　天　员
“哥伦比亚号”（OV-102）			
STS-52	1992.10.22	在太空施放意大利的激光地球动力卫星Ⅱ；进行微重力有效载荷实验	詹姆斯·韦瑟比、迈克·贝克、塔玛拉·杰尼根（女）、威廉·谢泼德、克芬尔·维奇和斯蒂文·麦克莱恩（加拿大）
STS-55	1993.04.26	搭载德国空间实验室 D-2 上天，进行 88 项实验	史蒂文·内格尔、特伦斯·亨里克斯、杰里·罗斯、查尔斯·普雷考特、贝纳德·哈里斯、乌里奇·瓦尔特（德国）和威廉·施勒格尔（德国）
STS-58	1993.10.18	太空实验室生命科学任务，载 48 只老鼠，研究动物从微重力条件回地球重力场后适应过程。另 11 项以航天员为研究对象，研究太空对人体影响	约翰·布拉哈、理查德·西尔福斯、雷亚·塞登（女）、威廉·麦克托尔、戴维·沃尔夫、香农·露西德（女）和马丁·费特曼
STS-62	1994.03.04	OAST-2 科学任务，搭载微重力空间实验室有效载荷-2 进行 11 项空间科学与技术实验，进行第 2 次天文观测与空间技术实验，试验新型机械臂控制系统	约翰·卡斯帕、安德鲁·艾伦、查尔斯·吉马、普勒里·索特和玛莎·伊文斯（女）
STS-65	1994.07.08	太空实验室国际微重力科学任务，携带国际微重力空间实验室-2 上天，开展 82 项空间微重力条件下的医学生物学、生命科学和材料科学实验	罗伯特·卡巴纳、詹姆斯·哈塞尔、卡尔·沃尔兹、理查德·希布、焦立中（莱罗伊·焦，华裔）、多纳尔德·托马斯和向井千秋（女，日本）
STS-73	1995.10.20	太空实验室微重力科学任务，搭载微重力空间实验室-2 上天，进行材料科学、生物技术、流体物理学和燃烧学等多项实验	肯尼思·鲍尔索克斯、肯特·罗明杰、卡塞琳·科莱曼（女）、弗雷德·莱斯利、凯塞琳·桑顿（女）、艾伯特·萨科和迈克·阿莱格里亚
STS-75	1996.02.22	在太空进行系绳卫星（TSS-1R）系统试验，搭载微重力空间实验室-3 进行多项微重力科学实验	安德鲁·艾伦、斯科特·霍洛维茨、张福林（华裔）、杰弗里·霍夫曼、克劳德·尼科利尔（瑞士）、莫利吉·彻利（意大利）和尤蒙伯多·古多尼（意大利）

（续表）

“哥伦比亚号”（OV-102）			
任 务	时 间	任务信息	航 天 员
STS-78	1996.06.20	太空实验室生命科学和微重力科学任务，在太空开展60项生命科学与微重力科学实验，创造航天飞机飞行17天的新纪录	特伦斯・亨里克斯、凯文・克里格尔、查尔斯・布雷迪、理查德・利纳罕、雅克・费韦尔、苏珊・赫尔姆斯（女）和罗伯特・塞斯克（加拿大）
STS-80	1996.11.19	自由飞行科学卫星，在太空部署并回收进行晶体外延试验的“尾流屏蔽装置”和轨道远紫外线光谱仪，试验未来空间站的组装技术。马斯格雷夫成为世界上首位年龄超过60岁上天的航天员	肯尼思・科克奈尔、肯特・罗明杰、斯托里・马斯格雷夫、塔玛娜・杰尼根（女）和托马斯・琼斯
STS-83	1997.04.08	太空实验室材料科学任务，搭载微重力空间实验室-1上天，在太空从事多项微重力科学实验。由于机上1台发电机发生故障，原定飞行16天，不得不提前12天返回地面	詹姆斯・哈塞尔、苏珊・斯蒂尔（女）、罗格・克劳茨、詹尼斯・沃斯（女）、迈克・格恩哈德、格里戈里・林特瑞斯和多纳尔德・托马斯
STS-94	1997.07.01	太空实验材料科学再飞行任务，在太空进行30多个项目的微重力科学实验	詹姆斯・哈塞尔、苏珊・斯蒂尔（女）、多纳尔德・托马斯、迈克・格恩哈特、詹尼斯・沃斯（女）、罗格・克劳茨和格里戈里・林特瑞斯
STS-87	1997.11.19	美国材料处理任务；在太空监测地球大气臭氧分布情况，施放斯巴达201－04自由飞行器	凯文・克里格尔、史蒂文・林德斯、温斯顿・斯科特、土井隆雄（日本）、列昂尼德・卡德纽克（乌克兰）和卡帕娜・乔娜（女，印度裔）
STS-90	1998.04.17	太空实验室最后的任务；执行神经科学任务，包括太空失重对人的神经系统影响的研究等26项生物医学实验项目	理查德・西尔福斯、斯科特・奥尔特曼、凯塞琳・海尔（女）、杰伊・布凯、詹姆斯・帕维奇克、理查德・林纳罕和戴夫・威廉姆斯（加拿大）
STS-93	1999.07.23	在太空施放钱德拉X射线观测望远镜	艾伦・科林斯（女）、杰弗里・阿斯拜、史蒂文・霍利、迈克・托格尼尼和卡塞琳・科莱曼（女）

（续表）

“哥伦比亚号”（OV-102）			
任　务	时　间	任务信息	航　天　员
STS-109	2002.03.01	哈勃空间望远镜服务任务，航天员 5 次出舱，第 4 次维修哈勃空间望远镜，更换电力控制装置和太阳能电池板，安装先进普查照相机和一套新的制冷设备	斯科特 · 奥尔特曼、杜安 · 凯里、约翰 · 格伦斯菲尔德、理查德 · 利纳罕、南希 · 柯里（女）、詹姆斯 · 纽曼和迈克 · 马西米诺
STS-107	2003.01.16	微重力研究任务，在太空进行 80 多项科学实验，其中包括中国女中学生提出的“蚕在太空吐丝结茧”实验项目。在完成 16 天预定飞行后，“哥伦比亚号”在返回途中爆炸解体，7 名航天员全部遇难	里克 · 哈斯本德、威廉 · 麦库尔、迈克 · 安德逊（黑人）、戴维 · 布朗、劳雷尔 · 克拉克（女）、卡帕娜 · 乔娜（女，印度裔）和伊兰 · 拉蒙（以色列）
“哥伦比亚号”与 2003 年 2 月 1 日在着陆前 16 min，在田纳西州以东失事，宇航员全部遇难			

“挑战者号”（OV-99）			
任　务	时　间	任务信息	航　天　员
STS-6	1983.04.04	部署跟踪与数据中继卫星－1（TDRS-1）；2 名航天员进行 1 次太空行走，练习在太空使用工具，模仿修理作业	保罗 · 韦茨、卡罗尔 · 鲍布科、斯托里 · 马斯格雷夫和唐纳德 · 彼得森
STS-7	1983.06.18	部署印度尼西亚和加拿大通信卫星；部署并回收 1 颗德国卫星；进行太空营救、维修失效卫星试验；美国第一位女性宇航员	罗伯特 · 克里平、弗雷德里克 · 豪克、约翰 · 费比恩、诺曼 · 萨加德和萨丽 · 赖德（女，第 1 位进入太空的美国女航天员）
STS-8	1983.08.30	部署印度多用途卫星－1B；第一次夜间发射和着陆	理查德 · 特鲁利、丹尼尔 · 布兰登斯坦、戴尔 · 加德纳、威廉 · 桑顿和盖恩 · 布鲁福德（第 1 位美国黑人航天员）
STS-41B	1984.02.03	美国和印度尼西亚通信卫星；载人机动设备；航天员麦坎德利斯和斯图尔特试验使用背负式机动装置进行空间独立行走；第一次肯尼迪航天中心着陆	万斯 · 布兰德、罗伯特 · 吉布森、罗纳德 · 麦克奈尔、布鲁斯 · 麦坎德利斯和罗伯特 · 斯图尔特

（续表）

“挑战者号”（OV-99）			
任 务	时 间	任务信息	航 天 员
STS-41C	1984.04.06	在太空抓获和维修 1 颗失效的“太阳峰年探测”卫星；施放 1 颗重 11 t 的科学实验卫星；携带了 3 300 只蜜蜂和 1 400 万粒植物种子上天	罗伯特·克里平、弗朗西斯·斯科比、格奥尔基·纳尔逊、詹姆斯·范霍夫坦和特里·哈特
STS-41G	1984.10	施放 1 颗地球辐射监测卫星；首次搭载 2 名女航天员	罗伯特·克里平、乔恩·麦克布赖德、萨丽·赖德（女）、凯瑟琳·沙利文（女，第 1 位实现太空行走的美国女航天员）、戴维·利斯特马、马克·加诺（加拿大）和保罗·斯卡利鲍尔
STS-51B	1985.04.29	施放 2 颗小型卫星，其中 1 颗未能施放出去而带回地面维修；在空间实验室内进行 15 项科学实验，包括观察猴子和老鼠在失重条件下的饮食习惯和行为变化；王赣骏在太空利用自己研制的液滴动力测量仪进行了失重状态下流体动力学实验	罗伯特·奥弗迈耶、弗雷德里克·格雷戈里、威廉·桑顿、诺曼·萨加德、唐·林德、洛德维克·范登伯格和王赣骏（泰勒·王，第 1 位美籍华裔航天员）
STS-51F	1985.07.29	太空实验室太阳物理学任务，在太空进行 13 项科学实验，包括观测太阳表面剧烈爆发效应等；施放 1 颗进行发射电子束试验的小型卫星	戈登·富勒顿、罗伊·布里奇斯、安东尼·英格兰、卡尔·赫尼泽、戴维·巴托伊、洛伦·阿克顿和斯托里·马斯格雷夫
STS-61A	1985.10.30	太空实验室 D-1（第一个德国参与的太空实验室）；部署 1 颗小型军用卫星	亨利·哈兹菲尔德、史蒂文·内格尔、盖恩·布鲁福德、詹姆斯·布赫利、邦克·邓巴（女）、莱因哈德·弗雷尔（德国）、恩斯特·梅塞施米特（德国）和弗博·欧凯尔（荷兰）
STS-51L	1986.01.28	原计划部署跟踪与数据中继卫星-2和施放“斯巴坦-哈利”卫星，但“挑战者号”起飞 73 s 后爆炸失事，7 名航天员全部罹难	弗朗西斯·斯科比、迈克·施米特、朱迪·雷丝尼克（女）、埃森·鬼塚（日裔）、罗纳德·麦克奈尔、格里戈里·贾维斯和克里斯塔·麦考利夫（女）
1986 年的 1 月 28 日，约在点火发射后 73 s，右侧的固体火箭助推器发生爆炸导致宇航员全部遇难			

“发现号”(OV-103)			
任务	时间	任务信息	航天员
STS-41D	1984.08.30	部署 TELSTAR 3C 和 SYNCOM IV-2 通信卫星;对太阳电池板的灵活性和耐久性进行试验;用电泳装置从蛋白质中分离激素药物的实验	亨利·哈兹菲尔德、迈克·科茨、史蒂文·霍利、理查德·马伦、朱迪·雷丝尼克(女)和查尔斯·沃克
STS-51A	1984.11.08	部署加拿大阿尼克 D2 通信卫星,美国海军利萨特-1 通信卫星;营救、回收 2 颗失效的通信卫星	弗雷德里克·豪克、戴维·沃克、安娜·费希尔(女)、约瑟夫·艾伦和戴尔·加德纳
STS-51C	1985.01.24	第 1 次执行秘密的军事任,部署美国国防部的猎户座-1 信号情报卫星	托马斯·马丁利、洛伦·施赖弗、埃森·鬼塚(日裔)、詹姆斯·布赫利和加里·佩顿
STS-51D	1985.04.12	部署加拿大阿尼克 C3 卫星,美国海军利萨特-3 通信卫星;开展包括培育蛋白质晶体在内的 36 项科学实验	卡罗尔·鲍布科、唐纳德·威廉斯、查尔斯·沃克、雷亚·塞登(女)、杰弗里·霍夫曼、戴维·格里格斯和杰克·加恩
STS-51G	1985.06.17	部署 MORELOS-A, ARABSTA-A 和 TELSTAR-3D 通信卫星;施放 1 颗探测黑洞的斯巴坦-1 科学卫星;首次进行“星球大战”计划的激光反射试验	丹尼尔·布兰登斯坦、约翰·克赖顿、香农·露西德(女)、史蒂文·内格尔、约翰·费比恩、帕特里克·博德里(法国)和苏丹·萨勒曼·沙特亲王(沙特阿拉伯)
STS-51I	1985.08.27	部署美国 ASC-1 卫星,澳大利亚 AUSSAT-1 卫星,美国海军利萨特 2 通信卫星;维修 1 颗失灵的通信卫星;2 名航天员创造了太空行走和作业长达 7 h 的新纪录	约瑟夫·恩格尔、理查德·科维、詹姆斯·范霍夫坦、约翰·朗奇和威廉·费希尔
STS-26	1988.09.29	部署跟踪与数据中继卫星-C;进行了 11 项科学实验	弗雷德里克·豪克、理查德·科维、戴维·希尔默斯、乔治·纳尔逊和约翰·朗思奇
STS-29	1989.03.13	部署跟踪与数据中继卫星-D;进行热管效应试验和动植物生长实验;监测地球环境污染情况	迈克·科茨、约翰·布拉哈、詹姆斯·布赫利、詹姆斯·巴吉安和罗伯特·斯普林格

（续表）

“发现号”（OV-103）			
任 务	时 间	任 务 信 息	航 天 员
STS-33	1989.11.22	第5次秘密军事飞行，部署美国国防部猎户座2信号情报卫星	唐纳德·威廉斯、迈克·卡利、埃伦·贝克（女）、张福林（华裔）和香农·露西德（女）
STS-31	1990.04.24	部署哈勃空间望远镜	洛伦·施赖弗、查尔斯·博尔登、布鲁斯·麦坎德利斯、史蒂文·霍利和凯瑟琳·沙利文（女）
STS-41	1990.10.06	向木星发射尤利西斯探测器；科学实验	理查德·理查兹、罗伯特·卡巴纳、布鲁斯·梅尔尼克、威廉·谢泼德和托马斯·阿克斯
STS-39	1991.04.28	美国国防部科研实验任务，施放1颗为战略防御计划实验服务的科学卫星	迈克·科茨、哈博·麦克莫纳格勒、盖恩·布鲁福德、布莱因·哈蒙德、拉斯·维奇和格雷戈里·哈伯
STS-48	1991.09.12	施放1颗高层大气研究卫星	约翰·克赖顿、肯尼思·赖格特勒、詹姆斯·布特利、查尔斯·杰马和马克·布朗
STS-42	1992.01.22	搭载太空实验室-1微重力任务；进行55项材料科学和生物医学实验	罗纳德·格拉布、史蒂芬·奥斯瓦尔德、诺曼·萨加德、戴维·希尔默斯、威廉·雷迪、乌尔夫·默博尔德和罗伯塔·邦达尔（女，加拿大）
STS-53	1992.12.02	部署美国国防部最后委托SDS B3通信卫星；进行12项军事科学实验	戴维·沃克、罗伯特·卡巴纳、詹姆斯·沃思（女）、迈克·克利福德和盖恩·布鲁福德
STS-56	1993.04.08	ATLAS-2地球大气科研任务；斯巴达-201自由飞行器	肯尼斯·卡梅隆、史蒂芬·奥斯瓦尔德、肯尼思·科克雷尔、迈克·福尔和艾伦·奥乔亚（女）
STS-51	1993.09.12	在太空施放一颗“先进通信技术卫星”，释放并回收一个科学探测平台，航天员在舱外模拟第2次维修哈勃空间望远镜	弗兰克·卡伯特森、威廉·雷迪、丹尼索·布希、詹姆斯·纽曼和卡尔·沃尔兹

（续表）

“发现号”（OV-103）			
任　务	时　间	任务信息	航　天　员
STS-60	1994.02.03	第2次携带用于材料加工和生物学实验的“空间实验室”上天，携带尾流屏蔽实验装置进行实验，施放一颗德国科学实验卫星和6个雷达跟踪实验用金属球体	查尔斯·博尔登、肯尼思·赖格特勒、张福林（华裔）、简·戴维斯（女）、罗纳德·塞加和谢尔盖·克里卡廖夫（俄罗斯）
STS-64	1994.09.09	物力试验；在太空施放并回收斯巴坦-201太阳风探测器，首次试验激光雷达空间技术，试验新型脑外活动服药	理查德·理查兹、布莱因·哈蒙德、杰里·利嫩格尔、马克·李、苏珊·赫尔姆斯（女）和卡尔·米德
STS-63	1995.02.03	在太空与俄罗斯“和平号”空间站进行交会试验，携带有效载荷实验舱和施放斯巴坦-204卫星进行多项技术和观测实验	詹姆斯·韦瑟比、艾琳·科林斯（女）、贝纳德·哈里斯、迈克·福尔、詹尼斯·沃斯（女）和弗拉基米尔·季托夫（俄罗斯）
STS-70	1995.07.13	在太空施放跟踪与数据中继卫星-G，进行火星-96遥感器试验和多项生命科学与生物医学实验	特伦斯·亨里克斯、凯文·克里格尔、南希·舍洛克（女）、多纳尔德·托马斯和玛丽·韦伯（女）
STS-82	1997.02.11	哈勃空间望远镜第二次服务，航天员进行4次太空行走，对哈勃空间望远镜实施第2次维修，更换安装新数据界面仪、驱动电工箱等仪器设备	肯尼思·鲍尔索克斯、斯科特·霍洛维茨、史蒂文·霍利、格雷戈里·哈伯、约瑟夫·坦纳、马克·李和史蒂文·史密斯
STS-85	1997.08.07	地球科学任务，在太空进行40多项科学实验，测试国际空间站上机械臂和太空隔离震荡设备的性能，施放1颗观测海尔-波普彗星的紫外线望远镜	科迪斯·布朗、肯特·罗明杰、简·戴维斯（女）、罗伯特·克比姆、史蒂文·罗宾逊和布加米·垂格瓦森（加拿大）
STS-91	1998.06.02	航天飞机与“和平号”空间站第九次，即最后一次对接，一项主要实验是携带“阿尔法”磁谱仪到太空探测宇宙中是否存在反物质和暗物质。柳明负责检查已服役12年的“和平号”空间站的情况	查尔斯·普雷考特、多米尼克·戈里、张福林（华裔）、温迪·劳伦斯（女）、詹尼特·凯温迪（女）和瓦列里·柳明（俄罗斯）

（续表）

“发现号”(OV-103)			
任 务	时 间	任务信息	航 天 员
STS-95	1998.10.29	约翰·格伦(John Glenn)的第二次太空飞行,使他成为世界上年纪最大的宇航员;在太空进行83项科学实验;施放1颗太阳观测卫星	科迪斯·布朗、史蒂文·林德斯、约翰·格伦、斯科特·帕拉津斯基、史蒂文·罗德罗、佩德罗·杜克(西班牙)和向井千秋(女,日本)
STS-96	1999.05.27	国际空间站第二次补给任务,给“国际空间站”运送便携式计算机、通信设备及生活补给物品,维修国际空间站上受损或失灵部件,安装美、俄制造的2个支架	肯特·罗明杰、里克·哈斯本德、塔玛拉·杰尼根(女)、丹尼尔·巴里、艾伦·奥乔亚(女)、瓦列里·托卡列夫(俄罗斯)和朱莉·帕耶特(女,加拿大)
STS-103	1999.12.19	哈勃空间望远镜第三次服务任务,航天员通过3次太空行走,第3次维修哈勃空间望远镜	科迪斯·布朗、斯科特·凯利、史蒂文·史密斯、约翰·格伦斯菲尔德、让-弗朗科斯·克莱瓦(法国)、克劳德·尼科利尔(瑞士)和米夏埃尔·福阿莱(英国)
STS-92	2000.10.11	国际空间站的组装飞行3.3A,为“国际空间站”运送和安装2个新部件: Z-1桁架和对接舱门;模拟抢救在太空作业中受伤的航天员	布里安·达菲、帕姆·梅尔罗(女)、若田光一(日本)、焦立中(华裔)、威廉·麦克托尔、彼得·威索夫和迈克·阿莱格里亚
STS-102	2001.03.08	国际空间站的组装飞行5A.1,为“国际空间站”运送第2批长住人员,调整团结号节点舱上一个对接舱的位置。赫尔姆斯和沃斯创造了一次太空行走8 h 56 min的最高纪录	詹姆斯·韦瑟比、詹姆斯·凯利、安德利·托马斯、尤里·乌萨乔夫(俄罗斯)、鲍尔·理查兹、苏珊·赫尔姆斯(女)和詹姆斯·沃斯
STS-105	2001.08.10	国际空间站的组装飞行7A.1;为“国际空间站”运送第3批长住人员,同时运去18项科学实验设备	斯科特·霍罗维茨、弗雷德里克·斯图尔考、弗兰克·卡本特森、米哈伊尔·秋林(俄罗斯)、弗拉基米尔·杰茹罗夫(俄罗斯)、帕特里克·福瑞斯特和丹尼尔·巴里
STS-114	2005.07.26	国际空间站的组装飞行LF.1	
STS-121	2006.07.04	国际空间站的组装飞行ULF1.1	

（续表）

"发现号"（OV-103）			
任　务	时　间	任务信息	航　天　员
STS-116	2006.12.09	国际空间站的组装飞行 12A.1	
STS-120	2007.10.23	国际空间站飞行 10A	
STS-124	2008.05.31	国际空间站飞行 1J	
STS-119	2009.03.15	国际空间站飞行 15A	
STS-128	2009.08.28	国际空间站飞行 17A	

"亚特兰蒂斯号"（OV-104）			
任　务	时　间	任务信息	航　天　员
STS-51J	1985.10.03	执行秘密军事任务，部署 2 颗军用通信卫星	卡罗尔·鲍布科、罗纳德·格拉布、罗伯特·斯图尔特、戴维·希尔默斯和威廉·佩尔斯
STS-61B	1985.11.26	首次在太空搭建大型桁架和组装金字塔形结构，为建设永久性空间站积累经验；部署墨西哥（MORELOS-S），澳大利亚（AUSSSAT-2）和美国 SATCOM KU-2 卫星	布鲁斯特·肖、布里安·奥康纳、玛丽·克利夫（女）、杰尔·罗斯、谢沃德·斯普林、查尔斯·沃克和内里·贝拉（墨西哥）
STS-27	1988.12.02	执行秘密军事任务，部署国防部"曲棍球"（lacrosse）全天候雷达成像侦察卫星	罗伯特·吉布森、盖伊·加德纳、理查德·马伦、杰里·罗斯和威廉·谢泼德
STS-30	1989.05.04	施放"麦哲伦号"金星探测器	戴维·沃克、罗纳德·格拉布、玛丽·克利夫（女）、诺曼·萨加德和马克·李
STS-34	1989.10.18	施放"伽利略号"木星探测器；太阳能后向散射紫外线试验	唐纳德·威廉斯、迈克·卡利、埃伦·贝克（女）、张福林（华裔）和香农·露西德（女）
STS-36	1990.02.28	执行秘密军事任务，将美国国防部 1 颗锁眼-12 侦察卫星送入地球轨道	约翰·克赖顿、约翰·卡斯帕、戴维·希尔默斯、理查德·马伦和皮埃尔·图特
STS-38	1990.11.15	部署国防部 SDS-B2 通信卫星	理查德·科维、弗兰克·卡伯特森、罗伯特·斯普林格、卡尔·米德和查尔斯·吉马

（续表）

"亚特兰蒂斯号"(OV-104)			
任 务	时 间	任务信息	航 天 员
STS-37	1991.04.05	部署康普顿伽马射线太空观测站	史蒂文·内格尔、肯尼恩·卡梅伦、杰伊·阿普特、杰里·罗斯和琳达·戈德温(女)
STS-43	1991.08.02	部署跟踪与数据中继卫星-E;进行多项生命科学和医学生物学实验	约翰·布拉哈、迈克·贝克、戴维·洛、香农·露西德(女)和詹姆斯·亚当森
STS-44	1991.11.24	部署美国国防部早期导弹预警卫星(DSP-F-16);开展医学和放射监测实验。由于机上一个导航装置失灵,被迫提前3天返回地面	弗雷德里克·格雷戈里、特伦斯·亨里克斯、斯托里·马斯格雷夫、马里奥·朗科、詹姆斯·沃斯和托马斯·亨宁
STS-45	1992.03.24	搭载大气科学实验室(ATLAS-1),首次执行大气环境科学实验任务	查尔斯·博尔登、布里安·达菲、戴维·利斯特马、迈克·福尔、凯塞琳·沙利文(女)、拜伦·利希滕伯格(德国)和伯尔金斯·弗里蒙特(比利时)
STS-46	1992.07.31	在太空施放欧洲空间局研制的"尤里卡"科学实验卫星,进行意大利研制的系绳卫星(TSS-1)发电实验,对1 500个材料样品进行太空暴露实验	洛伦·施赖弗、安德鲁·艾伦、杰弗里·霍夫曼、张福林(华裔)、玛荷·伊文斯(女)、弗兰科·马莱尔巴(意大利)和克芬德·尼科利尔(瑞士)
STS-66	1994.11.03	大气科学任务(ATLAS)CRISTA,搭载国际应用与科学大气空间实验室-3进行地球大气层与太阳辐射观测,施放并回收"超高层大气物理卫星",进行11项空间生命科学和材料科学实验	多纳尔德·麦克莫纳格、科迪斯·布朗、艾伦·奥乔亚(女)、斯科特·帕拉津斯基、约瑟夫·坦纳和让-弗朗科斯·克莱瓦(法国)
STS-71	1995.06.27	与"和平号"空间站的第1次对接,首次实现与俄罗斯"和平号"空间站对接飞行,研究人体如何适应长期航天飞行,进行有关微重力、生物学和辐射方面的实验	罗伯特·吉布森、查尔斯·普雷考特、邦尼·邓巴(女)、格雷戈里·哈伯、埃伦·贝克(女),阿拉托利·索洛维耶夫(俄罗斯)和尼古拉·布达林(俄罗斯)

（续表）

“亚特兰蒂斯号”（OV-104）			
任务	时间	任务信息	航天员
STS-74	1995.11.12	与“和平号”空间站的第2次对接，第2次与俄罗斯“和平号”空间站对接飞行，为空间站运送试验装置和生活物品	肯尼思·卡梅隆、詹姆斯·哈塞尔、杰里·罗斯、威廉·麦克托尔和奇里斯·哈德菲尔德
STS-76	1996.03.22	与“和平号”空间站的第3次对接，进行11项微重力科学实验	凯文·奇尔顿、理查德·西尔福斯、罗纳德·塞加、迈克·克利福德、琳达·戈德温（女）和香农·露西德（女）
STS-79	1996.09.16	与“和平号”空间站的第4次对接，给站上运送3 t补给物品。美国女航天员露西德随机返回地面，创造188天的太空滞留纪录	威廉·雷迪、特伦斯·威尔考特、杰伊·阿普特、托马斯·阿克斯、卡尔·沃尔兹和约翰·布拉哈
STS-81	1997.01.12	与“和平号”空间站的第5次对接，为站上运送补给物品，轮换站上1名，美国航天员，带回站上科学实验样品	迈克·贝克、布伦特·杰特、杰里·利嫩格尔、约翰·格伦斯菲尔德、彼得·威索夫和玛莎·伊文斯（女）
STS-84	1997.05.15	与“和平号”空间站的第6次对接，联合开展多项空间实验，替换站上1名美国航天员	查尔斯·普雷考特、艾琳·科林斯（女）、迈克·福尔、伊琳娜·康达科娃（女，俄罗斯）、卡洛斯·诺里加、让·弗朗西斯·克莱瓦（法国）和卢杰（即爱德华·卢，华裔）
STS-86	1997.09.25	与“和平号”空间站的第7次对接，给站上运送10 t科学仪器和生活用品，检测“和平号”遭受碰撞后的受损情况，替换站上1名美国航天员	詹姆斯·韦瑟比、迈克·布鲁弗尔德、斯科特·帕拉津斯基、戴维·沃尔夫、弗拉基米尔·季托夫（俄罗斯）、温迪·劳伦斯（女）和让-克雷蒂安（法国）
STS-101	2000.05.19	国际空间站的第3次补给飞行，更换国际空间站上4块出现故障的太阳能电池板，利用航天飞机提高国际空间站的轨道	詹姆斯·哈塞尔、斯科特·霍罗维茨、玛丽·韦伯（女）、杰弗里·威廉姆斯、詹姆斯·沃斯、苏珊·赫尔姆斯（女）和尤里·乌萨乔夫（俄罗斯）

（续表）

“亚特兰蒂斯号”（OV-104）			
任 务	时 间	任务信息	航 天 员
STS-106	2000.09.08	国际空间站 ISS-2A.2b 次组装飞行，为国际空间站运送补给物品，组装站上设备，为第 1 批到站上的长住人员做好准备工作	特伦斯・威尔考特、斯科特・奥尔特曼、卢杰（华裔）、理查德・马斯塔乔、丹尼尔・布尔邦克、尤里・马伦琴科（俄罗斯）和鲍里斯・莫里科夫（俄罗斯）
STS-98	2001.02.07	国际空间站的组装飞行 5A，为国际空间站运送核心部件——美国制造的“命运号”科学实验舱	肯尼思・科克奈尔、马克・波兰斯基、玛莎・伊文斯（女）、托马斯・琼斯和罗伯特・科比姆
STS-104	2001.07.12	国际空间站的组装飞行 7A，为国际空间站运送并安装美国制造的“探索号”气闸舱	史蒂芬・林德斯、迈克・格恩哈特、詹姆斯・瑞里、查尔斯・佛斯和詹尼特・凯温迪（女）
STS-110	2002.04.08	国际空间站飞行 8A，为国际空间站运送第 1 根桁架和轨道车，在太空修建第 1 条“铁轨”。罗斯成为第 1 位七上太空的航天员	迈克・布鲁弗尔德、史蒂芬・弗兰克、史蒂文・史密斯、艾伦・奥乔亚（女）、杰里・罗斯、雷克斯・瓦尔海姆和李・莫林
STS-112	2002.10.07	国际空间站飞行 9A，为国际空间站运送第 2 根桁架和电脑等设备，航天员通过 3 次太空行走安装这个重 15 t 的铝制构架	杰弗里・阿斯拜、帕姆・梅尔罗（女）、戴维・沃尔夫、桑德拉・马格鲁斯、皮尔斯・塞勒斯和费得尔・尤尔契辛（俄罗斯）
STS-115	2006.09.09	国际空间站的组装飞行 12A	
STS-117	2007.06.08	国际空间站	
STS-122	2008.02.07	国际空间站/欧洲空间局哥伦布太空舱	
STS-125	2009.05.11	哈勃空间望远镜的最后一次服务任务	
STS-129	2009.11.16	国际空间站	

“奋进号”(OV-105)			
任务	时间	任务信息	航天员
STS-49	1992.05.07	捕捉与重新部署 Intelsat(国际遥距通信卫星组织)六号卫星;进行组装未来空间站的实验,试验航天员太空行走的手动单人机动飞行装置	丹尼尔·布兰登斯坦、凯文·奇尔顿、理查德·希布、比尔·索特、凯塞琳·桑顿(女)、托马斯·阿克斯和布鲁斯·梅尔尼克
STS-47	1992.09.12	太空实验室-J为日本进行实验	罗伯特·吉布森、科迪斯·布朗、杰伊·阿普特、马克·李、简·戴维斯(女)、梅·杰米森(女,黑人)和毛利卫(日本)
STS-54	1993.01.13	部署跟踪与数据中继卫星-F;首次进行空间探测 X 射线背景光谱实验	约翰·卡斯帕、多纳尔德·麦克莫纳格、格雷戈里·哈博、马里奥·朗科和苏珊·赫尔姆斯(女)
STS-57	1993.06.21	进行太空实验室实验;回收欧洲可回收载具;在太空维修设备并回收“尤里卡”科学实验卫星,开展 22 项科学实验	罗纳德·格拉布、布里安·达菲、戴维·洛、南希·舍洛克(女)、詹尼斯·沃斯(女)和彼得·威索夫
STS-61	1993.12.02	航天员分 3 组进行 5 次舱外活动,进行哈勃空间望远镜第一次维修任务	理查德·科维、肯尼思·鲍尔索克斯、斯托里·马斯格雷夫、托马斯·阿克斯、杰弗里·霍夫曼、威廉·桑顿和克劳德·尼科利尔(瑞士)
STS-59	1994.04.09	执行行星地球使命计划,携带雷达实验室(SRL-1)上天,对地球环境进行精确观测和测绘,使用空间复合自备有效载荷进行综合材料研究试验	希德尼·古铁雷斯、凯文·奇尔顿、琳达·戈德温(女)、杰·阿普特、迈克·克利福德和托马斯·琼斯
	1995.09.07	自由飞行 SPARTAN201-03 医学实验(WSF-2)	
STS-68	1994.09.30	太空雷达实验室(SRL-2),在太空用雷达实验室观测地面 600 多个目标,用机载空气污染测量仪测量全球空气污染分布情况,进行 29 项研制试验和医学生物学实验	迈克·贝克、特伦斯·威尔考特、托马斯·琼斯、史蒂文·史密斯、丹尼尔·布希和彼得·威索夫

（续表）

“奋进号”（OV-105）			
任 务	时 间	任务信息	航 天 员
STS-67	1995.03.02	紫外线观测科学任务（ASTRO-2），在太空安装紫外天文-2观测台进行天文观测，开展晶体生长实验和新的着陆操作试验	斯蒂芬·奥斯瓦尔德、威廉·格雷戈里、塔玛拉·杰尼根（女）、约翰·格伦斯菲尔德、温迪·劳伦斯（女）、塞缪尔·达兰斯、罗纳德·帕里斯
STS-69	1995.09.07	施放斯巴达201-03自由飞行器；物理学实验（WSF-2）	戴维·沃克、肯尼思·科克奈尔、迈克·格恩哈特、詹尼斯·纽曼和詹尼斯·沃斯（女）
STS-72	1996.01.11	在太空施放并回收“奥斯特”卫星，测试未来空间站组装方法，进行蛋白质晶体生长等实验	布里安·达菲、布伦特·杰特、焦立中（华裔）、丹尼尔·巴里、温斯顿·斯科特和若田光一（日本）
STS-77	1996.05.19	进行太空实验室实验，在太空施放并回收斯巴坦-207卫星，进行可充气天线试验，开展12项搭载科学实验	约翰·卡斯帕、科迪斯·布朗、安德利·托马斯、丹尼尔·布希、马里奥·朗科和马克·加诺（加拿大）
STS-89	1998.01.22	与“和平号”空间站第八次对接，给站上运送3 t补给设备和生活用品，包括搭载中国的1项微重力材料科学实验项目，在站上替换1名美国航天员	特伦斯·威尔考特、弗兰克·爱德华兹、迈克·安德逊、邦尼·邓巴（女）、安德利·托马斯、沙尔克兰·沙里波夫和詹姆斯·瑞里
STS-88	1998.12.04	国际空间站第一次补给飞行，运送国际空间站第2个核心部件——美国制造的“团结号”节点舱，航天员通过3次太空行走把它与俄罗斯制造的第1个核心部件——“曙光号”功能舱对接，并把两舱的各种管线连接起来	罗伯特·卡巴纳、弗里德里克·斯图尔科、杰里·罗斯、谢尔盖·克里卡廖夫（俄罗斯）、詹姆斯·纽曼和南希·柯里（即南希·舍洛克，女）
STS-99	2000.02.11	航天飞机地貌雷达任务，在太空测绘地球表面三维立体地图	凯文·克里格尔、多米尼克·戈里、詹尼斯·沃斯（女）、毛利卫（日本）、詹尼特·凯温迪（女）和格哈特·泰勒（德国）

（续表）

“奋进号”（OV-105）			
任务	时间	任务信息	航天员
STS-97	2000.11.30	国际空间站组装飞行4A，为国际空间站运送并安装巨型太阳能电池板	布伦特·杰特、迈克·布鲁弗尔德、约瑟夫·坦纳、卡洛斯·诺列加和马克·加诺（加拿大）
STS-100	2001.04.19	国际空间站组装飞行6A，为国际空间站运送并安装加拿大研制的巨型机械臂	肯特·罗明杰、杰弗里·阿什比、尤里·伦查科夫（俄罗斯）、斯科特·帕纳津斯基、尤蒙伯多·古多尼（意大利）、奇里斯·哈德菲尔德和约翰·菲力普斯
STS-108	2001.12.05	国际空间站组装飞行UF-1，为国际空间站运送轮换的第4批长住人员，以及3.5 t科学实验仪器等补给物品	多米尼克·戈里、马克·雷利、尤里·奥努夫里恩科（俄罗斯）、丹尼尔·布希、卡尔·沃尔兹、琳达·戈德温（女）和丹尼尔·塔尼
STS-111	2002.06.05	国际空间站飞行UF-2，为国际空间站运送轮换的第5批长住人员和意大利制造的“莱奥纳尔多”多功能后勤舱，航天员经过3次太空行走，为空间站外的小型无轨车安装遥控移动基座系统	肯尼特·科克奈尔、波尔·洛克哈特、张福林（华裔）、瓦列里·科尔尊（俄罗斯）、谢尔盖·特雷切夫（俄罗斯）、佩吉·惠特森（女）和菲力普斯·裴林（法国）
STS-113	2002.11.23	国际空间站飞行11A，为国际空间站运送轮换第6批长住人员和设备，航天员3次太空行走，施放2颗小型卫星	詹姆斯·韦瑟比、克里斯托弗·诺里亚、迈克·阿莱格里亚、约翰·赫里顿、肯特·鲍尔科克斯、多纳尔德·托马斯和尼古拉·布达林（俄罗斯）
STS-118	2007.08.08	更换国际空间站的控制力矩陀螺仪（CMG）	
STS-123	2008.03.11	运送日本舱和加拿大舱至国际空间站	
STS-126	2008.11.14	国际空间站的升级	
STS-127	2009.07.15	国际空间站日本舱组装	
STS-130	2010.02.08	国际空间站的组装	

“奋进号”(OV-105)			
任 务	时 间	任务信息	航 天 员
STS-49	1992.05.07	捕捉与重新部署 Intelsat(国际遥距通信卫星组织)六号卫星;进行组装未来空间站的实验,试验航天员太空行走的手动单人机动飞行装置	丹尼尔・布兰登斯坦、凯文・奇尔顿、理查德・希布、比尔・索特、凯塞琳・桑顿(女)、托马斯・阿克斯和布鲁斯・梅尔尼克
STS-47	1992.09.12	太空实验室-J为日本进行实验	罗伯特・吉布森、科迪斯・布朗、杰伊・阿普特、马克・李、简・戴维斯(女)、梅・杰米森(女,黑人)和毛利卫(日本)
STS-54	1993.01.13	部署跟踪与数据中继卫星-F;首次进行空间探测 X 射线背景光谱实验	约翰・卡斯帕、多纳尔德・麦克莫纳格、格雷戈里・哈博、马里奥・朗科和苏珊・赫尔姆斯(女)
STS-57	1993.06.21	进行太空实验室实验;回收欧洲可回收载具;在太空维修设备并回收“尤里卡”科学实验卫星,开展 22 项科学实验	罗纳德・格拉布、布里安・达菲、戴维・洛、南希・舍洛克(女)、詹尼斯・沃斯(女)和彼得・威索夫
STS-61	1993.12.02	航天员分 3 组进行 5 次舱外活动,进行哈勃空间望远镜第一次维修任务	理查德・科维、肯尼思・鲍尔索克斯、斯托里・马斯格雷夫、托马斯・阿克斯、杰弗里・霍夫曼、威廉・桑顿和克劳德・尼科利尔(瑞士)
STS-59	1994.04.09	执行行星地球使命计划,携带雷达实验室(SRL-1)上天,对地球环境进行精确观测和测绘,使用空间复合自备有效载荷进行综合材料研究试验	希德尼・古铁雷斯、凯文・奇尔顿、琳达・戈德温(女)、杰・阿普特、迈克・克利福德和托马斯・琼斯
	1995.09.07	自由飞行 SPARTAN201-03 医学实验(WSF-2)	
STS-68	1994.09.30	太空雷达实验室(SRL-2),在太空用雷达实验室观测地面 600 多个目标,用机载空气污染测量仪测量全球空气污染分布情况,进行 29 项研制试验和医学生物学实验	迈克・贝克、特伦斯・威尔考特、托马斯・琼斯、史蒂文・史密斯、丹尼尔・布希和彼得・威索夫

(续表)

"奋进号"(OV-105)			
任务	时间	任务信息	航天员
STS-67	1995.03.02	紫外线观测科学任务(ASTRO-2),在太空安装紫外天文-2观测台进行天文观测,开展晶体生长实验和新的着陆操作试验	斯蒂芬·奥斯瓦尔德、威廉·格雷戈里、塔玛拉·杰尼根(女)、约翰·格伦斯菲尔德、温迪·劳伦斯(女)、塞缪尔·达兰斯、罗纳德·帕里斯
STS-69	1995.09.07	施放斯巴达201-03自由飞行器;物理学实验(WSF-2)	戴维·沃克、肯尼思·科克奈尔、迈克·格恩哈特、詹尼斯·纽曼和詹尼斯·沃斯(女)
STS-72	1996.01.11	在太空施放并回收"奥斯特"卫星,测试未来空间站组装方法,进行蛋白质晶体生长等实验	布里安·达菲、布伦特·杰特、焦立中(华裔)、丹尼尔·巴里、温斯顿·斯科特和若田光一(日本)
STS-77	1996.05.19	进行太空实验室实验,在太空施放并回收斯巴坦-207卫星,进行可充气天线试验,开展12项搭载科学实验	约翰·卡斯帕、科迪斯·布朗、安德利·托马斯、丹尼尔·布希、马里奥·朗科和马克·加诺(加拿大)
STS-89	1998.01.22	与"和平号"空间站第八次对接,给站上运送3 t补给设备和生活用品,包括搭载中国的1项微重力材料科学实验项目,在站上替换1名美国航天员	特伦斯·威尔考特、弗兰克·爱德华兹、迈克·安德逊、邦尼·邓巴(女)、安德利·托马斯、沙尔克兰·沙里波夫和詹姆斯·瑞里
STS-88	1998.12.04	国际空间站第一次补给飞行,运送"国际空间站"第2个核心部件——美国制造的"团结号"节点舱,航天员通过3次太空行走把它与俄罗斯制造的第1个核心部件——"曙光号"功能舱对接,并把两舱的各种管线连接起来	罗伯特·卡巴纳、弗里德里克·斯图尔科、杰里·罗斯、谢尔盖·克里卡廖夫(俄罗斯)、詹姆斯·纽曼和南希·柯里(即南希·舍洛克,女)
STS-99	2000.02.11	航天飞机地貌雷达任务,在太空测绘地球表面三维立体地图	凯文·克里格尔、多米尼克·戈里、詹尼斯·沃斯(女)、毛利卫(日本)、詹尼特·凯温迪(女)和格哈特·泰勒(德国)

（续表）

“奋进号”（OV-105）			
任 务	时 间	任务信息	航 天 员
STS-97	2000.11.30	国际空间站组装飞行4A，为国际空间站运送并安装巨型太阳能电池板	布伦特·杰特、迈克·布鲁弗尔德、约瑟夫·坦纳、卡洛斯·诺列加和马克·加诺（加拿大）
STS-100	2001.04.19	国际空间站组装飞行6A，为“国际空间站”运送并安装加拿大研制的巨型机械臂	肯特·罗明杰、杰弗里·阿什比、尤里·伦查科夫（俄罗斯）、斯科特·帕纳津斯基、尤蒙伯多·古多尼（意大利）、奇里斯·哈德菲尔德和约翰·菲力普斯
STS-108	2001.12.05	国际空间站组装飞行UF-1，为国际空间站运送轮换的第4批长住人员，以及3.5 t科学实验仪器等补给物品	多米尼克·戈里、马克·雷利、尤里·奥努夫里恩科（俄罗斯）、丹尼尔·布希、卡尔·沃尔兹、琳达·戈德温（女）和丹尼尔·塔尼
STS-111	2002.06.05	国际空间站飞行UF-2，为国际空间站运送轮换的第5批长住人员和意大利制造的“莱奥纳尔多”多功能后勤舱，航天员经过3次太空行走，为空间站外的小型无轨车安装遥控移动基座系统	肯尼特·科克奈尔、波尔·洛克哈特、张福林（华裔）、瓦列里·科尔尊（俄罗斯）、谢尔盖·特雷切夫（俄罗斯）、佩吉·惠特森（女）和菲力普斯·裴林（法国）
STS-113	2002.11.23	国际空间站飞行11A，为国际空间站运送轮换第6批长住人员和设备，航天员3次太空行走，施放2颗小型卫星	詹姆斯·韦瑟比、克里斯托弗·诺里亚、迈克·阿莱格里亚、约翰·赫里顿、肯特·鲍尔科克斯、多纳尔德·托马斯和尼古拉·布达林（俄罗斯）
STS-118	2007.08.08	更换国际空间站的控制力矩陀螺仪（CMG）	
STS-123	2008.03.11	运送日本舱和加拿大舱至国际空间站	
STS-126	2008.11.14	国际空间站的升级	
STS-127	2009.07.15	国际空间站日本舱组装	
STS-130	2010.02.08	国际空间站的组装	